輻射度量學概論

Introduction to Radiation Measurement

鍾　堅　著

國立清華大學生醫工程與環境科學系教授

五南圖書出版公司 印行

作者簡介

鍾堅

　　國立清華大學核工學士，加拿大麥基爾大學化學博士；現任國立清華大學生醫工程與環境科學系（前原子科學系）專任教授，國防醫學院醫學系兼任教授，國防大學國防軍事學術特約講座。曾獲國科會傑出研究獎、中山學術基金會技術發明獎。作者近五百篇的論述著作，可瀏覽其學術網頁：

　　http://www.ns.nthu.edu.tw/professor/cc/cc.htm

序言

　　游離輻射如x-射線、中子輻射，是一把刀的兩刃；輻射可以治癌，但也可能致癌，輻射可用於和平用途如核能工業，但也可轉用於軍事用途製成核武器。麻煩的是輻射看不到、摸不著、嗅不出、聽不見、更感覺不出來，也因此，為了辨識輻射、了解輻射，在百年前人類首度發現輻射之後，輻射度量不但在科研領域上有其必要，更隨著核武工業及核能和平用途的蓬勃發展，在上世紀中葉也衍生了「輻射度量學」。

　　「輻射度量學」忝為尖端科技「原子科學」領域內的子學門，其目的在於探討量測游離輻射的方法及衍生的應用，其內容涵蓋各類游離輻射的量測，其價值在於及時偵測輻射以防杜輻射傷害，其目標為結合「原子科學」領域內的其他學門（如核能工程、輻射防護、輻射劑量學、腫瘤治療、放射診斷、核子醫學）使之成為既安全又能造福人類的新興科學。

　　國內的高等教育體系內在過去半世紀以來有關輻射度量的教學，僅限於極少數的大學內有開授，而且均使用先進國家的教材與習作。唯這些由舊版增訂的原文教科書內容龐雜艱深，即便有中譯本，師生使用它來講授或學習均同感吃力。故而，學界一直期盼有一本我國本土化的基礎《輻射度量學概論》，能深入淺出地讓初學者儘快入門上手。

　　作者自進入清華大學就讀迄於加拿大獲得博士學位，幾乎日夜與

輻射為伍，輻射度量已成為防身必備技藝。學成後在美國從事輻射度量研究，之後再回母校清華執教，三十多年來發表輻射度量相關的學術論文已超過百篇，也開授過多學期的「輻射度量與實驗」基礎課程及「核儀規劃」與「核儀特論」等進階課程。因此，藉著教學研究長年來經驗的累積，方有撰寫《輻射度量學概論》教科書的念頭。作者亦接洽了國內聲譽著作的五南圖書出版股份有限公司，承蒙穆文娟副總編輯的認同與支持，終在民國94年結束前完成這本十五萬字的教科書。

　　本書的撰述編排係以2至3個學分的學期基礎課程為依據，針對大學部原子科學院相關科系及醫學院放射技術系與醫事技術系的同學為主，但自然科學、生命科學、環境科學與工學院、技術學院相關科系的同學以初學者的背景亦可輕鬆入門學習。而產業界、軍方、核能設施、醫療體系內的同仁，在工作上凡與輻射直接有關者（如曝露在宇宙射線中的空勤人員或操作 x-光機的安檢人員），甚至生活上與輻射為伍者（如輻射屋的居民），本書亦可作為初階科普教材。

　　《輻射度量學概論》的編撰指標，是「簡明易懂、深入淺出、切身習作、輕鬆入門」十六個字。在過去，常用的原文教科書，總是不厭其煩地詳盡細述輻射度量的沿革，也仔細交代核子儀器高階規劃；其實，兩者皆不適合作為大學部同學初學者的教材。由於科技飛躍的進步，諸多輻射度量儀器早已遭淘汰不復存在，如作者當年就讀清華時的膠片佩章與鍺（鋰）能譜儀，今天只能在庫房一角的過時除帳報廢品堆中才找得到，絕不適合擺在基礎課程的教材中講授。而高階核儀規劃，談的又都是耗資鉅大的頂尖量測，除非你攻讀博士學位又參與研究計畫，否則一輩子都用不著，擺在大學部初學者的基礎課程中，

也不適合。此外，舊版增訂的原文教科書，多為十年前的科技；晚近新增的輻射度量儀器，如可攜式氣泡中子劑量計，都未予介紹。故而，一本符合最新發展的輻射度量學教科書，實有必要重編。

《輻射度量學概論》除最後一章總結外，共分為八章，可配合段考、期中考、期末考分成四個階段，每階段使用四至五週講授。首階段含第壹、貳章與段考，核心單元為認識輻射及輻射與物質作用。第二階段含第參、肆章與期中考，核心單元為輻射度量系統與荷電高能核粒度量。第三階段含第伍、陸章與段考，核心單元為電磁輻射與中性核粒度量。尾階段含第柒、捌章與期末考，核心單元為數據處理與輻射度量應用。上述的八個核心單元，每個單元講授時段約為 6 小時，三個學分 54 小時堂課的剩餘 6 小時，可平均分配給大綱簡介、總結、段考、期中考與期末考。若為兩個學分的課程，則每個核心單元宜在 4 小時內加快講授完。

本書附錄中除列有輻射度量相關常數、轉換因數外，亦列出 404 個習作題目與參考解答，題型與國家考試相關科目命題相同，方便修習同學練習、準備國考。這些習作題目與參考解答，亦可作為段考、期中（末）考的論證試題。為了方便初學者將來在工作上接觸到專業的輻射量測，在本書附錄中亦列出輻射度量常用的校準射源與儀器型類選錄。

本書所附的 165 篇參考文獻，都是國內外學者、專家畢生從事輻射度量與核儀規劃的學術論述。附錄中的 15 本延伸閱讀，作者群更是國內輻射度量的前輩師長與優秀後學，他們也替這本教科書提供很多撰寫建議與圖片製作。為方便課堂講授、師生討論與助教課輔，本教科書另附教師專用的輔教光碟片，內含 234 張對應書內各章節的彩色

講義。《輻射度量學概論》這本教科書，期望學生在學期末走出教室時，能信心滿滿地了解如何正確地量測輻射。

寫於新竹市國立清華大學　　2006 年

目　錄

圖目錄

表目錄

CHAPTER 1

認識輻射

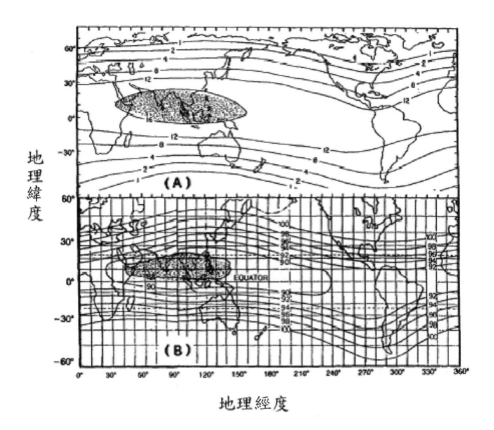

圖 1.1　(A)距海平面 20 公里高的大氣平流層內地磁偏轉高能宇宙射線閾
值（單位：十億伏）計算分佈；(B)全球海平面宇宙射線相對強度
分佈；暗影區為地磁偏轉宇宙射線閾值最高區域，也是海平面宇
宙射線強度最弱區域（註 1-01）。

提要

1. 輻射依能量可概分為非常敏感的「游離輻射」（如醫療診治用的 x-射線）及普遍使用的「非游離輻射」（如手機發射的超高頻微皮）。
2. 本書輻射度量要量測的輻射，專指既可致癌、又可治癌且軍事用途與和平用途兼俱的「游離輻射」。
3. 游離輻射按特性看有核衰變輻射與核反應輻射兩種；按來源區分，有天然輻射與人為輻射兩類；按類型可歸納成無質量的電磁輻射、有質量帶電荷的高能核粒、有質量但不帶電荷的中性核粒三類。
4. 有質量帶電荷的高能核粒，包括電子，正子，質子，阿伐粒子，重離子與任何原子序數非中性的核粒或原子。
5. 無質量的電磁輻射包括 x-射線與加馬射線。
6. 有質量但不帶電荷的中性核粒專指中子輻射及中性基本粒子。

　　「談輻色變、逢核必反」。很多讀者一聽到「輻射」這兩個字就非常害怕，甚至衍生非理性莫名的恐懼；但是他們又不知道在怕些什麼，更不知道要如何面對輻射。魔由心生的恐懼，極易導致誤判，道聽途說對輻射錯誤的認知，輕者沒事找事終日惶惶不安自以為陷入輻射傷害的健康危機，甚者卻自陷危機而渾然不覺（註 1-02）。

　　輻射（radiation）是一種看不到、摸不著、嗅不出、聽不見、更感覺不出來的能量，既是能量就會產生能量轉移的效應如輻射傷害。從能量區分，輻射有兩類，即二分法的「游離輻射」（ionizing radiation）與「非游離輻射」（non-ionizing radiation）。輻射的能量凡是大到足以將中性的原子或分子內的軌道電子撞飛出，這種輻射被稱為

游離輻射；否則，凡輻射的能量無法游離中性原子或分子者，則被歸類為「非游離輻射」。游離輻射如高空飛行遇到的宇宙射線、醫院內治療用的加馬射線、核能電廠逸散的中子輻射，若對它沒作好防護，則會造成輻射傷害，故而游離輻射非常敏感，本書輻射度量（radiation measurement）所要量測的輻射，專指游離輻射。按特性看，游離輻射有核衰變輻射與核反應輻射兩種，前者如接受放射性鈷治癌的加馬射線，後者如宇宙中子輻射。唯在探究游離輻射的本質之前，需對生活上普遍使用的「非游離輻射」，要有通盤性的認知。

1-1　非游離輻射

不論是游離輻射或非游離輻射，輻射所擁有的能量E可用下列基本公式計算：

$$E = h\nu = hc/\lambda \quad \text{[1-1]}$$

式[1-1]內的 h 為蒲朗克常數（Planck constant），c 為光速，ν及λ分別為輻射的頻率與波長。一般原子或分子被游離掉一個軌道電子，通常需要 15 電子伏（eV）數量級以上的外加能量。依照式[1-1]的計算，查閱附錄 1 內的常數h值，可換算出非游離輻射的能量上限所對應的頻率為ν<每秒 3.6 千兆次振盪，或 3.6 千兆赫茲（3.6PHz，數量級的符號可參閱附錄 1）。

現代化的資訊時代裡，利用無線射頻（radiofrequency, RF）與微波（microwave）等非游離輻射通訊，或運用無線射頻與微波在工商科技業界，都十分普遍。表 1.1 列舉了現代化社會常用的電磁輻射波段，如超音波診斷使用 25kHz 的無線射頻波段，微波爐使用 2.45GHz

的微波波段；軍用短波通訊網使用 25MHz 無線射頻波段，軍用平面偵搜雷達使用 9.4GHz 微波波束（註 1-03）。由表中可知：除了工商業界應用不計，無線射頻與微波通訊應用，以空氣為介質（水下通訊除外），使用波段都在 kHz 至 GHz 間。

科技愈發達，人類的生活就愈便捷。現代生活中總是少不了用電的需求，舉凡家庭用電，工商用電，來電的感覺真好；工廠上工用機電，辦公室吹冷氣，煮飯用電鍋，看電影電視、打電玩、搭電聯車，生活中不能缺電。但是，一談到輸配電線路要經過旁邊，電廠要蓋在附近，馬上就想到電磁波的非游離輻射傷害；特別是台電公司最近推出的第六輸變電工程（六輸），遭到在地居民激烈的抗爭與阻撓，主要的原因之一，就是害怕電磁波可能帶來的非游離輻射傷害，可是，不明就裡的民眾，怕，又不知道在怕些什麼。

在使用電力的過程中，只要電氣設備有電壓，就會產生電場；只要電氣設備有電流通過，就有磁場；電壓愈大則電場愈強，電流愈大則磁場亦愈高。靜態的電壓若加上動態的電流，就會從電氣設備向外釋出電磁輻射（也就是俗稱的電磁波）。電磁輻射帶有能量，高能電磁輻射的頻率極高（如醫院診治用的x-射線），次高能的電磁輻射頻率也不低（如微波爐與行動電話的微波），再往下探就是低能量的低頻電磁輻射，如頻率為 60Hz 的交流電，即為日常生活供電體系的低頻電磁波。

非游離輻射是能量的一種形式。低能量不會對人身軀體造成損傷，過高的能量，當然就會造成傷害。像高能的電磁輻射x-射線，屬於二分法的「游離輻射」；醫師可利用x-射線的強穿特性，透視人體以方便診斷，醫師也可利用x-射線的高能特性，打入癌細胞使之壞死治療。同理，次高能量的電磁輻射微波，主婦可用微波爐加熱煮熟肉食；行動電話的微波發射是否會因耳部腦際的瞬間加溫產生傷害，倒是當前的話題焦點。至於低頻電磁波，則尚無臨床病例可加以探討。

表 1.1　現代化社會常用的非游離輻射波段

波段	頻　譜	波段名稱	通訊應用實例	工商業應用實例
無線射頻	30Hz 以下	次極低頻（SELF）	―	直流電
	30～300Hz	極低頻（ELF）	水下通訊	交流電、音波
	0.3～3kHz	聲頻（VF）	語音通話	音頻
	3～30kHz	很低頻（VLF）	長波通訊、導航	超音波
	30～300kHz	低頻（LF）	遠程通訊、導航	工業用射頻
	0.3～3MHz	中頻（MF）	調幅廣播通訊	工業用射頻
	3～30MHz	高頻（HF）	短波通訊	熱療
微波	30～300MHz	很高頻（VHF）	調頻廣播通訊	磁振造影
	0.3～3GHz	超高頻（UHF）	微波通訊	微波加熱、電視頻道
	3GHz 以上	特超高頻（SHF）	雷達、衛訊	衛視

資源來源：作者製表（2006-01-01）。

　　由於供電系統釋放的是低能量低頻的電磁波（在二分法中，屬於「非游離輻射」），它不像極高頻的強穿游離輻射，能量是供電系統的億兆倍以上，會造成遺傳病變如死胎、急性輻射傷害如喪失免疫力及慢性輻射傷害如罹患血癌。它也不像微波輻射，能量是供電系統的億倍以上，會造成軀體局部加熱效應而衍生輻射傷害。在動物實驗中，長期受到低頻電磁波的照射下，動物最多產生徵候如心跳減慢、血壓增高、甲狀腺機能亢進、血組胺增加，而臨床的慢性症狀為倦怠、頭痛、過敏、嗜睡、遲鈍。不過，這些長期曝露於低頻電磁波的徵候與症狀，與一般民眾因其他病灶問診的病情沒兩樣；易言之，全國 150 萬人天天頭痛的原因有千百種，臨床上很難質化或量化哪一種頭痛是肇因於低頻電磁波。

　　有鑑於低頻電磁波「有可能」會對人體造成上述非致命性的徵候與症狀，管制「非游離輻射」釋放的行政院環保署，就如同管制「游離輻射」釋放的行政院原能會，分別都得訂出一套管制標準。依據行政院環保署（90）環署空字第0016911號函（發文日期：民國90年3月22日），建議針對60Hz低頻電磁波一般民眾之曝露限值為磁通密度833毫高斯，電場強度為每米4.17千伏。換句話說，長期曝露在低頻電磁波釋放的環境中，只要電場的強度與磁場的磁通密度低於建議限值，則前述之動物實驗所觀察到的非致命性徵候與症狀，理應不會發生。

　　民眾生活在現代社會中，的確有知的權利。長期曝露在低頻電磁波中，動物實驗確實觀察到一些非致命性的徵候及症狀；也因此政府透過行政院環保署訂定了一般民眾曝露在低頻電磁輻射中的電磁場限值。為此，政府這兩年特別針對變電所週圍、輸配線路下方的住屋道路作電磁波強度普測，更針對國內凡有輸配線路通過校園上空的 77 所大、中、小學進行普查，發現變電所外牆的磁場在 4～215 毫高斯間，一巷之隔外的民宅在 1～67 毫高斯間；地面（校舍）在輸配電線下之電場靜電場最大值為每米 1 千伏，磁場磁通量最高值為 170 毫高斯，均小於政府建議之限值（註 1-04）。只要低於此一國際公認的閾值，理應不會造成軀體的傷害，電力公司的變電所也好，輸配電線也罷，對附近居民釋出的電磁波均小於政府律定的限值，故民眾實無必要「杯弓蛇影，聞輻必反」，而宜以正面的態度去審視政府供電的改善工程（註 1-05）。

┌─ 自我評量 **1-1** ─────────────────────────────

醫院診斷用電腦斷層攝影掃描儀（CT Scanner）對患者腦部注入的 x-射線能量為 150keV，其能量是 GSM900 手機（超高頻頻率為 900MHz）微波射線打入耳際腦內的多少倍？

解：運用式[1-1]及附錄 1 h 值，可算出：

E（手機）＝hν＝$6.63 \times 10^{-34} \times 900 \times 10^6 J = 3.72 \times 10^{-9} keV$

故而 E(CTx-射線)／E(手機微波)＝$150/(3.72 \times 10^{-9})$

$= 4.03 \times 10^{10}$ 倍

＝403 億倍

因此，游離輻射的能量，遠遠大於非游離輻射！

──────────────────────────────────────

1-2　游離輻射源：核衰變輻射

　　游離輻射的能量，如前節的「自我評量」習作，較「非游離輻射」要高出非常多；按照游離輻射的特性來區分，有核衰變輻射與核反應輻射兩種，但這兩種都和元素的原子核有密切關聯，故需從元素週期表談起。

　　元素週期表是自然科學與工程技術大觀園內的拚圖基本方塊。人體裡頭顆粒最多的元素是氫，空氣中最主要的元素是氮和氧，地球內的主要元素是鐵和鎳。萬物皆由元素構成，在元素週期表中，目前已從最小的元素（原子序數為 1）氫，排序排到原子序數 118。元素週期表的排序（原子序數），指的是元素中原子內居中央位置帶正電質子的數目，也是繞飛在外帶負電電子的數目。例如，元素氫的原子，在中央的原子核有一個帶正電的質子，在外以量子態繞飛的，另有一個帶負電的電子；故而氫原子的外觀，一正一負相互抵消，呈電中

性。像地球內最多的元素鐵，原子核內有 26 個帶正電的質子，原子核外就有 26 個帶負電的電子在繞飛。在圖 1.2 中，列出簡易的元素週期表，凡元素可經由核反應而釋出可辨識的游離輻射者，均以元素符號列出（註 1-06）。

問題是，元素週期表製表大師門得列夫教授（A. E. Mendeleev, 1834-1907），終其一生始終有個物理學上最基本的難題困擾著他：如果電子在外圈，原子核的核心只有質子，那麼在核心光是庫侖斥力（正正相斥）就會將所有的元素（除了氫）全都拆散，哪還有氮、氧、鐵等元素存在的道理？但是，這些元素的確呈現在自然界。這個謎團，直到門得列夫教授辭世後才揭開（註 1-07）。

既然同性相斥，質子和質子並排塞在原子核內，相互間的庫侖斥力不是加總，而是加乘！但是原子序數大於 1 的元素硬是一路傳承下來。換言之，原子核內一定還有些最基本的構成要件，疊加在質子間把庫侖斥力硬給「壓」了下來；在門得列夫教授那個年代，科研技術還沒先進到可以觀察出這個「看不到」的既存事實。

在英籍教授查兒克博士（J. K. H. Chadwick, 1891-1974）的鈹-氦原子核對撞實驗中，他觀測到從鈹元素的原子核內被撞出一個不帶電的粒子，謎團的解答終獲揭曉。這枚不帶電的中性粒子，質量與質子相似但稍重，被查兒克博士定名為「中子」。重要的是，原子核小小世界內，中子與質子（或中子與中子，質子與質子）間互相依存依賴，這種奇妙的現象若以「結合能」（一稱束縛能）看待，加總之後的吸力居然比質子間加乘的庫侖斥力要大得多。換言之，自然界存在的元素，靠的就是中子充當「和事佬」，團結了天生具有互斥叛逆的質子，使之群聚一堂相安無事。

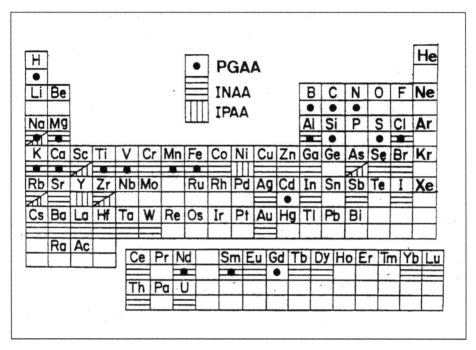

圖 1.2　元素週期表內經由下列核反應釋出可辨識游離輻射之元素：瞬發加馬活化（PGAA）核反應、儀器中子活化（INAA）核反應及儀器光子活化（IPAA）核反應（註 1-06）。

　　科學家不久又發現，每一個元素的原子序數雖然是定數，卻可以搭配不同的中子數目而展現出不同的風貌。例如，元素氫的原子序數為 1，即原子核內僅有一個帶正電的質子，外頭有一個帶負電的電子在繞飛；氫原子核只有孤家寡人一個質子，故而沒有庫侖排斥力拆散的困擾，也就不必然需要中子。不過，加一個中子進去也無妨，稱之為重氫（或氘）；加兩個中子還不算太離譜，稱之為氚。氫、氘、氚都是原子序數為 1 的元素，它們相互稱為氫的同位素（isotope）。同理，原子序數為 2 的氦元素，因為有兩個帶正電的質子在原子核內，故而必需要有中子插入才能存續，如氦-3（3 是質量數，代表兩個質

子加一個中子）。因此，氦-3、氦-4……氦-8 等六個核種都是氦的同位素。

　　元素週期表內有 81 個穩定的元素存在於自然界內，有的元素在天然礦石內找得到好幾個同位素，如鋰-6 與鋰-7；有的元素只有一個同位素，如鈷-59。然而，科學家已發現的元素，卻超過百個，相應的同位素，已標定的就超過三千個；除了天然存在穩定不變的元素和同位素外，其餘的都「有問題」，易言之，這些有問題的元素或同位素一旦合成，遲早都會消失。

　　宇宙間事事物物都趨向於最低位能，理由是達致最低位能的境界時最穩定。上一世紀最偉大的科學家愛因斯坦（A. Einstein, 1879-1955）提出質量 m 在某些條件下理論上可與能量 E 互換的見解；換言之，任何同位素的質量，均可虛擬轉換成能量：

$$E = mc^2 \quad \cdots\cdots\cdots\cdots\cdots\cdots\cdots\cdots\cdots\cdots\cdots\cdots\cdots\cdots\cdots\cdots \text{[1-2]}$$

式[1-2]的 c 指光速。既然同位素可視同為能量，就可審視它是否處於最低位能，如果是，它就穩定如恆；如果不是，就找機會抖掉多餘的能量趨向最低位能。這個抖掉多餘能量的動作，往往又涉及「你不再是原來的你」，既有的質子、中子數目都作了根本的改變；更要命的是，抖掉多餘能量的方式，均以輻射的樣式釋出，所以稱之為放射性「衰變」（disintegration）。以下是原子序數為 95 鋂的同位素放射性衰變：

$$\text{鋂-241 } (^{241}\text{Am}) \rightarrow \text{錼-237 } (^{237}\text{Np}) + \text{氦-4 } (^{4}\text{He}) + E\gamma \quad \cdots\cdots\cdots\cdots \text{[1-3]}$$

　　只要母核鋂-241 合成了，它就三不五時消失掉，衰變成原子序數為 93 的錼-237 的子核，並釋出同位素氦-4（亦稱為阿伐粒子）以高速射出，加上打帶跑連串的加馬射線 Eγ。總之，式[1-3]衰變箭頭左

邊的能量與右邊總能量要一致（守恆）；每秒衰變一次的放射活度國際單位就稱為一個貝克，以紀念原子科學先驅者貝克教授（A. H. Becquerel, 1852-1908）。若放射活度過鉅，則沿用放射活度舊單位居里（Ci），1Ci 等於 3.7×10^{10}Bq，也是用來紀念居里夫人（M. S. Curie 1867-1934）進行一克放射性鐳的研究。鋂-241 的克原子量是 241 公克（國際單位制 SI 質量的基本單位查閱附表 1.4，是千克，本書沿用傳統單位，質量用公克），裡頭有一個摩爾（6×10^{23}）極為驚人的鋂顆粒數。放射性衰變有快有慢，凡顆粒數目衰變到只剩一半所需的時間，稱為半衰期（half-life），鋂-241 的半衰期為 432 年。

原子序數為 90 的釷-232，半衰期更長，長達 141 億年！前述的同位素氚，半衰期為 12.4 年。還有更短的，像前述的同位素氦-8，半衰期短到只有 0.12 秒！為什麼同位素的半衰期有長有短？還是「位能」在作怪。凡衰變前後的位能變化相差無幾者（江水緩流），半衰期特長；凡衰變前後的位能反差大者（瀑布湍流），半衰期特短。

放射性衰變，符合位能規範者，除了前述式[1-3]的阿伐衰變案例，還有貝他衰變、重離子衰變及自發分裂衰變共四種（註 1-08）：

鈷-60 (^{60}Co)→ 鎳-60 (^{60}Ni)+$E_{\beta-}$+$E\gamma$，

鐳-224 (^{224}Ra)→ 鉛-210 (^{210}Pb) + 碳-14 重離子(^{14}C) + $E\gamma$，

鈽-240 (^{240}Pu)→ 碘-135 (^{135}I) + 鈮-102 (^{102}Nb) + 3 個快中子(^{1}n) + 瞬發加馬射線 $E\gamma$ ·· [1-4]

原子序數為 27 的鈷-60（國內輻射屋的元凶），貝他衰變的半衰期為 5.3 年；鐳-224 釋出碳-14 的重離子衰變（heavy-iondecay），半衰期則有 3.3 億年，迄今已發現的重離子衰變，就有七種之多；鈽-240 自行破裂成兩個（碘與鈮）碎片的自發核分裂（spontaneous fission,SF）衰變半衰期，更長達 1,340 億年。不過，鈽-240 的主流衰變，卻是阿伐衰變，半衰期只有 6,570 年；既可阿伐衰變，又能分裂衰變。一般的

電池用不了多久就沒電了，如果運用半衰期夠長的放射性同位素釋出之輻射能與熱電交換原理，就成了長長久久的「同位素電池」。舉例言之，半衰期為 87.7 年的鈽-238，就可當作同位素電池的基材，每公斤可提供高效率 0.5 瓦的電力，用了 88 年電力還有一半！

上述的四大衰變，每一個放射性核種按照式[1-3]及式[1-4]釋出游離輻射；若在零時有 $N_P(0)$ 個母核核種陸續在衰變，它的總數隨時間 t 則不斷地在減少，而子核總數 $N_d(t)$ 則不斷地生成累積（若子核也具放射性，則子核生成之後也將衰變）：

$$dN_P(t)/dt = -\lambda_P N_P(t)，dN_d(t)/dt = \lambda_P N_P(t) - \lambda_d N_d(t) \quad\cdots\cdots\cdots\cdots\cdots [1-5]$$

式[1-5]中的 λ_P，λ_d 分別為母核、子核的衰變常數（decay constant）。將式對時間積分後，可得：

$$N_P(t) = N_P(0)\exp(-\lambda_P t)；A_P(t) = \lambda_P N_P(t)；\lambda_P = \ln2/T_{1/2}(p) \quad\cdots\cdots\cdots [1-6]$$
$$N_d(t) = N_P(0)\lambda_P[\exp(-\lambda_P t) - \exp(-\lambda_d t)]/(\lambda_d - \lambda_P) + N_d(0)\exp(-\lambda_P t)；$$
$$A_d(t) = \lambda_d \cdot N_d(t)；\lambda_d = \ln2/T_{1/2}(d) \quad\cdots\cdots\cdots\cdots\cdots\cdots\cdots\cdots\cdots\cdots\cdots\cdots\cdots [1-7]$$

式[1-6]及式[1-7]若將核種的總數乘以衰變常數 λ，就成為核種的放射活度 A(t)，單位為貝克。式[1-5]至[1-7]有四點值得推敲之處：

1. 放射活度只剩原有總數之半時，可導出 $\lambda = \ln2/T_{1/2}$，
2. 子核若不具放射性（即 $T_{1/2}(d) = \infty$），則 $N_d(t) = N_P(0) - N_P(t)$，
3. 若母核的半衰期遠大於子核（即 $T_{1/2}(p) >> T_{1/2}(d)$），則 $A_P(t)$ 值與 $A_d(t)$ 在 $t > 3T_{1/2}(d)$ 之後十分相似。
4. 量測放射性試樣時，試樣有重量，故 A(t)/m（單位為 Bq/kg）就稱為比活度（specific activity）。

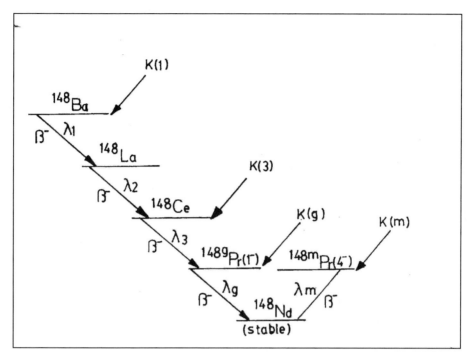

圖 1.3　核分裂過程中質量數 148 的分裂碎片核種串級放射性衰變，K(i)為
分裂碎片核種 i 在分裂零時 t＝0 的生成率（註 1-09）。

　　放射性核種不斷地衰變成眾多子核的例子屢見不鮮，圖 1.3 是核
分裂過程中質量數 148 的分裂碎片核種串級放射性衰變的關係（註
1-09）。圖中的鋇衰變成鑭，鑭衰變成鈰，鈰衰變成激態不一的鐠，
鐠最終衰變成穩定的釹-148。這一連串的放射性衰變均屬前述的貝他
衰變，意即核種內一枚過多的中子蛻變成帶正電的質子，打出一枚帶
負電的電子。不過，在貝他衰變過程中也同時釋出一枚「反微中子」
（anti-neutrino），反微中子是基本粒子，它最特殊的性質是幾乎不與
任何物質發生作用，甚至可輕易地貫穿地球！既然不與任何物質作
用，反微中子就很難度量。

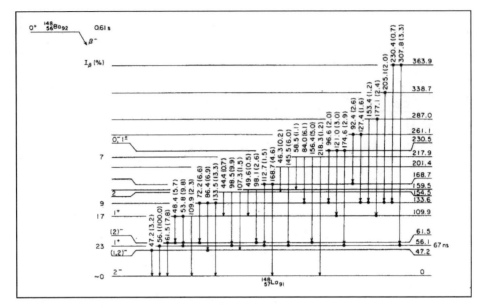

圖 1.4　銣-148 核種部分衰變圖表（註 1-11）。

　　除了式[1-4]提到鈷-60 貝他衰變外，若母核的質子數過量（如氟-18），則其中一枚過多的質子就蛻變成中子，打出一枚帶正電的粒子（正子，發生機率為 96.9%），或由這枚過多的質子就近吸吮捕獲軌道電子生成中子（電子捕獲 electroncapture(EC)，發生機率為3.1%）：

$$\text{氟-18 (}^{18}\text{F)} \rightarrow \text{氧-18 (}^{18}\text{O)} + E_{\beta^+} + E\gamma \quad\cdots\cdots\cdots\cdots\cdots\cdots\cdots\cdots\cdots\cdots\cdots\cdots\text{[1-8]}$$

式[1-8]是國內醫療體系運用正子發射斷層攝影迴旋加速器（Positron Emission Tomography (PET) Cyclotron）產製的核醫藥物主要核種氟-18的貝他衰變。必須注意的是式[1-8]也釋出一枚「微中子」，它也不和任何物質作用，故而微中子也難以度量。式[1-4]及式[1-8]的貝他衰變輻射總能量 Q_β，就是母核及子核間的位能差。Q_β 總能量分配予貝他射線與加馬射線：

$$Q_{\beta^+} = E_{\beta^+} + E_\gamma \text{，} E_{\beta^+} = E_{e^+} + E_\nu$$

$$Q_{\beta^-} = E_{\beta^-} + E_\gamma \text{，} E_{\beta^-} = E_{e^-} + E_{\bar\nu} \quad\cdots\cdots\cdots\cdots\cdots\cdots\cdots\cdots\cdots\cdots\cdots [1\text{-}9]$$

式[1-9]中的 Q_{β^+} 與 Q_{β^-}，對特定的貝他衰變恆為常數，變動的是等號右邊的分量。若 $E_\gamma = 0$，則 E_{β^+} 與 $E_{\beta^-} = Q_\beta$，表示「一桿到底」從母核衰變直直落到子核基態且不釋出加馬射線。不過，反微中子或微中子總會分別「吃」掉部分 E_β 或 E_β 能量，帶走了 $E_{\bar\nu}$ 或 E_ν，故能偵測到的貝他射線，能量在 $0 < E_{e^-}$ 或 $E_{e^+} < E_\beta$ 間呈連續分佈，出現機率最多的是 $Q_\beta/3$。若為單純的電子捕獲，則 $E_{e^+} = 0$ 且 $E_\nu = E_{\beta^+} + 2m_ec^2$。

貝他衰變還有三種「異象」：

1. **β⁻ 遲延中子衰變。**

   當 Q_{β^-} 大到足以解構子核的中子結合能時，就會在 β⁻ 衰變後釋出一粒中子（註 1-10）。例如：半衰期為 0.17 秒的銀-124 貝他衰變：

$$\text{銀-124 } (^{124}\text{Ag}) \rightarrow \text{鎘-123 } (^{123}\text{Cd}) + \text{中子}(^1\text{n}) + e^- + \bar\nu + E_\gamma \quad\cdots\cdots [1\text{-}10]$$

2. **β⁺ 遲延質子衰變。**

   當 Q_{β^+} 大到足以解構子核的質子束縛能時，就會在 β⁺ 衰變後釋出一粒質子。例如：9 毫秒的氧-13 貝他衰變：

$$\text{氧-13 } (^{13}\text{O}) \rightarrow \text{碳-12 } (^{12}\text{C}) + \text{質子}(^1\text{p}) + e^+ + \nu + E_\gamma \quad\cdots\cdots\cdots\cdots [1\text{-}11]$$

3. **雙貝他衰變。**

   意即一次衰變釋出兩個貝他粒子但耗掉一個反微中子，母核跨越兩個原子序數至子核。例如：半衰期為 2.51×10^{21} 年的碲-130 雙貝他（β⁻β⁻）衰變：

$$\text{碲-130 } (^{130}\text{Te}) \rightarrow \text{氙-130 } (^{130}\text{Xe}) + e^- + e^- + \bar\nu + E_\gamma \quad\cdots\cdots\cdots\cdots [1\text{-}12]$$

　　除了上述「一桿到底」母核衰變至子核基態的特殊案例外，放射性衰變通常僅衰變至子核的激態，激態至基態間的能差，以 E_γ 代表之。事實上，在激態至基態間存在著非常多的量子態，子核自激態降激過程中，陸續釋出不同能量的加馬射線，每一條加馬射線的能量，等於兩個量子態間的能差，這些量子化的加馬射線加總後仍為 E_γ。有些較重的放射性核種因有量子態間較低的能差，可運用內轉換機制，將軌道電子束縛解構，擊出電子（稱為內轉換電子，internal conversion electron），再由其他軌道電子補位，釋出x-射線，沒有加馬出現。故而，放射性衰變所釋出的加馬射線，展現了子核激態量子能階複雜的面貌。圖 1.4 展示了銪-148 母核以 0.61 秒半衰期衰變至子核釤-148 的眾多激態（註 1-11），圖中展現了子核中 26 個量子激態間 63 條加馬射線量測到的部分「衰變圖表」（decay scheme）。

　　放射性鋼筋的鈷-60，到底有沒有鈷-600 的同位素？這就要看鈷-600 的結合能加總後是否還具有束縛力道，答案是沒有；換句話說，就算將 27 個質子與 573 個中子湊攏成 27＋573＝600 的鈷-600，它會在合成後瞬間立即解散。另一個極端，鈷的同位素有沒有鈷-27，也就是說，沒有中子的鈷？當然不可能，就算湊齊了 27 個質子，僅庫侖斥力加乘後當即解構。事實上，鈷的同素從鈷-50 到鈷-70 理論上應該都存在，其中鈷-53 到鈷-66 均已標定（除了鈷-59 存在於自然界為穩定同位素外，餘皆具放射性）。科學家努力迄今，在元素週期表內所有的元素中，理論上「應該」存在的同位素超過六千個，尚未標定的就佔了一半（註 1-12）。

表 1.2　天然背景輻射中的長半衰期放射性核種

母核	衰變型式	半衰期（年）	同位素豐度	釋出游離輻射
^{40}K	β^+, β^-, EC	1.277×10^9	0.0117%	$\beta^+, \beta^-, X, \gamma$
^{50}V	β^-, EC	6.9×10^{16}	0.25%	β^-, X, γ
^{87}Rb	β^-	4.72×10^{10}	27.83%	β^-
^{115}In	β^-	5.1×10^{14}	95.7%	β^-
^{123}Te	EC	1.0×10^{15}	0.89%	e^-, X
^{138}La	β^-, EC	1.12×10^{11}	0.089%	β^-, X, γ
^{142}Ce	α	5×10^{16}	11.1%	α
^{144}Nd	α	2.1×10^{15}	23.8%	α
^{147}Sm	α, EC	1.06×10^{11}	15.1%	α, e^-, X
^{152}Gd	α	1.08×10^{14}	0.20%	α
^{174}Hf	α, EC	2.0×10^{15}	0.16%	α, e^-, X
^{176}Lu	β^-	3.79×10^{10}	2.61%	β^-, e^-, X, γ
^{187}Re	β^-	4.3×10^{10}	62.6%	β^-
^{190}Pt	α, EC	6.9×10^{11}	0.013%	α, e^-, X
^{232}Th	α, β^-	1.41×10^{10}	100%	$\alpha, \beta^-, e^-, X, \gamma$
^{235}U	α, β^-, SF	7.038×10^8	0.720%	$\alpha, \beta^-, e^-, X, \gamma, n$
^{238}U	α, β^-, SF	4.4683×10^9	99.275%	$\alpha, \beta^-, e^-, X, \gamma, n$

註：數據資料摘自（註 1-12）。

資料來源：作者製表（2006-01-01）。

　　地球在 46 億年前生成時，元素週期表內的元素紛紛合成，其中有 283 個同位素（如鈷-59）處於最低位能，其他數以千計的同位素處於高位能態，故都具有放射性。凡放射性核種的半衰期遠少於地球壽命者，迄今只早已衰變殆盡。然而，半衰期在億年以上數量級的放射性核種，若占同位素數目的比例（即克原子量乘以摩爾數內含該放

射性核種的數目,即同位素豐度 I,natural isotope abundance)又高,則在當下即成為天然背景輻射中的成份(註 1-13)。表 1.2 列出這些長達億年以上且在自然環境中可偵測到的放射性核種。這些天然放射性核種釋出的游離輻射,有阿伐粒子、電子貝他射線、正子貝他射線、單能電子、x-射線、γ-射線及中子輻射。它們不但無所不在,而且也成為輻射度量的干擾源,其中又以鉀、釷及鈾為主流。在本書索引後的附圖 1.8 能譜圖中,可以看到地表與高空飛行時天然背景輻射強度的變化。

自我評量 1-2

人體內的鉀元素重量比約為體重的 0.21%,依照表 1.2 的數據,計算 50 kg 體重的人體內鉀-40 放射活度。

解:查表可得鉀-40 的 $T_{1/2}$ (^{40}K) = 1.277×10^9 年,I (^{40}K) = 0.0117%,鉀的克原子量為 A(K) = 39.102 g/mol,依式[1-6]鉀-40 的放射活度為:

A (^{40}K) = λ (^{40}K) · N (^{40}K)　　λ (^{40}K) = ln2/$T_{1/2}$ (^{40}k)

N (^{40}K) = (N_a · 50 kg × 0.21% × I (^{40}K)/A(K)

　　　　　 = $0.6022 \times 10^{24} \times 105$ g × 0.0117%/39.102 g = 1.892×10^{20}

(^{40}K) = ln2/($1.277 \times 10^9 \times 365 \times 86,400$ s) = 1.721×10^{-17}/s

故 A (^{40}K) = 3,256 Bq,即 50 kg 體重的軀體內,天然背景輻射的鉀-40 在體內每秒有 3,256 次衰變,誠可謂輻射無處不在,無所不在!人愈靠近輻射度量儀器,對量測造成的干擾就愈大。

1-3　游離輻射源：核反應輻射

　　兩方撞成一團產生激烈反應需有三個要件，要件一是撞得到，要件二是撞得進去，要件三是大破大立，核反應亦然。一般教科書內看到的原子模型（當中一堆球狀物是質子與中子的原子核，外圍是一圈圈繞飛的電子）實在背離實境，正確的模型要建構在正確的尺度上。

·核反應很難撞得到

　　原子是由外圈的量子態電子和核心的質子、中子構成的原子核所形成。原子的範圍約十奈（10^{-8}）米，質（中）子的半徑更小，要再小十萬倍（10^{-13}米）。原子序數為 92 的鈾-235 同位素，外圈有 92 個電子繞飛，核心處則有 92 個質子與 143 個中子構成 92＋143＝235 的原子核。如果將鈾原子虛擬成巨蛋球場（若用奈米為單位，巨蛋球場也可稱為十奈米球場），則鈾原子核好比小白球置於球場的中央，電子就像 92 粒芝麻在巨蛋觀眾席上以量子態繞飛。換言之，可容納十萬人的巨蛋球場內，除了一枚小白球（鈾核）與 92 粒芝麻（電子），空空如也！想用彈珠大小的核粒撞進球場並恰好撞到正中央的小白球，真是難上加難，歪打正著的機率十分渺小。

·就算撞到也很難撞得進去產生核反應

　　前述的小白球或芝麻，別小看這質子、中子和電子，它們的密度（單位體積內的質量）卻大得嚇人，幾乎是水密度的百兆倍。此外，若撞入的「彈珠」帶正電，受撞的「小白球」也帶正電，麻煩又來了，一旦入射的動能無法克服雙方庫侖力正正相斥的作用，連進去觸摸的機會都沒有。更何況，原子外層有帶負電荷的電子在繞飛，力道

不足的入射粒子不但進不去，恐怕在原子的遠端就遭電子層偏轉驅離。

綜合而言，核反應發生的機率很小，有些甚至需要很特殊的條件（如需要灌注能量）方能啟動加熱式核反應。與核能相關的，就是釋出鉅大能量的放熱式核分裂反應與核熔合反應。而與人為游離輻射（artificial radioactivity）生產有關的，即為核粒與核粒間的核反應。核粒間的核反應、核分裂反應與核熔合反應，不但製造出更多的放射性同位素（其後的衰變過程會釋出游離輻射），而且在反應過程中也四向射出游離輻射。因此，核反應輻射可忝為第二類的游離輻射。

一、核粒間的核反應

高能高速的核粒，普遍存在於生活環境中，從源頭來看，高能高速的核粒有人工打造的，也有天生就存在的；人造核粒包括加速器加速的荷電核粒（如高速質子）、同步輻射光源（如高能x-射線）與核反應器爐心的中子輻射，與生俱來者如原始宇宙射線（源自銀河系及太陽系）的高能粒子（93%為質子，6.3%為阿伐粒子）及二次宇宙射線（如原始宇宙射線撞擊大氣層核粒釋出的中子輻射）。本章章首圖1.1(A)，顯示能量在16GeV以下的宇宙射線，遭地磁偏轉而無法射入台灣以南的暗影區（註1-14）。

再以正子發射斷層攝影迴旋加速器產製核醫藥物氟-18 為例，加速器加速質子至 $E_P = 16.5 MeV$，撞擊氧-18 靶，即可產製氟-18：

氧-18 (^{18}O) + 質子 (^1p) → 氟-18 (^{18}F) + 中子 (^1n) + E_γ

或 $^{18}O(p, n)^{18}F$ ·· [1-13]

式[1-13]核反應式，箭頭左右的質子數、中子數與質量數加總後均應守恆，氟-18 在產製期間的放射活度 A(t)，可用下列公式計算出（註1-15）：

$$A(t) = N_O \cdot I_A \cdot \sigma[1 - \exp(-\lambda t)]/a \,,\, \phi = I_A/a \cdots\cdots\cdots\cdots\cdots\cdots \quad [1\text{-}14]$$

式[1-14]內的 N_O 是靶心內氧-18 的數目，I_A 是加速器加速質子的電流，σ是式[1-13]核反應的機率，a 為靶區的質子流幾何截面，λ為氟-18 的衰變常數，ϕ為質子的通率。式[1-14]也有三個值得推敲之處：

1. 加速器照射靶心愈久，產製核種活性愈強，唯照射時程超過兩個半衰期後，放射活度趨近飽和，久照無益只會徒增不必要的雜質放射活度。
2. 調節入射質子的能量E_P，會改變產製核種的放射活性；能量E_P一旦低於與靶核間的庫侖阻障（Coulomb barrier），核反應機率將大幅萎縮。
3. 靶心核種數目 N_O 的增減，也會改變產製核種的活度。

人為輻射案例，尚有運用核反應器中子照射靶核，產製需用的放射性核種如：

鈷-59 (^{59}Co) + 中子(^{1}n) → 鈷-60 (^{60}Co) + E_γ

或 ^{59}Co(n, γ)^{60}Co $\cdots\cdots\cdots\cdots\cdots\cdots\cdots\cdots\cdots\cdots\cdots\cdots\cdots$ [1-15]

醫療及工業界使用的鈷-60，就是將穩定的鈷-59 核種製成標靶，置入核反應器的照射區內運用式[1-15]產製鈷-60（註 1-16）。

二、核分裂反應

元素週期表內，不是每個元素都喜歡核反應，即便有這個機率，也不必然喜歡一分為二鉅大破壞的核分裂反應。前節曾述及元素的原子序數（質子數目）愈大，原子核內庫侖斥力的加乘就愈嚴重，因

此，原子序數比元素鉛（82）還要大的元素顯然已搖搖欲墜（病重的駱駝），就有機會遭外力（壓垮駱駝的最後一根稻草）遂行核分裂反應。此外，核分裂反應數目 N_f 的高低，與內藏庫侖排斥力成正比，但與體積成反比：

$$N_f = k \times 庫侖斥力 / 原子核體積 = kZ^2/A \quad\cdots\cdots\cdots\cdots\cdots\cdots \quad [1\text{-}16]$$

式[1-16]內庫侖斥力以質子數目Z的平方代替，體積則用質量數A（即原子核內質子數目加中子數目）表示，k 為分裂常數。由式[1-16]得知，同位素間（相同的 Z）較輕者（A 較小）的核分裂反應機率較高；例如鈾-235 遭快中子撞擊後的核分裂反應機率，就比鈾-238 高許多，而鈾-233 又比鈾-235 高。

　　重元素除了拖拖拉拉半衰期較長的自發分裂衰變外，要立即見效的快速核分裂，仍需靠外來粒子的撞擊；任何高速粒子在理論上都可將重元素撞出分裂反應，然而，使用帶電粒子（如質子）或較大的粒子（如阿伐粒子）行情並不看好，不但要費很大的勁（高速注入）以克服它與靶核間的庫侖斥力，核分裂反應機率也十分微小。另一方面，並非每個重元素的同位素都壽命長到可以等你去撞它；有些重元素的同位素（如鈾-232）核分裂反應機率的確很稱頭，惟半衰期太短，如鈾-232 只有 71.7 年（註 1-17）。

　　早在上一世紀初期，科學家就已預測到：若將最重的原子核經核反應而分裂成兩片較輕的原子核，會釋放出大量的核能。如果這些核反應緩慢地釋出能量，則可將之轉變成動力或電力；散佈全球 440 座核能發電的核反應器（另有 26 座正在構建中），274 座研究用原子爐與 161 艘軍用船艦輪機艙內的 210 座動力原子爐，就是這種可控制核分裂反應的應用實例（註 1-18）。若鈾-233、鈾-235 或鈽-239 等可裂材料（fissile material）的核分裂於極短的時間在極小的範圍突然釋出，這種不可控制的核子爆炸，即為核分裂彈（亦稱為原子彈）的引爆原

理。原子彈的威力上限，可達五萬噸炸藥的當量（50kT）。

典型的核分裂反應，可由下列公式反應進行：

鈾-235 (^{235}U) + 快中子(^{1}n)→鋇-148 (^{148}Ba) 分裂碎片 + 氪-85 (^{85}Kr) 分裂碎片 + 3 個快中子(^{1}n) + 核分裂能(195,000,000eV) ……… [1-17]

在核反應中釋放出來的核分裂能，可用愛因斯坦公式 $\Delta E = \Delta mc^2$ 求得；其中 Δm 為式[1-17]分裂前後質量的總差。傳統化學釋熱反應，每一化學反應所放出之熱能僅為數個電子伏；而核分裂反應所釋出的能量，億倍於化學能。事實上，式[1-17]是德籍科學家哈恩（Otto Hahn, 1879-1968）與其助手於 1939 年 1 月公佈的驚人發現。哈恩也注意到用一粒中子撞擊鈾靶，不但釋出鉅大的能量，同時也釋出更多的中子。若依照式[1-17]，耗掉一個中子在核分裂反應卻得到三個中子，三個中子於兩奈秒以內再撞及周邊另外三個鈾原子核，又衍生三次核分裂，釋出九個中子……如此一變三，三變九，九變廿七……這就是核分裂鏈反應。只要中子不漏失掉，遲早可耗盡所有的鈾彈彈心。但是，鈾彈心的數量愈少，在鈾彈心表面漏失中子的機率就愈大，核分裂鏈反應就夭折。故而最起碼引發鏈反應的彈心質量，就稱為「臨界質量」。理論上一公斤的鈾-235若百分百依式[1-17]完全核分裂殆盡，在短短一百奈秒內所釋出的鉅大能量，查閱附表 1.2 轉換因數相當於19kT 的當量，介於廣島、長崎原爆威力之間。

在核分裂的過程中，依式[1-17]遂行核分裂一破為二的組合到底有多少種？經過理論計算，應有 892 個分裂碎片核種，其中 584 個已驗證標定，如圖 1.5 所示（註 1-19）。大部分的核分裂碎片是放射性核種，如半衰期為 8.04 天的碘-131 (^{131}I)；而半衰期更長者如 30.17 年的銫-137 (^{137}Cs)，經早年強國在大氣層內核試爆後，到今天仍是環境試樣中指標性的放射性污染核種（註 1-20）。

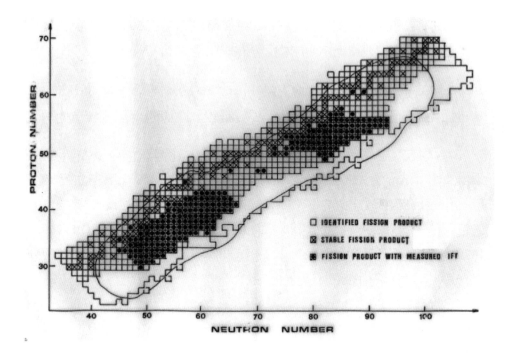

圖 1.5　中子誘發鈾-235 核分裂反應分裂碎片分佈圖（註 1-19）。

　　前述的分裂現象，是一分為二，也稱為雙分裂（binary fission）；
更有些特殊的核分裂現象是一分為三，稱為三分裂（ternary fission），
除了兩個分裂碎片外，「第三者」多為質量數是 3～5 的輕元素如 H-3
及 He-4，不過，三分裂發生的機率很低，只有雙分裂的千分之三以
下（註 1-21）。

三、核熔合反應

　　不帶電的中子較容易攢入原子核中進行核反應，帶電的粒子想要
「熔入」原子核中，就得先克服庫侖阻障。原子核的原子序數愈高，
或注入粒子帶電荷數愈大，都因強大的庫侖斥力無法促成「熔合」。

因此，核熔合反應僅發生在元素週期表內前面幾個較小者如氫、氦、鋰、鈹的同位素間相互高速對撞。核熔合反應亦因反應前後質量的總差Δm，依式[1-2]轉換成鉅大的熔合能ΔE釋出。

典型的核熔合反應，反應率較高者用下列核反應系列進行之：

氘(^{2}H)＋氚(^{3}H)→氦-4(^{4}He)＋快中子(^{1}n)＋核熔合能(17,600,000eV)，或 T(d, n)α，

氘(^{2}H)＋氦-3(^{3}He)→氦-4(^{4}He)＋質子(^{1}p)＋核熔合能(18,400,000eV)，或 ^{3}He(d, p)α，

氘(^{2}H)＋氘(^{2}H)→氚(^{3}H)＋質子(^{1}p)＋核熔合能(4,000,000eV)，或 d(d, p)T，

氘(^{2}H)＋氘(^{2}H)→氦-3(^{3}He)＋快中子(^{1}n)＋核熔合能(17,500,000eV)，或 d(d, n)^{3}He，

鋰-6(^{6}Li)＋快中子(^{1}n)→氚(^{3}H)＋氦-4(^{4}He)＋核熔合能(4,700,000eV)，或 ^{6}Li(n, T)α

鋰-6(^{6}Li)＋氘(^{2}H)→2 個氦-4(^{4}He)＋核熔合能(22,200,000eV)，或 ^{6}Li(d, α)α ………………………………………………………… [1-18]

以上式[1-18]的核熔合反應，加總後為消耗掉七個氘及兩個鋰，產生ΔE 為 84,400,000eV 鉅量的熔合能釋出，或者一公斤的氘-鋰化合物，可釋出 75kT 的當量。式[1-18]噴出的中子動能，依動量守恒及動能守恒原理，第一式釋出的中子動能為 14.08MeV，第四式釋出的中子動能為 13.12MeV，故核熔合反應噴出的中子動能均值為 13.60MeV，或在真空中以每秒五萬公里的高速噴出。另一方面，若僅用鋰同位素，理論上仍可自動持續熱核反應：

快中子(^{1}n)＋鋰-6 (^{6}Li)→氚(^{3}H)＋氦-4 (^{4}He)＋核熔合能(4,700,000eV)，
或 ^{6}Li(n, T)α，
鋰-6 (^{6}Li)＋氚(^{3}H)→2 個氦-4 (^{4}He)＋快中子＋核熔合能
(16,120,000eV)，或 ^{6}Li(T, αn)α ································· [1-19]

若依式[1-19]進行熱核反應，則一公斤的鋰，依然可釋出$\Delta E = 40kT$當
量的核熔合能。

事實上，熱核反應早在宇宙天地間四處「橫行」，星雲星團內很
多發光的星體，其內就是自動持續的熱核反應，產生上億度的高溫，
並向外發光發熱，直到星體內的熔合燃料耗盡始停止發熱發光，成為
「死」星球。太陽系中的太陽，其內就是威猛的熱核反應，也使得太
陽熾熱的表面溫度可高達攝氏六千度，其波長正好是在地球上人類視
神經得以辨識的可見光波長範圍。利用氫同位素啟爆核熔合反應的武
器就稱為氫彈（或熱核武器），原子彈和氫彈，也通稱為核彈。氫彈
核爆，等同於在地球上燃耗掉一個超小太陽。

此外，銀河系內星團依式[1-18]及[1-19]熱核反應爆炸的溫度愈
高，入射核粒及射出核粒的動能也愈大；如溫度超過千兆度，核粒的
動能就超過 100GeV，再加上無數的彈性碰撞增能，度量到的能量甚
至高達EeV數量級（10^9GeV），也就形成了前述的高能宇宙射線，漫
遊於太空中。

當高能宇宙射線穿越大氣層與空氣分子的原子核產生核反應時，
會撞出成堆的基本粒子，後者再衰變成更多的基本粒子：

氫(^{1}p)＋中子(^{1}n)→π$^-$介子(π$^-$)＋氫(^{1}p)＋氫(^{1}p)，或 p(n, π$^-$p)p；
π$^-$＋p→π$^-$＋π$^+$＋n，或π$^-$(p, π$^-$π$^+$) n ····················· [1-20]

式[1-20]的π$^-$ 及π$^+$ 介子，都具基本粒子的特性，這些宇宙射線經核反

應衍生的輻射與基本粒子，將在下章敘述其特性。

自我評量 1-3

中子彈被強國誇稱為上一世紀的終極核武，但也是最不人道的核武，因為遭中子流瞬間輻射傷害致死者的遺體，會變成高強度的核廢料。中子彈依式[1-15]釋出之快中子能量為 13.6 MeV，瞬間擊中受害者的中子通量為 10^{12} 中子／平方公分（相當於 48 戈雷的吸收劑量）。人體內鈉元素（克原子量為 22.99g）的重量比為 0.143%，核反應機率σ為 0.30×10^{-24} 平方公分；類似式[1-12]的核反應，生成半衰期為 14.96 小時的 ^{24}Na。計算 50 kg 重遺骸中，^{24}Na 放射活度是體內天然背景輻射 ^{40}K 的多少倍？

解：依式[1-11]：^{24}Na 在受害者瞬間致死時的放射活度為：

$A(t) = N_O I_A \sigma [1 - \exp(-\lambda t)]/a$，瞬間指 $\lambda \cdot t$ 非常小，故

$A(t) = N_O I_A \sigma \lambda t/a$，$I_A t/a$ 即中子通量。

$N_O\ (^{23}Na) = 50kg \times 0.143\% \times N_a / A\ (^{23}Na) = 1.87 \times 10^{24}$

則 $A(t) = 1.87 \times 10^{24} \times 10^{12} \times 0.30 \times 10^{-24} \times 0.693/14.96 / 3,600$ Bq

$\qquad = 7.24 \times 10^6$ Bq

$A\ (^{24}Na)/A\ (^{40}K) = 7.24 \times 10^6/3,256 = 2,240$ 倍

遺體及衣著隨身物品內有更多的元素、更高的核反應機率及長短不一半衰期的核反應產物，故遺體視同高強度核廢料，難加處理。

CHAPTER 2

輻射與物質作用

圖 2.1　荷電高能核粒互撞熔合反應的日全蝕表面特效（蔡柏生博士提供）。

提要

1. 游離輻射若能與物質產生作用，就可以對游離輻射進行偵測；若物質與輻射的作用有定性、定量的依存性，該物質就可作為游離輻射偵檢材料。

2. 荷電高能核粒與偵檢材料的作用機制有核反應、產生制動輻射、游離、激發及彈性碰撞。量測荷電高能核粒主要運用偵檢材料阻擋本領所擋下的游離、激發能，不同類型的荷電核粒在不同入射動能下，偵檢材料均有足以定性定量偵測到的阻擋本領。

3. 電磁輻射與偵檢材料的作用機制有湯生散射、若雷散射、光核反應、光電效應、康普頓效應、成對產生；後三類機制衍生的二次電（正）子在偵檢材料內產生之游離與激發，可用來定性定量偵測電磁輻射的全能量光子。

4. 中性核粒除了不帶電荷的基本粒子外，以原子核外不受束縛的自由中子為主；中子與偵檢材料的作用機制，是依中子能量連串的核反應。反應產物包括荷電核粒、電磁輻射與回跳的靶核，用偵檢材料定性定量偵測中子，是度量上述的中子核反應之反應產物。

　　如果游離輻射不與任何物質產生作用，不但難以偵測，也無法造成輻射傷害。前章貝他衰變所釋出的（反）微中子，幾乎不與任何物質作用，故而難以偵測，也不會對人體造成輻射傷害。不過，絕大部分的游離輻射，都會與物質產生作用，既然能與物質作用，就能偵測游離輻射的存在；若物質與輻射作用有定性、定量的依存性，該物質就可作為游離輻射偵檢材料。

　　輻射度量的定性，專指標定輻射的類別（如度量辨識中子輻射，抑或是加馬射線）；輻射度量的定量，專指確認輻射的能量及強度（如量得中子能量及通率或核種放射活度）。不論任何游離輻射類別，中子也好，加馬也罷，與物質作用產生指標性的定性、定量且可測得的作用機制不外：(1)作用所生成的產物，(2)作用生成產物的特性，(3)作用的耗時或射程。凡物質與各類游離輻射作用能顯示出這三種機制的特異性，且與輻射定性定量有依存性，這種物質，就是非常實用的輻射度量偵檢材料。

　　在前章把游離輻射歸類為：(1)有質量帶電荷的高能核粒，(2)無質量的電磁輻射，(3)有質量但不帶電荷的中性核粒三類。每一類游離輻射與物質作用的機制迥異，故需分開敘述；另一方面，中性核粒與物質作用會產生無質量的電磁輻射（如常見的中子捕獲(n, γ)核反應的γ-射線），無質量的電磁輻射與物質作用又會衍生荷電核粒（如γ-射線的光電效應打出高速電子），故本章由繁入簡，先敘述有質量帶電荷的高能核粒與偵檢材料的作用，再依序處理相對較為單純的電磁輻射與中性核粒。至於游離輻射直（間）接衍生的化學與生物反應，留待爾後各章節另述。

　　游離輻射與物質作用，是輻射度量的基本機制，更是輻射劑量偵測與推算的實務基礎。依據游離輻射與物質作用原理，吸收劑量與等（有）效劑量方能依學理和實測準確推定。

2-1　荷電高能核粒與物質作用

　　游離輻射中凡有質量且帶電荷的高能核粒，均歸為同類在本節集中探討。它們的類別、質量、電荷及半衰期，綜整列於表 2.1 內：

・電子

帶負電的電子無所不在，它可由加速器加速，如非面板型的個人電腦及家用電視內的陰極射線管，國外的同步輻射加速器甚至可將電子加速至 TeV 以上。電子亦可由輻射衰變釋出，如鈷-60 依前章式[1-4]貝他衰變，可釋出最大能量為 2.8MeV 的電子。此外，電子的反粒子是正子，帶正電，亦可自輻射衰變釋出，如氟-18 依前章式[1-8]釋出的正子，最大能量為 0.63MeV。

・帶電的介子

介於質子質量與電子質量間的中間產物，如表 2.1 列舉的強π介子及輕μ介子，另外還有強 k 介子。有些介子具三元性，即有的帶正電（如π^+），有的帶負電（如π^-），有的不帶電（如π^0）。一些中性的介子尚有反介子併存（如 k^0 與 $\bar{k}^0$）。這些中間產物的介子，特色是半衰期非常短，如表所列；它們可由加速器核靶內生成，也是大氣層內二次宇宙射線的次要中間產物（註 2-01）。

・質子

即氫核（p），天然的高速氫核，係來自宇宙。源自銀河系的宇宙射線高能質子，能量上衝至 EeV（10^{18}eV）；源自太陽系的質子，能量可達 300MeV，本章首頁圖 2.1 即為太陽內高能荷電核粒間相互起熱核反應，在日全蝕下的特效圖片。人造輻射中的高速質子，多來自加速器，如國內醫療體系內的正子發射斷層攝影迴旋加速器，可加速質子至 20MeV；美國費米實驗室的質子-反質子對撞機，可將質子加速至 1TeV（註 2-02）。

・氦-3

剝掉軌道電子的輕核粒（如 d^+，T^+，$^3He^{++}$，$^7Li^{3+}$），或外加電子為滿殼數的荷電輕核粒（如 d^-，T^-），均可由加速器加速。除了上

表2.1　荷電高能核粒游離輻射之特性

類別（符號）	質量（MeV/c²）	電荷（e）	半衰期	游離能閾值
電子（e⁻）	0.511	−1	穩定	13.6eV
輕介子（μ⁺）	105.7	+1	1.5μs	2.8keV
強介子（π⁻）	139.6	−1	18ns	3.7keV
氫核（p）	938.3	+1	穩定	25keV
氦-3（³He）	2,809.4	+2	穩定	188keV
阿伐粒子（α）	3,728.4	+2	穩定	250keV
重離子（¹⁴C）	13,044.0	+6	5730a	3.8MeV
分裂碎片（⁸⁵Kr）	79,096.2	+20	10.7a	114MeV
鉛核（²⁰⁸Pb）	193,730.7	+82	穩定	1.86GeV

資料來源：作者製表（2006-01-01）。

述從加速器釋出的人造輻射外，依前章式[1-18]及[1-19]熱核反應的機制，也說明了外太空亦充斥著如 ^{3}He 的荷電高能輕核粒（註 2-03）。

・阿伐粒子

　　剝掉軌道電子的氦-4 核粒，是原始宇宙射線的重要成份。另外，阿伐衰變釋出的阿伐核粒，能量在 2～10MeV 間，如 0.01 秒的 ^{260}Ha 所釋出的阿伐粒子，能量高達 9.7MeV；前章表 1.2 所列天然放射性 ^{144}Nd 釋出的阿伐粒子，能量僅有 1.83MeV。

・重離子

　　比阿伐粒子質量還要大的帶電荷核粒。表 2.1 內列舉了 ^{14}C，^{85}Kr 及 ^{208}Pb。^{14}C 如前章式[1-4]自重離子衰變中釋出，^{85}Kr 如前章式[1-17] 自核分裂反應中釋出，故亦稱為分裂碎片；剝掉所有軌道電子的

鉛-208，在真空中可加速至高能，如法國 CERN 重離子加速器，可將 ^{208}Pb 加速至 1,250TeV。

．質量在輻射與物質作用機制上的角色

　　表 2.1 所列的荷電游離輻射與物質作用時，輻射所面對的庫侖電場源，是物質內原子或分子外層繞飛的量子態電子；物質內各元素所含每一個電子的位能各有差異，距入射游離輻射核粒的間距遠近有別，故而物質內千千萬萬個軌道電子與入射游離輻射核粒間的庫侖作用力，誠可謂千變萬化，複雜無比。不過，除了表 2.1 所列的電子外，其他核粒的質量均遠較物質內的軌道電子重很多；以分裂碎片 ^{85}Kr 為例，它的質量是物質內軌道電子質量的 79,096MeV/0.511MeV ＝154,787 倍，這有點像將鉛球射入成千上萬的芝麻海內，芝麻被撞得四向彈出，而高速的入射鉛球仍筆直地在芝麻海內衝進，唯能量與速度逐漸遞減。但是，若用電子射入物質，就好比用近光速的芝麻射入同類的芝麻海中，第一次撞擊就有可能將入射的能量幾乎耗盡，耗損的能量轉移給其他芝麻（即同類的軌道電子），入射電子在物質中作大角度、高耗能折射。

．速度在輻射與物質作用機制上的角色

　　按照古典力學的法則，質量為 m 的粒子以速度 v 移動時的動能 KE 為：

$$KE = \frac{1}{2}mv^2 \quad\cdots\cdots\cdots\cdots\cdots\cdots\cdots\cdots\cdots\cdots\cdots\cdots\cdots\cdots [2\text{-}1]$$

式[2-1]碰到一個難題，若動能 KE 不斷增加，核粒的速度終會超過光速 c，違背了速度的極限是光速的相對論法則。例如 1TeV 的宇宙射線高能質子，若依式[2-1]及表 2.1 的質子質量＝938.3MeV/c^2 計算，竟然解析出 v＝46.17c！幸好，愛因斯坦的相對論不准速度超越光速，

但卻允許質量可在高速下膨脹（註 2-04）：

$$KE = mc^2[(1/(1-(v/c)^2)^{1/2}-1] = mc^2(\gamma-1)，\beta = v/c \quad\cdots\cdots\cdots\cdots\quad [2\text{-}2]$$

式[2-2]與[2-1]在低速移動下，核粒的動能沒有分別；只有在速度大於11.5%光速時，動能計算用式[2-1]會比用式[2-2]少 1%以上。易言之，當 $\beta=11.5\%$ 或 $\gamma-1=0.67\%$，亦即動能為核粒靜止質量的 1/150 以上時，就別再用古典力學的式[2-1]解算。

　　國內高鐵設計速限是每秒百米，真空光速是每秒三億米；表 2.1內所列荷電核粒的速度，經式[2-2]計算如下：

銀河系宇宙射線 1EeV 的質子速度：近光速；
醫用迴旋加速器 20MeV 的質子速度：14.4%光速；
太陽系宇宙射線 100MeV 的 ^{3}He 速度：18.5%光速；
^{144}Nd 阿伐衰變 1.83MeV 阿伐粒子速度：2.2%光速；
106MeV 的分裂碎片 ^{85}Kr 速度：3.7%光速；
1250TeV 的 ^{208}Pb 真空速度：99.99%光速；
二次宇宙射線 1TeV 的 $\mu+$ 輕介子速度：99.995%光速；
^{18}F 貝他衰變 0.63MeV 的正子速度：74.3%光速；

　　因此，結合入射游離輻射核粒速度與質量的特性，射入偵檢材料的核粒，就好比鉛球以接近光速的速度，高速衝入芝麻海當中。

‧電荷在輻射與物質作用機制上的角色

　　天地萬物以最低位能和電性中性為最穩定，帶電荷的高能核粒也不例外，亟欲吸收（或釋出）所缺（或多餘）電子回復原子的電性中性。不過，就是因為荷電高能核粒的速度太快（如上述的 EeV 質子以近光速移動），要呈電性中性，則外圈的軌道電子也要以同速移動，才不會跟丟。換言之，若中性原子的軌道電子移動速度，相對於

高能核粒而言過慢，則軌道電子會「脫軌遭甩掉」，核粒就落單筆直向前衝。

　　只要核粒以高能移動，就無法吸收額外電子帶著跑，也就無法呈電性中性；就是因為荷電核粒以高速移動，才會與偵檢材料產生作用。一旦核粒速度因與物質連續作用而減緩，慢到和物質的軌道電子等速，就有機會吸收週遭電子呈電性中性，就此失掉帶電的特性，更不能執行游離作用。中性核粒在物質中以低速移動，能量轉移的機制以熱交換予物質的原子與分子，終至停止移動而永久停留在物質內。

　　問題是荷電高能核粒速度多慢，才吸收電子呈電性中性並喪失游離輻射特性？波爾教授（N. Bohr, 1885-1962）在上世紀初提出的古典原子論，倡言軌道電子繞飛核粒的離心力，正好抵消掉原子核對它的庫侖吸力；據此，波爾推導出古典軌道電子所需的速度 v：

$$v = \alpha cZ/n \quad \text{..} \quad [2\text{-}3]$$

式[2-3]中 α 為精構常數（fine-structure constant），查閱附表 1.1 內 α = 1/137.14；c 為光速，Z 為核粒的原子序數，n 為核粒原子的主量子數。波爾的古典原子論暗示：(1)核粒速度極限若為光速，則元素週期表的盡頭應為 Z = 137，(2)愈內圈（n = 1）的軌道電子，繞飛速度愈快，愈外圈的軌道電子（n > 1），繞飛速度愈慢，(3)輕元素（小 Z）的軌道電子速度較重元素（大 Z）的軌道電子慢很多。事實上，軌道電子係以量子態繞行原子核，與波爾的古典原子論大異其趣，輕元素（如氫、氦，主量子數僅為 n = 1）尚可用式[2-3]求取軌道電子速度的近似值，唯較重的元素，其軌道電子速度 v_0 需經量子態修正推導（註2-05）：

$$v_0 = \alpha cZ^{2/3} \quad \text{..} \quad [2\text{-}4]$$

式[2-4]中原子序數（Z）的開方，兼顧了軌道電子量子態的問題（同時也鬆綁了元素週期表上限的難題，運用本式，要到Z＝1,606才會逼使軌道電子速度大於光速）。準此，前述荷電高能核粒減速至呈電性中性的低速限是：

Z＝1 質子或基本粒子減速至 0.73%光速即呈電性中性；

Z＝2 氦-3 或阿伐粒子減速至 1.2%光速即呈電性中性；

Z＝36 的 ^{85}Kr 分裂碎片減速至 5.4%光速即呈電性中性；

Z＝82 的 ^{208}Pb 核粒減速至 13.8%光速即呈電性中性。

荷電高能核粒減速至光速的 15%以下時，即陸續喪失荷電性變成中性核粒，它們與偵檢材料產生游離作用的門檻值（閾值），亦列入表 2.1 內。例如，高能質子在物質內連續作用到依式[2-2]及[2-4]計算為 25keV 時，即吸收一粒自由電子呈電性中性，不再遂行游離作用。

在了解荷電高能核粒所攜質量、電荷及移動速度在與物質作用機制內所扮演的角色後，再來檢視游離作用的三大類型：一、核反應；二、衍生制動輻射；三、庫侖作用。

一、荷電高能核粒與物質核反應

在前章核反應概述中，曾提及核反應的機率低且門檻高，機率有多低？門檻有多高？門檻有幾道？核反應機率，要看物質內原子核的截面有多大，門檻的高低，係指入射荷電高能核粒（電子除外）能否穿越物質內原子核對它的庫侖阻障及核反應前後的質能平衡。核反應機率可用原子核的幾何截面 σ_g 試算粗估：

$$\sigma_g = \pi r^2 = \pi(r_0 A^{1/3})^2 \text{，} r_0 = 1.3 \times 10^{-13} cm \quad \cdots\cdots [2\text{-}5]$$

式[2-5]的 A 指靶核的質量數。若靶核為氫核（p），則核反應機率為

0.053 × 10^{-24} 平方公分（又稱 0.053 邦）；若靶核為釷-232 核，則核反應機率為 2.0 邦。核反應的種類繁多，有前章敘及的核分裂反應、核熔合反應、核捕獲反應、核碎裂反應、核濺碎反應……不一而足。圖 2.2 展示的是荷電高能質子與 ^{238}U 靶核的(p, f)核分裂反應與 ^{232}Th 靶核的(p, pxn)核碎裂系列反應的反應機率度量結果（註 2-06）。前者的核反應機率趨近於 1,300mb（1.3 邦），後者的(p, pn)核反應機率則趨近於 100mb（0.1 邦）（註 2-07）。需注意到核分裂反應撞出成堆的荷電高能分裂碎片，核碎裂反應則撞出荷電高能質子與不帶電的高能中子，這些核反應產物（二次游離輻射）會持續與物質作用。

　　圖 2.2 的實驗數據隨著入射質子的能量增加（減少）而逐漸變大（小），核反應機率似有似無的入射質子能量，即為門檻值。兩個荷電核粒（電荷分別為 z_1，z_2 唯電性相同）撞擊時的庫侖阻障 V，可依古典力學推導（註 2-08）：

$$V = z_1 z_2 e^2/(r_1 + r_2)，KE > V \quad \cdots\cdots\cdots\cdots\cdots\cdots\cdots\cdots\cdots\cdots [2\text{-}6]$$

式[2-6]基本電荷 e 的常數可查閱附表 1.1，核粒的半徑 r_1 及 r_2 可由式[2-5]計算。以圖 2.2 的 ^{232}Th(p, pn)核反應為例，庫侖阻障可用 $z_1 = 1$，$r_1 = 1.3 \times 10^{-13}$cm，$z_2 = 90$，$r_2 = 8.0 \times 10^{-13}$cm，代入式[2-6]可得 KE > V = 14MeV，亦即入射的質子動能需超越 14MeV，方能克服庫侖阻障的第一道門檻，進入釷靶遂行核反應。

　　再看荷電高能電子（查閱附表 1.1，質量數可視為 A = 1/1,837）的特例，在高能電子衝入原子之前，必需面對成千上萬物質軌道電子的庫侖斥力；就算入射的高能電子歪打誤撞「擊中」軌道電子，依式[2-6]解算最起碼的門檻動能 KE，至少應為 V = (−1) × (−1) $e^2/[2r_0 (1/1,836)^{1/3}]$ = 6.8MeV，第一道門檻值也非常高。

　　接下來是入射荷電高能核粒一旦撞入靶核，會發生哪一種核反應，則另有第二道門檻把關。圖 2.2 的(p, pn)與(p, p6n)核反應的反應

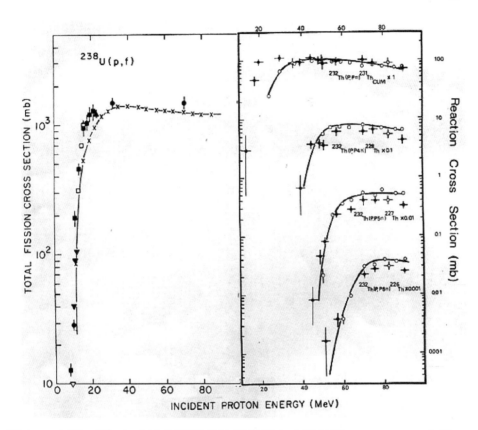

圖 2.2　左圖：^{238}U(p, f)核分裂反應的反應機率度量結果（註 2-06）；右圖：^{232}Th(p, pxn)核碎裂系列反應的反應機率度量結果（註 2-07）。

機率門檻肯定大不相同，顯然除了庫侖阻障外，另有文章。^{232}Th (p, p6n)^{226}Th 核反應，可視為「加熱反應」，即必須給予額外的能量 Q，核反應方能發生：

$$Q + [m_p + m\,(^{232}Th)]c^2 = [m_p + 6m_n + m\,(^{226}Th)]c^2 \quad\cdots\cdots\cdots\cdots\cdots\cdots [2\text{-}7]$$

式[2-7]內質子與中子的質量，可查閱附表 1.1，釷同位素中性原子的質量，可從核數據庫獲取（註 2-09）：$m\,(^{232}Th) = 216{,}143.911 MeV/c^2$， m $(^{236}Th) = 210,542.641MeV/c^2$，則 Q = 36.042MeV！意即入射的高能質子要撞進釷靶，至少需 14MeV 的動能；撞進去又得撞出(p, p6n)的核碎裂反應，則更需 36MeV 以上的動能，這與圖 2.2 的實驗結果吻合。

荷電高能核粒（電荷為z_1，質量為m_1）與物質（電荷為z_2，質量為A_2）要產生核反應，其動能 KE 需大於兩道門檻 Q 或 V。若入射的荷電高能核粒總數為 I，參與核反應的數目為ΔI，則核反應比例為：

$\Delta I/I = In(1.294n(KE))/2n(KE)$，KE > Q 或 V；

$n(KE) = 32,520A_2KE(MeV)/[z_1z_2(m_1 + A_2)(z_1^{2/3} + z_2^{2/3})^{1/2}]$　………[2-8]

以圖 2.2 的 $^{232}Th(p, x)$ 為例，用式[2-8]可解算出 KE = 100MeV 的入射質子撞擊釷靶，反應比例僅有$\Delta I/I = 0.06\%$。僅管荷電高能核粒與物質核反應比例非常少，不是與物質作用的主流，超過 99.9%的高能核粒也沒有與物質起核反應，唯極少數的核反應所生成的反應產物，如圖 2.2 內的分裂碎片、中子、二次質子及放射性核種，均會使偵測荷電高能核粒更趨複雜！

把場景從加速器實驗室拉到外太空，以宇宙射線荷電高能阿伐粒子（動能 KE = 100MeV）為例，轟擊人體（有效電荷$Z_2 = 7.22$，A = 18）的核反應比例依式[2-8]解算為$\Delta I/I = 0.007\%$。今人欽羨的太空人，乘太空梭進入太空還要太空漫步，需忍受宇宙射線荷電高能核粒的轟擊，輻射傷害也就成為航太醫學研究的主流（註 2-10）。

二、荷電高能核粒與物質作用生成制動輻射

上述的核反應，係由入射荷電高能核粒與物質作用，荷電核粒消失掉轉換生成核反應產物；第二種作用機制，是入射核粒並未被消滅，但是卻遭物質電場所偏折轉向，進而在轉向加減速過程中將能量以制動輻射（bremsstrahlung）方式射出。物質的電場係由帶正電的原

子核與帶負電的軌道電子交疊形成，荷電高能核粒在穿梭於物質中必然遭電場的庫侖作用力偏折；有偏折就有轉向，有轉向必有庫侖吸力的加速與庫侖斥力的減速。在加減速偏轉的情況下，加（減）速增加（損失）的能量，就稱為制動輻射，並以光子（即x-射線）呈連續能量分佈沿轉彎軌跡四向射出。制動輻射的比例$\Delta E/KE$，與加（減）速度的平方及被碰撞物質截面積的乘積成正比（註 2-11）：

$$\Delta E\Big/_{KE} \sim \sigma \alpha^2 \sim \sigma \left(\frac{F}{m_1}\right)^2 = \sigma \left[\frac{z_1 z_2 e^2}{\Delta x^2 m_1}\right]^2 \sim \Delta x \rho \left(\frac{z_1 z_2}{m_1}\right)^2 ,$$

$$\Delta E\Big/_{\rho \Delta x} \sim KE \left(z_1 z_2 \Big/ m_1\right)^2 \quad\text{..............................} [2\text{-}9]$$

式[2-9]的 F 為荷電高能核粒（質量為 m_1）在外加電場所承受的庫侖作用力，Δx 為荷電高能核粒（電荷為z_1）與作用物質某特定核粒（電荷為 z_2）的間距，ρ 為物質的密度。式[2-9]$\Delta E/\rho \Delta x$ 的定義為：密度為ρ的特定物質，對能量為 KE 的某特定游離輻射，在材質內行距Δx所擋下的能量ΔE，又稱為質量阻擋本領（mass stopping power）。$\Delta E/\Delta x$ 又稱為線性阻擋本領（linear stopping power），或稱為直線能量轉移（linear energy transfer, LET）。

依式[2-9]，荷電高能核粒在偵檢材料內的能量損耗，有四項特點：

(1)入射核粒能量 KE 愈大，產生制動輻射的機率也大，

(2)入射核粒的電荷 z_1愈高，產生制動輻射的機率更大，

(3)入射核粒的質量 m 愈小，產生制動輻射的機率愈大，

(4)偵檢材料的原子序數 z_2愈大，產生制動輻射的機率更大。

在同一能量KE的情況下，各類荷電高能核粒在不同材質內產生制動輻射的相對機率，列於表 2.2。從表中可看出，荷電高能核粒與物質作用產生的制動輻射，以電子最為顯著，其他核粒相對於電子

表 2.2　荷電高能核粒在不同材質內產生制動輻射的相對機率

類別（符號）	空氣（7.26）	矽（14）	鍺（32）	鉛（82）
電子（e^-）	1.00	3.67	19.2	126
輕介子（μ^+）	2.34×10^{-5}	8.57×10^{-5}	4.48×10^{-4}	2.94×10^{-4}
強介子（π^-）	1.34×10^{-5}	4.92×10^{-5}	2.57×10^{-4}	1.69×10^{-3}
氫核（p）	2.97×10^{-7}	1.09×10^{-6}	5.68×10^{-6}	3.73×10^{-5}
氦-3 (^{3}He)	1.32×10^{-7}	4.86×10^{-7}	2.54×10^{-6}	1.67×10^{-5}
阿伐粒子（α）	7.52×10^{-8}	2.76×10^{-7}	1.44×10^{-6}	9.46×10^{-6}
重離子（^{14}C）	5.53×10^{-8}	2.03×10^{-7}	1.06×10^{-6}	6.96×10^{-6}
分裂碎片（^{85}Kr）	1.67×10^{-8}	6.12×10^{-8}	3.20×10^{-7}	2.10×10^{-6}
鉛核（^{208}Pb）	4.68×10^{-8}	1.72×10^{-7}	8.97×10^{-7}	5.89×10^{-6}

註：材質的原子序數（或化合物、混合物的有效原子序數）列於材質括弧內。

資料來源：作者製表（2006-01-01）。

言，機率少了四萬倍以上。故而，只有在討論高能電子與物質作用時，才會論及制動輻射的重要性。

　　高能電子射入物質，制動輻射的產率 Y 可依實驗數據推導（註 2-12）：

$$Y = 0.0006z_2 \cdot KE/(1 + 0.0006z_2 \cdot KE) \quad\cdots\cdots\cdots\cdots\cdots\cdots\cdots\cdots\cdots\cdots\text{[2-10]}$$

式[2-10]內電子的動能 KE，以 MeV 為單位。例如 1GeV 的高能電子入射矽偵檢材料（$z_2 = 14$），則 Y = 89%，意即 89% 的入射電子與矽核作用，會產生制動輻射。若為它類荷電高能核粒，則可運用表 2.2 及式 [2-10] 等比計算它類核粒與物質作用，生成制動輻射的機率。如前述 1GeV 的高能質子入射矽偵檢材料，依式[2-8]計算只有 0.0008% 以核反應機制作用，那產生制動輻射的機制呢？查表 2.2，$Y(p)/Y(e^-)$

＝0.00003％，意即，荷電高能質子與矽偵檢材料作用，衍生制動輻射的機率比核反應更少，僅有不到 0.000026％。

荷電高能核粒（特別是電子）與物質衍生的制動輻射，屬無質量、無電荷的輻射，它與物質的作用，將在下一節另述。至此，凡是沒有與物質產生核反應或制動輻射的入射荷電高能核粒，保證百分百會受物質庫侖電場作用產生游離與激發機制。

三、荷電高能核粒與物質軌道電子庫侖力作用：游離與激發

當荷電高能核粒射入物質時，會同時對微米距離內近兆個軌道電子展現庫侖作用力 F。貝詩教授運用量子力學理論推導出貝詩公式（Bethe formula），計算物質對核粒的質量阻擋本領（註 2-13）：

$$\Delta E/\rho \Delta x = -\frac{4\pi z_1^2 z_2 e^4 N_a}{mc^2\beta^2 A_2}[\ln(2mc^2\beta^2\gamma^2/w) - \beta^2] \;,\; \beta > \frac{v_0}{c} \;\cdots\cdots\cdots\; [2\text{-}11]$$

N_a＝摩爾數＝6.022×10^{23}/mol

m＝電子靜止質量＝$0.511 MeV/c^2$

A_2＝物質的克原（分）子量，g/mol

β＝入射荷電核粒初始相對論速度＝v/c

γ＝入射荷電核粒初始相對論膨脹係數＝$1/\sqrt{(1-\beta^2)}$

w＝物質軌道電子平均游離能，eV

＝$52.8 + 8.71 z_2$（$z_2 > 13$）或 $11.2 + 11.7 z_2$（$z_2 \leq 13$）或 20.4（$z_2 = 1$）

貝詩公式可廣泛運用在任何物質遭所有類型的荷電核粒（電子、正子及基本粒子除外）的游離作用，唯限制運用在速度超過依式[2-4]計算的 v_0，或動能 KE 超過表 2.1 所列游離能閾值的荷電高能核粒。另需注意貝詩公式所計算的質量阻擋本領，是入射荷電核粒動能的函數，速度愈慢（β變小），阻擋本領愈大。

　　以水作為阻擋物質（$\rho = 1\text{g/cm}^3$，$A_2 = 18\text{g/mol}$，$Z_2 = 7.22$）當案例，1GeV的高能質子入射的質量阻擋本領依式[2-11]計算，為 1.55MeV/g/cm^{2}或 0.15keV/μm。水的軌道電子平均游離能為 $w = 11.2 + 11.7 \times 7.22 = 95.7\text{eV}$，意即入射的 1GeV 質子，在第 1 公分的水中就產生 $1.55 \times 10^6/95.7 = 16{,}200$ 個離子對！當入射水中的高能質子持續減速，例如減速至 KE=1MeV，動能少千倍，解算出減速後的低能質子在水體中每公分可游離多達 1,888,480 個離子對！以貝詩公式運算 1GeV 阿伐核粒在水體中移動，每公分行徑可游離個數較同能量的質子多出 7 倍。以 1GeV 的重離子 ^{14}C 入射水體，每公分可游離個數較同能量的質子多出 152 倍。同能量的各類荷電核粒射入人體，誰的殺傷力大，一比就知。

　　貝詩教授也使用量子力學理論去推導高能電（正）子或基本粒子在物質內運動的特性。電（正）子與物質軌道電子作用，與其他荷電核粒迥異之處有三：(1)高能電（正）子除了游離與激發物質的軌道電子外，部分動能依式[2-10]釋出制動輻射而損耗，其他荷電核粒幾乎不釋出制動輻射。(2)高能電（正）子非常可能在一次碰撞就將所有動能移轉給同質量的物質軌道電子，其他荷電核粒則非常均勻地將動能傳遞給物質軌道電子使之游離或激發。(3)高能電子與物質軌道電子的庫侖作用力是同性相斥，高能正子與物質軌道電子是異性相吸。貝詩教授推導出電（正）子質量阻擋本領的公式如下：

$$\Delta E(e^-)/\rho \Delta x = -\frac{4\pi z_2 e^4 N_a}{mc^2 \beta^2 A_2}\left[\ln\left(\frac{mc^2 \beta \gamma (\gamma - 1)^{1/2}}{\sqrt{2w}}\right) + \left[(\gamma - 1)^2/8 + 1 - (2\gamma - 1) \times \ln 2\right]/2\gamma^2\right], \quad \beta > v_0/c,$$

$$\Delta E(e^+)/\rho \Delta x = -\frac{4\pi z_2 e^4 N_a}{mc^2 \beta^2 A_2}\left[\ln\left(\frac{mc^2 \beta \gamma (\gamma - 1)^{1/2}}{\sqrt{2w}}\right) - \left[23 + 14/(\gamma + 1) + 10/(\gamma + 1)^2 + 4/(\gamma + 1)^3\right]\beta^2/24 + 0.693\right], \quad \beta > v_0/c \cdots\cdots\cdots\cdots\cdots \quad [2\text{-}12]$$

電（正）子的貝詩公式，與其它荷電核粒的貝詩公式主項雷同，只差在公式括弧內相對論速度相斥（吸）的計算。

　　前述的荷電核粒與物質連續不間斷的游離作用，動能愈剩愈少；當速度小於式[2-4]的軌道電子速度 v_0 時，荷電核粒在物質中移動速度慢到會吸收（釋出）電子而成中性核粒，再以熱交換彈性碰撞的機制將剩餘的動能耗盡。正子在動能耗盡時，會結合自由電子產生互燬作用（annihilation process），將於下節再述。最後階段（即 $\beta \le v_0/c$）物質對荷電低能核粒的質量阻擋本領，依實驗數據推導的經驗公式為：

$$\Delta E/\rho \Delta x = \frac{206.4}{A_2}[KE(MeV) \cdot m_1 z_2 / z_1]^{1/2} \text{，} \beta \le v_0/c \quad \cdots\cdots\cdots\cdots \quad [2\text{-}13]$$

　　表 2.3 列出依式[2-11]至[2-13]計算矽偵檢材料對各類荷電高能核粒在不同的入射動能 KE 下，於矽偵檢材料內的阻擋本領。由表中可突顯出兩項特色：(1)較阿伐粒子（含）更輕的荷電核粒，在動能 KE ＝1MeV 附近，矽偵檢材料對它們有非常易辨識的阻擋本領。(2)對各

表 2.3　矽偵檢材料對各類荷電高能核粒不同入射動能下的阻擋本領

類別（符號）	KE＝1keV	KE＝1MeV	KE＝1GeV	KE＝1TeV
電子（e^-）	18keV/μm	0.37keV/μm	7.1MeV/cm	11MeV/cm
輕介子（μ^+）	0.07keV/μm	7.9keV/μm	4.0MeV/cm	7.8MeV/cm
強介子（π^-）	0.08keV/μm	8.3keV/μm	4.0MeV/cm	7.8MeV/cm
氫核（p）	0.21keV/μm	43.8keV/μm	4.4MeV/cm	8.0MeV/cm
氦-3（^{3}He）	0.26keV/μm	303keV/μm	24MeV/cm	29MeV/cm
阿伐粒子（α）	0.30keV/μm	317keV/μm	32MeV/cm	28MeV/cm
重離子（^{14}C）	0.32keV/μm	10keV/μm	0.65GeV/cm	0.22GeV/cm
分裂碎片（^{85}Kr）	0.43keV/μm	14keV/μm	30GeV/cm	1.9GeV/cm
鉛核（^{208}Pb）	0.34keV/μm	11keV/μm	3.4GeV/cm	29GeV/cm

註：表內灰底依式[2-13]的計算值為荷電核粒的動能過低，在物質內一邊游離一邊捕獲（釋出）電子成為中性核粒。

資料來源：作者製表（2006-01-01）。

類重離子，動能要超過 KE＝1GeV，在矽偵檢材料內才有可辨識的阻擋本領。(3)動能太低時（KE＜1MeV），矽晶對各類荷電核粒的阻擋本領無明顯的差異性。

要量測荷電核粒，就可選取矽偵檢材料對不同類型、不同入射動能核粒的阻擋本領特質予以標定。唯表 2.3 所列的理論阻擋本領僅為量子力學的推論，在實際的物質環境中，大部分的矽原子就如同其他半導體或絕緣體材質一樣，根本沒有被游離擊出電子及正離子對，軌道電子僅被激化成電子-電洞對，其數目百倍於依式[2-11]及[2-12]計算被游離的矽原子數目。少部分被游離的物質軌道電子，又非以零動能漂移，而是攜帶大量的動能衝出；這些額外的二次電子動能足以抵消掉眾多微耗能的電子-電洞，也就是阻擋本領實驗值較表 2.3 所列的理論計算值多出的部分。這些少部分「高能」二次電子，也稱為δ-射線，和傳統的α，β，γ，x-射線區隔開，它與物質的二次作用和荷電高能電子沒兩樣。

入射物質的荷電高能核粒，若打在閃爍材料上，並未參與物質軌道電子的游離機制，而僅作激發的動作。特別是入射核粒與物質軌道電子的間距若過遠，產生的庫侖作用力與能量交換過小，則僅能將底層的軌道電子激發到上層空白軌道，之後再降激回原軌道釋出兩軌道間的能差，也就是射出單能的螢光。

除了用偵檢材料（如矽晶及閃爍材料）度量荷電核粒的質量阻擋本領以辨識是哪一類輻射外，最好也能知道這些荷電核粒能在偵檢材料內走多遠。每一個核粒在物質電場內的作用機制不同、行進間與物質軌道電子游離、激發作用後轉折的方向也不同；假設核粒的入射點與物質作用完的停止點間的直線間距定義為「射距」，則核粒在物質內實際行進的路程，一定比射距要長（兩點間直線距離最短）。一億個核粒入射，在物質內就有一億條不同的射距，射距的均值就稱為射程R。若將R乘以密度ρ，就成為「射程密度」（range-density, ρR，單

位為 g/cm^2）。

　　射程密度的理論值，就是式[2-11]至[2-13]對動能的積分：

$$\rho R = \int_{KE} dE/(dE/\rho dx) \quad\cdots\cdots\cdots\cdots\cdots\cdots\cdots\cdots\cdots\cdots\cdots\cdots\cdots \text{[2-14]}$$

式[2-14]的積分，荷電核粒能量的損耗 ΔE，從表 2.3 可看出是動能 KE 的函數，數學解析將十分複雜，一般均採實驗數據的經驗公式來取代理論積分。電子與正子的質量，與物質的軌道電子相等，故電（正）子實際在物質內的行徑，應該是彎過來繞過去。其它的荷電核粒，質量遠遠大於軌道電子質量，故而在物質內幾乎以直射穿入。因此，電（正）子的射程與其他荷電核粒須分開處理。

　　電（正）子的射程密度，依實驗數據的經驗推導可寫為：

$$\rho R(e) = 0.412 KE^{(1.27-0.095\ln KE)}，KE(MeV) \le 2.5 MeV$$
$$= 0.53 KE - 0.106，KE(MeV) > 2.5 MeV \cdots\cdots\cdots\cdots\cdots \text{[2-15]}$$

式[2-15]計算出 0.01MeV 的低能電子射程密度為 $0.00016 g/cm^2$，意即在空氣中射程是 0.12cm，在鉛板內為 0.14μm。同步輻射所加速的 1GeV 高能電子，射程密度為 $530 g/cm^2$，在空氣中的射程高達 4.1km，在重水泥內為 1.2 米。

　　其他荷電核粒，可先從高能質子在鋁板（密度為 $\rho_{A1} = 2.7g/cm^3$，克原（分）子量為 $A_{A1} = 27g/mol$）中的射程密度經驗公式（註 2-14）開始推導：

$$\rho_{A1} R_{A1}(p) = 0.00384 KE^{1.5874}，KE(MeV) \le 2.7 MeV$$
$$= 0.00284 KE^2/(0.68 + 0.434\ln KE)，KE(MeV)$$
$$> 2.7 MeV \cdots\cdots\cdots\cdots\cdots\cdots\cdots\cdots\cdots\cdots \text{[2-16]}$$

　　換個物質（密度為 ρ_x，克原（分）子量為 A_x），由於入射核粒質

量與物質的原子質量屬同一數量級，故需用到 Bragg-Kleeman 法則，和電（正）子式[2-15]的通用公式區隔開（註 2-14）：

$$\rho_x R_x(p) = \rho_{A1} R_{A1}(p)\sqrt{A_x/A_{A1}}$$ ·············· [2-17]

若再換個入射荷電核粒（電荷為 z_i，質量為 m_i），在與質子（z_1 = 1，m_1 = 938.3MeV/c^2）等速的條件下，該荷電核粒在同一物質內的射程密度為：

$$\rho R(z_i) = \rho R(p) \cdot m_i / (z_i^2 m_1)，KE(z_i) = m_i KE/m_1$$ ·············· [2-18]

依式[2-16]至[2-18]，任何荷電核粒在任何物質內的射程密度均可依高能質子在鋁板中的射程密度轉換解得。例如 106MeV 的分裂碎片（z_i = 20，m_i = 79,096MeV/c^2）在 鋼 板（密 度ρ_x = 7.86g/cm^2，A_x = 55.85g/mol）的射程，可依式[2-18]先求出對應等速質子的動能為 1.26MeV，再依式[2-16]解出這種質子在鋁板內的射程密度為 0.00552g/cm^2。同樣的質子在鋼板中的射程密度，依式[2-17]解得為$\rho_x R_x$ = 0.00795g/cm^2。再依式[2-18]可解算出分裂碎片在鋼板中的射程密度為$\rho R(z_2)$ = 0.00167 g/cm^2，或射程為 2.1μm。意即核燃料的鋼質護套，內襯的 3μm 已足以將高能分裂碎片擋下。

最後一個議題：荷電高能核粒在物質內耗時多久才完全停止移動？假設荷電核粒在物質內是連續等比減速，則全程耗時 t_a 可由古典力學推導：

$$t_a = R/\bar{v} = R[m/2\overline{KE}]^{1/2} = \frac{R}{kc}[mc^2/2\overline{KE}]^{1/2}$$ ·············· [2-19]

式[2-19]中的 R 為荷電核粒在物質中的射程，$\bar{v}$，$\overline{KE}$ 為入射核粒在物質內的均速與均能，k 為實驗觀測經驗常數。再以分裂碎片在鋼材中的耗時為例，若 k = 0.6，則可依式[2-19]解出 t_a = 3.0 × 10^{-13}s。1GeV 的

高能電子在空氣中的射程總耗時，依式[2-19]解算出為 $t_a = 3.6 \times 10^{-7}$s。換言之，荷電核粒在物質內作用的耗時，都非常短。

綜合而論，量測荷電高能核粒，主要係運用偵檢材料的阻擋本領，擋下核粒的游離、激發能；不同類型、不同能量的荷電核粒，偵檢材料均有不同的阻擋本領，去收集到不同的游離、激發能。本此，偵檢材料可定性定量偵測荷電高能核粒。

自我評量 2-1

大氣層內的空氣能擋掉哪些能量以下的宇宙射線高能質子？

解：大氣標準氣壓查閱附表 1.1 為 14.696 lb/in²(psi)，換算成公制，即等於宇宙射線高能質子能被大氣層擋掉的射程密度$\rho R = 1,013.25$ g/cm²。

空氣的有效克分子量為 A(air) = 14.55 g/mol，鋁是 A(Al) = 26.98g/mol，運用式[2-17]，可解出這種高能質子在鋁板內射程密度為$\rho R = 1379.8$ g/cm²。

再運用式[2-16]可推導出 KE = 4,592 MeV 或 4.6 GeV，意即地球的大氣層可擋掉宇宙射線 4.6 GeV 以下的高能質子。宇宙射線的主流是荷電高能質子，其均能約為 2.5 GeV，少部分的高能質子（至 10^9 GeV）沒被大氣層擋掉，所幸地球磁場又將這些可貫穿大氣層的高能荷電質子大都給偏轉走（參見前章圖 1.1）。

2-2 電磁輻射與物質作用

電磁輻射包括加馬射線與 x-射線，兩者均以光子（photon）通稱，光子的輻射特性是：(1)無電荷，(2)無質量，(3)以光速行進。偵測

光子不是度量加馬射線或x-射線，而是量測光子與偵檢材料作用後釋出的二次電子。換言之，電磁輻射的偵測，不是度量光子，是量測光子與物質作用生成的電子。

　　首先，要分辨電磁輻射的來源。所有的光子不論源自何方，都不帶電、沒質量且以光速行進，唯一能辨識光子的彼此，是光子的能量。因此，分辨電磁輻射來源，可從能量的單元性（單一能量）及多元性（多種能量且連續分佈）來區隔：

一、單能光子

　　兩個量子態間的位能差，是單元性的單一能量；原子核內從基態到激態，量子態間的位能差，若以降激方式釋出能量，即為單能光子。來自原子核的單能光子，又可再分為兩類；而源自原子核外的單能光子，僅有一種。

(一)放射性衰變單能加馬射線

　　母核依半衰期規律衰變至子核時，多半從母核基態衰變至子核激態，再行降激釋出多個能量不一的單能加馬射線，如前章圖 1.4 內的銪-148 核種衰變圖表所示。此外，也有些放射性核種處於激態，遂行「介穩態降激」（isomeric transition, IT），例如核醫界最常用的放射性同位素鎝-99m，遂行：

$$^{99m}\text{Tc} \rightarrow ^{99}\text{Tc} + E_\gamma \quad \text{……………………………………} \quad [2\text{-}20]$$

半衰期為 6 小時的介穩態 ^{99m}Tc，降激至 ^{99}Tc 基態時會釋出 0.140511MeV 的單能光子，亦稱為遲延加馬射線（delayed gamma ray）。要辨識 ^{99m}Tc 是否存在，就得度量是否有 0.140511MeV 全能量的單元性遲延加馬射線。

（二）核反應瞬發單能加馬射線

　　除了放射性衰變涉及降激而依半衰期陸續釋出單能光子外，核反應的產物非常可能處於激態，會在反應瞬間降激，釋出量子態間的能差，這就是核反應瞬發單能光子，亦稱為瞬發加馬射線（prompt gamma ray）。圖 2.3 是熱中子核反應(n, γ)產生瞬發單能光子的示意圖（註 2-15），圖中的靶核遭熱中子擊中後形成複合核並處於激態，瞬間降激過程釋出的γ-射線（即(n, γ)中的γ），是為核反應瞬發單能加馬射線。中子轟擊氯原子核的(n, γ)核反應，就釋出多條能量超過 5MeV 的瞬發單能加馬射線，如圖 2.4 所示（註 2-16）。要確認是否有 Cl(n, γ) 核反應，需度量全能量的單元性瞬發加馬射線。

（三）原子軌道電子降階釋出的單能 x-射線

　　亦稱為特性x-射線，是原子外層的軌道電子向下階降激時，釋出高低兩階能差的光子。兩階間的位能差，也可能不釋出光子，改以擊

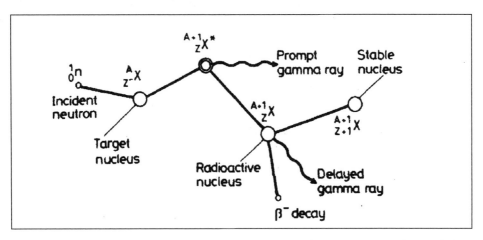

圖 2.3　熱中子捕獲核反應釋出的瞬發單能加馬射線及遲延單能加馬射線示意圖（註 2-15）。

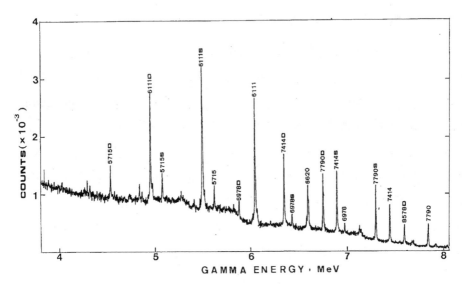

圖 2.4 Cl(n, γ)核反應釋出的多條高能瞬發加馬射線（註 2-16）。

出高階軌道電子；所釋出的原子軌道電子，稱為歐階電子（Auger electron）。從原子的軌道電子整體來看，降階到最內層（K 層）電子軌道所釋出的 x-射線（L 層降至 K 層為 K_α 射線，其它層降至 K 層為 K_β 射線），能量較降階到其它層（L,M,O,P 層）電子軌道的 x-射線能量為高，重元素同階的 x-射線能量較輕元素為高。元素 Rf（原子序數 104）的 K 層 x-射線能量最高，有 0.158MeV，而元素鋰祇有 0.000054MeV（註 2-17）。要知道 x-射線源自何元素，還是要度量全能量的單元性特性 x-射線。

二、連續能量光子

當入射的光子呈連續能量分佈的多元性時，就不再像單元性光子具「指紋」辨識的特質。多元性光子的來源，係因前述的荷電核粒偏轉時釋出的制動輻射。荷電核粒與物質的軌道電子作用時，以高能電

（正）子產生的制動輻射量最多。再以鈷-60 放射性衰變為例，除了釋出單元性遲延加馬射線外，貝他射線的主流（99.74% 為 E_{β^-} ＝0.315MeV）與空氣（有效原子序數為 Z＝7.265）作用，也可衍生最大能量為 0.315MeV 的連續能量光子，產率依式[2-10]計算，亦達 0.137%，亦即鈷-60 每釋出一萬個單元性遲延加馬射線，就有 10^4 × 99.74% × 0.137%＝14 個連續能量的多元性光子。

如前述表 2.2，除了電子外，其它荷電核粒甚少和物質的軌道電子作用生成制動輻射，唯荷電核粒只要偏轉，還是會產生連續能量的多元性光子。任何帶電粒子只要在磁場內一定會偏轉，故而在有曲度的管徑內高速移動之荷電核粒（國內同步輻射的圓形核粒儲存環），都會四向射出制動輻射。宇宙射線的主流-荷電高能質子，受地磁磁場偏轉，照樣對地噴出制動輻射；這些連續能量的多元性光子，能量可高達 GeV。

光子與偵檢材料的作用，與荷電高能核粒迥異，光子會先與偵檢材料的原子核及核外軌道電子作用，產生二次游離輻射。量測電磁輻射，事實上是在量測光子與偵檢材料作用所衍生的二次游離輻射與物質作用。光子與物質的作用共有六類：湯生散射（Thomson scattering）、若雷散射（Raleigh scattering）、光電效應（photoelectric effect）、康普頓效應（Compton effect）、成對產生（pair production）及光核反應（photonuclear reaction），它們的相異點，綜整列入表 2.4。各類作用機制分述如下：

光子與物質作用㈠：湯生散射機制

湯生作用事實上是光子能量 $E_\gamma \sim 0$ 時與物質軌道電子振盪下的共振效應；湯生散射指入射低能光子遭電子共振改變了走向，但不涉及能量的傳遞，因此，湯生散射亦稱為合調散射（coherent scattering）。由於湯生散射機制不涉及輻射能量的耗損，故對輻射度量並無助益。

表 2.4　電磁輻射與物質的六類作用機制

作用機制	作用對象	初始能量交換方式	輻射度量
湯生散射	靶核外軌道電子	彈性碰撞偏折	—
若雷散射	靶原子整體	彈性碰撞熱交換	—
光電效應	靶核外軌道電子	撞出軌道電子	二次電子
康普頓效應	靶核外軌道電子	光子偏轉且撞出軌道電子	二次電子
成對產生	靶核	核作用生成正子、電子	二次電子
光核反應	靶核	核反應及反應產物	—

資料來源：作者製表（2006-01-01）

光子與物質作用㈡：若雷散射機制

　　光子的能量 $E_\gamma < 15keV$ 時，會與物質的原子整體發生彈性碰撞，交換能量而耗損輻射能。被撞擊的原子會回跳出既有的晶格，此一機制稱為若雷散射。此一機制是將光子的能量透過彈性碰撞轉移給物質的原子，使之升溫。由於不涉及游離作用，故對輻射度量亦無助益。

光子與物質作用㈢：光電效應機制

　　光子擊中物質的軌道電子，光子消失並將其能量全數移轉給電子；電子再將部分能量用於克服本身的束縛能，其餘的當作自己的動能 KE_{e^-} 飛出：

$$E_\gamma = KE_{e^-} + B_e \quad\cdots\cdots\cdots\cdots\cdots\cdots\cdots\cdots\cdots\cdots\cdots\cdots\cdots\cdots\quad [2\text{-}21]$$

光電效應有五點值得注意：(1)光電效應僅發生在原子的軌道電子上，不能對無束縛的自由電子作用，形成光電效應。(2)眾多軌道電子以最內圈電子速度最快，對入射光子的庫侖作用力也最大，產生光電效應的機率也最多；反之，最外圈的光電效應機率最小。(3)光電效應僅發

生在E_γ大於B_e時,若E_γ連最起碼的軌道電子束縛能都克服不了,電子當然不能釋出,這些低能 E_γ僅能產生湯生散射機制。(4)物質吸收光子射出動能為 KE_{e^-}的電子,其行為與上節探討的荷電高能電子與物質作用機制同。(5)光電效應的束縛能,將誘使物質高階軌道電子降激補位,更高階的軌道電子再降激補先前的空位,依此類推;補位能差,以特性 x-射線或歐階電子逐次釋出。這連串的單元性 x-射線與物質作用方式,又回到表 2.4 所列的各類機制。

光電效應的作用機率τ,可依貝詩教授照量子動力學推導的公式解算:

$$\tau/\rho \sim Z^5/E_\gamma^{3.5} \quad \text{……………………………………………} \quad [2\text{-}22]$$

式[2-22]光電效應機率與物質的密度ρ、物質的原子序數Z及光子能量E_γ都有相依性。例如光子在水中($\rho = 1g/cm^3$,$Z = 7.22$)與在偵檢材料鍺酸鉍($Bi_4Ge_3O_{12}$)偵檢材料(Bismuth Germanate, BGO, $\rho = 7.13g/cm^3$, $Z = 62.5$)中的光電效應機率τ值,依式[2-22]計算,$\tau(BGO)/\tau(水) = 3.5 \times 10^5$!此外,在同一物質內,1MeV 光子與 10MeV 光子的τ值,依式[2-22]計算,$\tau(1MeV)/\tau(10MeV) = 3,162$。足見運用高密度高原子序材質,入射光子的光電效應大幅度增強;另一方面,光子能量增大時,光電效應明顯降低。

光子與物質作用㈣:康普頓效應

上世紀初康普頓教授(A. Compton, 1892-1962)在實驗室量測證實:只要入射光子能量超過物質軌道電子束縛能千倍以上,且入射光子直接擊中物質軌道電子時,不但將電子撞開並以高速射出,而且入射光子尚存活並以較低能量 E_γ'偏向射出。康普頓教授同時也發現:入射光子、折射光子與撞出電子三者間的動量、能量均守恆(註2-18),意即:

$KE_{e^-} = E_\gamma - E_\gamma'$ ，

$E_\gamma' = E_\gamma / [1 + (1 - Cos\theta)E_\gamma / mc^2]$ ·· [2-23]

式[2-23]內的θ為入射光子與折射光子間的夾角。由夾角的變化，當可解算光子能量轉移的大小，若$\theta = 0°$，代表入射光子僅擦邊撞及軌道電子，折射光子仍依入射光子行徑繼續前行，$KE_{e^-} \sim 0$漂移開。再如$\theta = 180°$，代表入射光子遭反向折射，則折射光子 $E_\gamma'(MeV) = 0.511E_\gamma / (2E_\gamma + 0.511)$，意即反向折射的 E_γ，能量上限是 $1/2 \times 0.511MeV = 0.256MeV$。

康普頓效應有五點值得注意：(1)物質軌道電子各層的束縛能 Be 最小的當屬最外層（如鉍元素的$Be(O_5) = 2.5 \times 10^{-5}MeV$），電子就是因為位於原子外層，最易遭受入射光子的轟擊。(2)折射出的光子，再回到表2.4其它機制與物質繼續作用。(3)被撞出的高能電子，依前節荷電核粒與物質作用機制，在偵檢材料內產生游離、激發反應或產生制動輻射。(4)被撞出的軌道電子遺留下電洞，促使更外層的軌道電子降激補位當即釋出特性x-射線或歐階電子。(5)康普頓效應衍生的三次游離輻射如上述的制動輻射與特性x-射線，與物質作用方式又回到表2.4的各類機制繼續與物質作用。

以量子動力學的模式計算康普頓效應之作用機率σ以Klein-Nishina公式最具代表性，此公式將機率再分為康普頓電子的吸收機率 σ_α 及康普頓折射光子的折射機率 σ_s（註2-19）：

$\sigma / \rho = (\sigma_\alpha + \sigma_s)/\rho \sim \dfrac{Z}{E_\gamma}[\ln(2E_\gamma / mc^2) + 0.5]$ ，$E_\gamma > mc^2$ ·············· [2-24]

式[2-24]中康普頓效應的作用機率，正比於物質軌道電子數目（Z），反比於入射光子能量（E_γ）。例如在相同的入射光子能量下，光子在水體與在鍺酸鉍中的康普頓效應機率σ值，依式[2-24]計算$\sigma(BGO)/\sigma$（水）$= 62$。又在同一物質內，1MeV 的光子與 10MeV 的光子的σ值

依式[2-24]計算，$\sigma(1\text{MeV})/\sigma(10\text{MeV}) = 9$。足見運用高密度高原子序材質，入射光子的康普頓效應大；另一方面，光子能量增強時，康普頓效應機率呈反比降低。

光子與物質作用㈤：成對產生

當光子正對物質原子核衝進尚未撞及核粒前，會感受到核粒的庫侖作用力；兩者距離愈近，作用力愈強。若光子的能量超過電子靜止質量的兩倍（$2mc^2$）時，光子就有機會在核粒庫侖作用力下「質能互換」，於核粒附近瞬間將能量轉換生成電子-正子對：

$$E_\gamma = KE_{e^-} + KE_{e^+} + 2mc^2 \quad\cdots\cdots\cdots\cdots\cdots\cdots\cdots\cdots\cdots\cdots\cdots\cdots \text{[2-25]}$$

式[2-25]正子的動能 KE_{e^+} 會比電子的動能略多，乃因物質原子核帶正電，對鄰近生成的正子行庫侖正正斥力，使正子加快飛出。這種高能光子與原子核庫侖力作用，光子消失而衍生正子-電子對，即稱為「成對產生」。

正子以初始動能 KE_{e^+} 飛出，依前節荷電核粒與物質作用產生制動輻射、游離與激發，直到正子減速到與物質軌道電子同速時，就會捕獲軌道電子，形成正子-電子偶（positronium），相互繞著兩者的質量中心打轉。正子-電子偶在停止打轉前的壽期約有 0.1 奈秒，停止打轉（即兩者的速度為零）時，正子與電子互吸互燬，產生兩條背道而馳的加馬射線，$E_\gamma = mc^2 = 0.511\text{MeV}$。這種「質能互換」讓正子消失而生成的加馬射線，稱為「互燬加馬」（annihilation gamma）。

成對產生機制有四點值得注意：(1)沒有物質存在，光子不可自發性地單獨搞成對發生。(2)光子的能量至少要有 1.022MeV。(3)光子消失後，衍生的高能正子及電子和物質作用機制，與前章荷電核粒同，在物質內產生制動輻射、游離與激發。(4)正子在物質內減速至零時，與電子互燬消失，生成互燬加馬，此加馬射線又以表 2.4 各類機制再

與物質繼續作用。

　　此外，成對產生還有兩種機率很低的效應，其一是「三粒產生」（triplet production），另一是「三光子互熄」。若高能光子對準物質軌道電子衝進，在撞及電子形成康普頓效應前，有可能感應軌道電子的庫侖作用力致使光子提前消失，衍生出「成對產生」效應外加撞出軌道電子，一共三個核粒。「三粒產生」的光子能量閾值是 $E_\gamma = 4mc^2$，唯軌道電子庫侖力場較原子核核粒的庫侖力場至少小三個數量級，故「三粒產生」對應於「成對產生」，前者幾乎可以忽略。另一方面，高速行進的正子，若恰好與軌道電子對撞互熄；除了兩個互熄加馬外，互熄作用前正子動能就成為第三個加馬射線的能量。不過，依式[2-8]解算，三光子互熄的機率非常小，故也可以忽略不計。

　　以量子動力學推導成對產生機率 k，必然與物質原子核荷電數（Z）及光子入射能量（E_γ）相關：

$$k/\rho \sim Z^2 (E_\gamma - 2mc^2)，2mc^2 < E_\gamma(MeV) \leq 1.22MeV，$$
$$\sim Z^2 \ln E_\gamma，E_\gamma(MeV) > 1.22MeV \cdots\cdots\cdots\cdots\cdots\cdots\cdots\cdots\cdots\cdots \text{[2-26]}$$

依式[2-26]，可算出成對產生機率在水體與在鍺酸鉍中的 k 值比為 k(BGO)/k(水) = 534！此外，在同一物質內 1.2MeV 的光子與 12MeV 光子的 k 值，依式[2-26]計算，k(1.2MeV)/k(12MeV) = 0.072，意即運用高密度高原子序的材質當偵檢材料，光子的成對發生機率會高很多，且光子能量愈高，成對產生的機率愈大。

光子與物質作用㈥：光核反應

　　當光子正對物質原子核衝撞且能量足以撞得進去時，就有可能產生(γ, x)光核反應。例如：

$$E_\gamma + \text{氘}(^2H) \rightarrow \text{質子}(^1p) + \text{中子}(^1n)，\text{或 } d(\gamma, n)p，E_\gamma > Q \cdots\cdots \text{[2-27]}$$

式[2-27]的光核反應 Q 值，經解算為 Q = 2.22325MeV。不過，光核反應的機率非常低，每百萬個高能光子入射氘靶，產生式[2-27]核反應的機會不到一次（註 2-20）；這與荷電高能核粒和靶核的反應（依式[2-8]推導）相較，也少了兩個數量級。故而，發生機率極微的光核反應，在電磁輻射度量中也可被忽略。

光子與物質作用的全貌

電磁輻射與物質的湯生散射、若雷散射機制無涉游離作用，對輻射度量無所助益；光核反應的機率低微，在輻射度量上也無關宏旨。與輻射度量息息相關者，當為光電效應、康普頓效應及成對產生三大機制。將式[2-22]、[2-24]及[2-26]加總，可得質量衰減係數（mass attenuation coefficient）μ/ρ如下：

$$\mu/\rho = \tau/\rho + \sigma/\rho + k/\rho ,$$
$$\mu = \tau + \sigma + k \quad\cdots\cdots\cdots\cdots\cdots\cdots\cdots\cdots\cdots\cdots\cdots\cdots\cdots\cdots\cdots \text{[2-28]}$$

式[2-28]中的μ，定義成能量為 E_γ 的光子在物質中的線性衰減係數（linear attenuation coefficient）。質量（線性）衰減係數的物理意義是說，光子在物質內所有作用的總機率。據此，能否推導出：(1)光子在物質中平均走多遠（λ）就與物質產生作用？(2)入射N_0個光子束在物質內行進間距 x 後，剩下多少個 N_x 還沒與物質作用？這兩項推導可合併處理如下。

在物質內任一深度 x 處假設光子的數目為 N_x，若在更深一層 dx 內與物質起游離作用的光子數目為 dN，則 dN 必然正比於 Ndx：

$$dN = -\mu Ndx \quad\cdots\cdots\cdots\cdots\cdots\cdots\cdots\cdots\cdots\cdots\cdots\cdots\cdots\cdots\cdots \text{[2-29]}$$

式[2-29]中的μ即上述的游離作用線性衰減係數，負號說明了游離作用會使入射光子數目遞減。將式[2-29]對物質深度作全積分，可得：

$$N_x = N_0 \exp(-\mu x) \quad \cdots\cdots\cdots\cdots\cdots\cdots\cdots\cdots\cdots\cdots\cdots\cdots \quad [2\text{-}30]$$

式[2-30]的 N_x，指光子入射物質後，在深度 x 處剩下尚未與物質游離作用的數目。據此，任一光子在物質內產生游離作用前的平均行距，或「平均自由行徑」（mean free path）可定義為：

$$\lambda = \int x N_x dx / \int N_x dx = \frac{1}{\mu} \quad \cdots\cdots\cdots\cdots\cdots\cdots\cdots\cdots\cdots\cdots \quad [2\text{-}31]$$

式[2-31]說明了光子在物質內的平均自由行徑就是線性衰減係數μ的倒數。

　　光子在物質中的游離作用，可用以下的情境分析推演。假設偵檢材料為無限大的鍺酸鉍，入射的光子是單元性的 2MeV 加馬射線，τ(BGO)＝0.031/cm，σ(BGO)＝0.356/cm，k(BGO)＝0.032/cm，亦即 2MeV 光子在 BGO 偵檢材料內光電效應、康普頓效應及成對產生的相對機率分別為 7.4%：85.0%：7.6%（註 2-21）。依式[2-28]及[2-31]，可解得λ＝2.39cm。因此情境分析依序為：

(1) 2MeV 的光子射入無限大的 BGO 偵檢材料內 2.39cm 處，將發生游離作用，每千個入射光子發生光電效應者為 74 個，康普頓效應有 850 個，成對產生有 76 個。

(2) 主流的康普頓效應，產生均能為 0.94MeV 的折射光子 850 個，外加均能為 1.06MeV 的高能電子 850 個。次要的成對產生機制，生成 0.49MeV 的正子 76 個與 0.488MeV 的電子 76 個。機率最低的光電效應則打出 74 個 2MeV 高能電子。

(3) 主流的 850 個 0.94MeV 康普頓折射光子，再深入 BGO 偵檢材料 1.55cm 處發生游離作用，其中參與二次康普頓效應有 674 個，參與二次光電效應有 176 個。二次康普頓效應生成 0.53MeV 折射光子 674 個，0.41MeV 二次電子 674 個；二次光電效應則

生成 0.94MeV 二次電子 176 個。

(4) 上述的二次康普頓折射光子，可重複步驟（3）迴旋計算，最後得到 0.5MeV 電子 263 個，0.3MeV 電子 477 個及 0.1MeV 電子 826 個，產生的場所在 BGO 偵檢材料內 4～6cm 之間。

(5) 步驟(2)的 76 個 0.49MeV 正子，在 0.1 公分的射程內，於 BGO 偵檢材料中將動能全數損耗成為 BGO 的激發能，並與電子互熸生成 152 個互熸加馬。

(6) 152 個互熸加馬依步驟(4)迴旋計算，在 BGO 偵檢材料內 2.5～4.5cm 間生成 0.5MeV 電子 60 個，0.3MeV 電子 107 個及 0.1MeV 電子 156 個。

(7) 步驟(2)～(6)生成 3739 個二次電子，能量從 2MeV 到 0.1MeV 不等；再加上 76 個 0.49MeV 正子，總能量正好等於千個 2MeV 光子的總能量。這些二次電子的總能量約有 3% 會轉換成制動輻射，最大能量為 2MeV，以及特性 x-射線加上歐階電子。不過，最終它們均會在 BGO 偵檢材料 6～8cm 內，將能量轉換成二次電子的動能。

(8) 最後，所有的二次電子及正子，將原始入射千個 2MeV 光子的能量，在 BGO 偵檢材料 0～8 公分內，依高能電子與 BGO 偵檢材料作用，生成 7.75 億個激發態。

(9) BGO 偵檢材料再將這 7.75 億個激態轉換成可度量的閃爍光，據以偵測入射的原始光子全能量。

上述的情境分析當然是過度簡化的描述，光子與偵檢材料的作用，可由微觀電算程式運算去模擬實境。需提醒的是光子與荷電核粒不同，在物質內沒有「射程」，意即給予無限多的光子，總會有部分穿透有限的物質，亦即式[2-30]內若 N_0 為無限多，x 是有限深度，N_x 就永遠不會是零。若 $x = \lambda$，依式[2-30]解算，$N_x/N_0 = 0.368$，意即射入

物質的千個 2MeV 光子，在深度為 x＝2.39cm 處仍有 368 個光子未與物質發生任何作用。

　　電磁輻射度量，不冀望偵檢材料將所有光子擋下並吸收全部能量。只要擋下電磁輻射中部分的光子（如每千個擋下 632 個），且擋下的有少部分的光子全能量（如擋下的 632 個光子有 63 個光子的全能量 2MeV）被物質完全吸收，就可據以定性定量偵測電磁輻射。此外，有限的偵檢材料除了無法擋下所有的入射光子，連已經擋下的光子所產生的二次電磁輻射（如康普頓折射光子、互燬加馬、制動輻射、特性x-射線），都有可能擋不完而任其逃出偵檢材料外逸。這種「有限偵檢材料」情境分析，其線性衰減係數較無限大偵檢材料的理想μ值要略少。

　　綜合而論，電磁輻射與偵檢材料的作用；主要係依賴光電效應、康普頓效應與成對產生機制生成二次電（正）子，在由二次荷電核粒在偵檢材料內產生之游離與激發，用以定性定量偵測全能量光子。

自我評量 2-2

在自我評量 1-2 中，人體內鉀-40 的放射活度經解算為自體發射 3,256 Bq；鉀-40 每萬次衰變，釋出 1,067 個 1.461MeV 單能光子。假設人體對此單元性加馬射線的線性衰減係數μ＝0.06/cm，加馬射線穿透人體的均距為 x＝10cm，計算人體每秒釋出全能量 1.461MeV 的數目。

解：全能量加馬射線強度：3,256 衰變／秒 × 0.1067 加馬／衰變＝347.4 加馬／秒；

可穿透人體的全能量加馬，依式[2-30]解算每秒有：

N_x＝347.4 個加馬 × exp $(-\mu x)$＝191 個加馬；

意即人體若視為輻射源，扣除自體吸收，每秒四向所釋出的鉀-40 放射性衰變 1.461 MeV 單能加馬射線，有 191 個。

2-3　中性核粒與物質作用

　　中性核粒具有兩大特性：(1)有質量、(2)不帶電荷。中性核粒因為含有質量但又不帶電荷，它不像荷電核粒及電磁輻射受原子軌道電子與原子核的庫侖電場影響而產生作用；中性核粒係依據其不帶電荷的特性，直接與原子核碰撞產生核反應。定性定量偵測中性核粒，就得度量中性核粒與物質核反應的反應產物。

　　中性核粒以點對點的方式和原子核對撞產生核反應，當然也可以和原子核外的軌道電子對撞使之游離，唯後者的機率較前者小很多，原因之一是原子核幾乎是固定在原子的正中央，而眾多軌道電子卻高速繞飛在外層，要撞擊速度為每秒三千公里以上的飛行電子與擊中固定不動的靶核，哪個較困難？原因之二是電子的反應截面較靶核的截面小非常多。假設中性核粒入射偵檢材料（原子序數為Z，質量數為A），且中性核粒與軌道電子產生游離作用的機率等同於所有電子的幾何截面加總，中性核粒與靶核產生核反應的機率也等同於靶核的幾何截面，則依式[2-5]可得：

中性核粒與軌道電子游離作用／中性核粒與靶核核反應的

機率比 $\sim Z\pi\gamma_e^2/\pi(\gamma_0 A^{1/3})^2 = Z/(1{,}837A)^{2/3}$ ……………………… [2-32]

式[2-32]需假設電子、中子、質子的密度同大，而質子、中子的質量平均值可查閱附表 1.1，是電子質量的 1,837 倍。式[2-32]的物質若為氫元素，則機率比為 0.67%，若為硼-10 同位素，最多也祇有 0.72%。不過，靶核與中子的核反應截面遠比中子幾何截面大很多，若再考慮軌道電子在高速移動中，入射核粒擊中軌道電子的機率更小，故而入射中性核粒與物質作用，不考慮相對機率極微的衝撞電子產生游離作

用，僅考慮中性核粒與靶核產生的核反應即可。

　　中性核粒如表 2.5 所列，分為三類：輕子、介子與重子。輕子包括伴隨正（電）子及介子衍生的（反）微中子，惜微中子與反微中子幾乎不與任何物質作用，它們甚至可輕易地穿越地球，故難以偵獲微中子與反微中子。中性介子的壽期都很短，不論是源自天然宇宙射線的核反應或是來自加速器的人造二次產物，中性介子會在短短壽期內與物質產生核反應或未及參與核反應就逕行衰變，兩者均衍生可量測的荷電核粒及電磁輻射。因此，度量中性介子，係度量它們在物質內經核反應或核衰變所衍生的荷電核粒及電磁輻射。第三類重子所屬的基本粒子如 Λ、Σ^0 及 Ξ^0 重子，度量這些極短壽期的中性重子與度量中性介子同，也是偵測中性重子在物質內的核反應（或核衰變）所衍生的荷電核粒及電磁輻射。

表 2.5　中性核粒的特性

類別	中性核粒	自旋（h/2π）	質量（MeV/c²）	均壽期（s）	衰變子核
輕子	ν_e 電子微中子	1/2	接近零	穩定	—
	ν_μ 介子微中子	1/2	接近零	穩定	—
介子	π^0 介子	0	134.5	8.9×10^{-16}	k^0 介子
	κ^0 介子	0	497.8	8.6×10^{-11}	$\pi^+ + \pi^-$
重子	n 中子	1/2	939.6	919	$p + e^- + \bar{\nu}$
	Λ 重子	1/2	1,115.6	2.5×10^{-10}	$n + \pi^0$
	Σ^0 重子	1/2	1,192.6	$< 10^{14}$	$\Lambda + \gamma$
	Ξo 重子	1/2	1,315.0	3.0×10^{-10}	$\Lambda + \pi^0$

註：(1)所有的中性核粒，都有反粒子。
　　(2)中性核粒只有微中子難與物質作用，其他均與物質產生核反應。
　　(3)介子、重子都會放射性衰變成可量測的荷電核粒或電磁輻射，如前章式[1-20]所示。

資料來源：作者製表（2006-01-01）。

　　從輻射度量學的觀點看，中性核粒內最複雜也最棘手就屬中子。原子核內含中子與質子，原子核內的中子與質子同受核作用的束縛力所控管，各自在特定原子核內量子態的基態上相安無事。一旦中子與質子脫離原子核不再受核作用力的束縛，就稱為「自由中子」或「自由質子」。量子力學的理論認定自由中子與自由質子都會衰變（註2-22），自由中子依表 2.5 衰變成質子、貝他粒子加反微中子，半衰期為 637 秒；自由質子裂解成一堆的介子，半衰期推估至少在 10^{32} 年以上。

　　兩個有趣的議題：(1)源自太陽內部核熔合反應所釋出的宇宙射線原始中子，依式[1-18]計算，動能為 KE＝13.6MeV 的太陽中子，在衰變前可否全數抵達地球（太陽地球的間距為 498 光秒，即以光速行進498 秒）？(2)要多少個自由質子擺在實驗室，方可在四年間（博士班就學的期程）觀測到百次自由質子的衰變？問題(1)的太陽中子，依式[2-2]解算，速度為 0.168c，需 2,959 秒方能從太陽射抵地球；再依式[1-6]可解出只有 4%的太陽中子在衰變前可抵達地球。問題(2)的自由質子「放射活度」，至少得有四年百次衰變，即式[1-6]中的 A(t)＝8 × 10^{-7} 衰變／秒；若自由質子的半衰期為 10^{32} 年，則式[1-6]質子總數至少需有 $3.9 × 10^{33}$ 個，或在實驗室中準備六千噸的質子待測！

　　中性核粒的輻射度量，在本節中僅討論自由中子的量測。在探討如何定性定量偵測自由中子之前，需先了解自由中子的：一、來源、二、強度、三、動能及四、與物質的核反應，才能進一步討論如何度量中子。

一、自由中子的來源

　　自由中子的來源，從物理學歸類，只有兩類：核反應及核衰變所釋出的自由中子。核反應釋出的自由中子在前章曾提到諸多範例：如

式[1-17]及圖2.2左圖的核分裂反應，式[1-13]及圖2.2右圖的核碎裂反應，式[1-18]及[1-19]的核熔合反應，式[2-27]的光核反應，這些核反應的產物之一，就是自由中子。另外，式[1-4]的自發分裂衰變，式[1-10]的貝他遲延中子衰變及表2.5中性Λ重子衰變，都會釋出自由中子。搭乘民航機在高緯度飛行，乘客面對的中子輻射，有源自宇宙射線二次反應衍生基本粒子（如中性Λ重子）的衰變中子。

二、自由中子的強度

從中子源釋出的自由中子，稱為中子釋出率（neutron strength, S, 單位為 n/s），如自 Cf-252 中子源釋出的自由中子，釋出率為每千貝克有 116 個中子/秒。在單位面積上每單位時間來自各方通過的自由中子，稱為中子通率（neutron flux, ϕ, 單位為 $n/cm^2 \cdot s$）；若為單向指向，稱為中子束（neutron beam，單位與ϕ同）。國立清華大學移動教學核反應器（THMER）爐心的核分裂反應所釋出之自由中子是全向的，故爐心只能用中子通率來表示中子的強度：$5 \times 10^6 n/cm^2 \cdot s$；然在爐外引出的自由中子係透過導管，單向指向靶核，故可用中子束來表示靶核處的中子強度：$10^4 n/cm^2 \cdot s$（註 2-23）。在照射單位時間內通過靶核的自由中子通率或自由中子束乘以時間，則稱為中子通量（neutron fluence, f, 單位為 n/cm^2）。

三、自由中子的動能

自由中子一路走來，就算原始中子屬單一動能，到頭來與物質作用，抵達時先來後到，有快有慢，故而中子的動能大小不一。不同動能的中子有不同的稱呼：

(一) 近光速中子（relativistic neutron）

中子的動能超過 20MeV，速度接近光速。動能超過 GeV 的中子，稱為白熱中子（white neutron）。

(二) 高能中子（high energy neutron）

中子的動能已不能再依式[2-1]古典力學計算，當自由中子的動能是中子靜止質量的 1/470（2MeV）以上時，即稱為高能中子；動能的上限，是核分裂與核熔合釋出中子的最大動能（20MeV）。

(三) 快中子（fast neutron）

自由中子的動能在 0.1MeV 至 2MeV 間，核反應機率與靶核的幾何截面屬同一數量級。

(四) 中能中子（intermediate neutron）

自由中子的動能在 0.01MeV 至 0.1MeV 間（動能介於快中子與慢中子間），常與物質產生非彈性碰撞。

(五) 超熱中子（epithermal neutron）

自由中子的動能在 0.4eV 至 10keV 間，在此能區的超熱中子一旦與靶核結合，正好落在複合核（compound nucleus）的某些量子態能階，因此某些特定的超熱中子動能，對某些特定的靶核有非常大的核反應共振吸收（resonance absorption）機率。

(六) 慢中子（slow neutron）

慢中子專指自由中子的動能與核反應機率成反比，它的動能在 0.4eV（速度為 8.8km/s）以下。這種速度的自由中子與光速相比，當然慢了很多，故而稱為慢中子。在室溫 20°C，自由中子的動能祇有 0.025eV（速度為 2.2km/s），稱為熱中子（thermal neutron），而 0.4eV

以上的中子，也可統稱為非熱中子（non-thermal nertron）；若在實驗室將自由中子冷凍到液氮溫度（-196°C），自由中子的動能祇有0.0066eV，就稱為冷中子（cold neutron）。冷中子與熱中子的核反應機率比值，約為 2：1。

四、自由中子與物質的核反應

自由中子與物質作用產生的核反應，歸類綜整列入表 2.6，核反應機率如前章所述，可用反應截面表示。自由中子的核反應截面，可用如下公式加總（註 2-24）：

$$\sigma_{tot} = \sigma_{el} + \sigma_{non} \text{，}$$
$$\sigma_{non} = \sigma_{inl} + \sigma_{n\gamma} + \sigma_{nxn} + \sigma_{ncp} + \sigma_{nf} \text{，}$$
$$\sigma_{sct} = \sigma_{el} + \sigma_{inl} \quad\cdots\cdots\cdots\cdots\cdots\cdots\cdots\cdots\cdots\cdots\cdots\cdots\cdots \quad [2\text{-}33]$$

式[2-33]所列出的自由中子核反應截面，按照表 2.6 依序說明如下：

(一)中子總反應截面 σ_{tot}

各種型態反應截面的加總，可用二分法分成兩類：彈性散射核反應與不屬彈性散射的核反應兩種。

(二)彈性散射核反應截面 σ_{el}

彈性散射（elastic scattering）指任何動能的中子與靶核間的碰撞，屬古典動力學的能量傳遞，靶核未受激，中子動能的損耗以熱交換散失。上世紀末運用熱交換予超熱液滴（superheated drop）膨脹成可目視度量的氣泡，就是運用（n,n）核反應回跳靶核去偵測中子的機制（註 2-25）。

表 2.6　自由中子與物質核反應機率的分類

總類	核反應分類	核反應型態（寫法）	符號	量測標的
總反應 (n, x)σ_{tot}	彈性散射核反應	彈性散射(n, n)	σ_{el}	回跳靶核
	不屬彈性散射的 核反應 σ_{non}	非彈性散射(n, n'γ)	σ_{inl}	γ射線
		捕獲反應(n, γ)	$\sigma_{nγ}$	γ射線、反應產物
		增殖反應(n, xn)	σ_{nxn}	γ射線、反應產物
		釋出荷電核粒(n, cp)	σ_{ncp}	荷電核粒、反應產物
		核分裂反應(n, f)	σ_{nf}	分裂碎片、反應產物

資料來源：作者製表（2006-01-01）。

（三）不屬彈性散射的核反應截面 σ_{non}

除了(n, n)彈性散射核反應外，其他各型態核反應的加總，就成為不屬彈性散射（non-elastic scattering）的核反應。它包括非彈性散射反應、捕獲反應、增殖反應、釋出荷電核粒的核反應與核分裂反應。

（四）非彈性散射核反應截面 σ_{inl}

非彈性散射（inelastic scattering）指 0.01MeV 以上的自由中子與靶核碰撞將之抬升到激態，折射中子與回跳靶核加上激態的能量，等於入射中子的動能。處於激態的靶核，釋出瞬發加馬射線後回降基態，以(n, n'γ)表示。σ_{el} 與 σ_{inl} 的加總，都是中子撞入中子飛出，故兩種機率之和稱為散射核反應截面 σ_{sct}，如式[2-33]所示。

（五）捕獲反應 $\sigma_{nγ}$

捕獲反應指入射的自由中子遭靶核「吃」掉，中子消失，但靶核處於激態，核反應當中會釋出瞬發加馬射線，即(n, γ)的γ。前章式[1-15]及本章圖 2.3 是典型的中子捕獲核反應。偵測瞬發加馬射線強度

可反推靶核的含量，即為瞬發加馬活化分析（prompt gamma activation analysis, PGAA）。若(n, γ)核反應的反應產物也具有放射性，如式[1-15]的 ^{60}Co，量測反應產物的放射活度也可推定靶核的含量，即為中子活化分析（neutron activation analysis, NAA）。用這兩種活化分析法可推定的各種元素，可參閱前章圖 1.2 的元素週期表。當然，若事前已知靶核的含量，當可回推入射中子的強度。

(六)增殖反應截面σ_{nxn}

此處的 x > 1，已證實的中子增殖（neutron multiplication）反應，有$(n, 2n)$，$(n, 3n)$，$(n, 4n)$…；增殖反應都是加熱反應，換言之，入射中子的動能需大於反應門檻 Q 值。在前章「自我評量」內的核武中子彈，彈心外的鈹-9 襯料，就是 ^{9}Be$(n, 2n)$^{8}Be 增殖反應釋出更多中子的緣由（註 2-26）。此一增殖反應的 Q = 1.7MeV，而中子彈熱核反應釋出的中子均能 KE_n = 13.6MeV > Q。量測增殖反應產物的放射活度，等同於量測入射中子能量的低限與強度。

(七)釋出荷電核粒反應截面σ_{ncp}

核反應產物只要含荷電核粒（charged particles, cp）者，如已證實的(n, p)，$(n, 2p)$，(n, pn)，(n, d)，(n, dn)，(n, α)，$(n, 2\alpha)$，$(n, \alpha n)$，(n, T)，(n, Tn)，$(n, {}^{3}He)$，$(n, {}^{3}Hen)$…均通稱(n, cp)核反應，如前章式[1-19]內的 ^{6}Li$(n, T)\alpha$，即為一典型的中子核熔合反應釋出荷電核粒的實例。度量(n, cp)釋出的荷電核粒，等同於量測入射中子的能量與強度。

(八)核分裂反應截面σ_{nf}

式[1-17]的 ^{235}U(n, f)核分裂反應，不但釋出荷電分裂碎片核粒且釋出更多的中子及瞬發加馬射線，同時也衍生出數百個放射性核種，如前章圖 1.9 所示。度量分裂碎片、瞬發加馬或放射性分裂產物的活度，等同於度量入射中子能量與強度。

上述所有各類型的中子核反應截面，都隨著入射中子動能的改變而變動。圖 2.5(A)展示了汞元素的中子總反應截面與入射中子通率的關係（註 2-27）。圖中顯示在慢中子能區 $\sigma_{tot} = 400$ 邦，共振能區的反應截面更高達千邦以上，遠遠大於依式[2-5]解算的幾何截面 $\sigma_g = 1.8$ 邦。此外，圖 2.5(B)也顯示，一旦中子入射物質，中子的強度會減弱，能量分佈跟著也改變。故而度量自由中子，必須對中子的：一、動能；二、強度與三、核反應機率都要作定性、定量偵測。

一、量測自由中子的動能

量測中子的動能方法非常多，最準確的實驗偵測得用飛行時譜（time-of-flight）概念較為實際。飛行時譜的概念，指固定距離 Δx 的兩端點各有一個「開」與「關」的中子偵檢材料，入射自由中子進入「開」端啟動計時器，抵達「關」端時關閉計時器，時差為 Δt，則中子的速度 $\beta = \Delta x / \Delta t \cdot c$。例如 13.6MeV 的高能中子通過 100cm 的飛行時譜，Δt 僅有 20 奈秒；若為熱中子，通過的 Δt 長達 0.454 毫秒。

二、量測自由中子的強度

偵檢材料內的核反應機率用反應截面表示是微觀的，相應的另一面，係將密度乘以反應截面成為巨觀中子總反應截面（macroscopic total reaction cross section）Σ_{tot}：

$$\Sigma_{tot} = \rho N_a \sigma_{tot} / A \quad \text{[2-34]}$$

式[2-34]內的 ρ，A 分別是偵檢材料的密度與克原（分）子量，N_a 是摩爾數，依此類推，$\Sigma_{n\gamma}$ 即為巨觀中子捕獲反應截面。既然 σ_{tot} 是中子動能的函數，Σ_{tot} 當然隨著中子動能的變化而改變。例如 1MeV 快中子

在 10 大氣壓的 ^{3}He 充氣偵檢材料（$\rho=0.013g/cm^3$，$A=3g/mol$）中，$\sigma_{tot}=3$ 邦，則 $\Sigma_{tot}=0.008/cm$。自由中子如同電磁輻射，可仿照式[2-29]至[2-31]定義有限的偵檢材料內深度 x 處中子的數目 N_x 及中子在偵檢材料內的平均自由行徑 λ：

$$N_x = N_0 exp\,(-\Sigma_{tot}x)，\lambda_{tot}=1/\Sigma_{tot}，x<R_n \cdots\cdots\cdots\cdots\cdots\cdots \quad [2\text{-}35]$$

式[2-35]中的 R_n 是自由中子在偵檢材料內的射程（後述）。

再以高壓充氣 ^{3}He 偵檢材料為例，原始數目為 N_0 的入射自由中子在偵檢材料內的 $\lambda_{tot}=128cm$，意即入射的中子在高壓 ^{3}He 氦氣中每前行 128cm 才發生一次核反應；在此一深度的中子數目只剩 N_x/N_0 $=36.8\%$。剩下的 N_x 代表中子的強度，除以單位面積，就成為中子通量 $f_x=N_x/a$，再除以單位時間，則成為中子通率 $\phi_x=f_x/\Delta t$。若 Σ_{tot} 為已知的實驗值，則度量表 2.6 所列的「量測標的」，當可依式[2-35]反推出入射中子的強度。

三、量測自由中子的核反應機率

元素週期表內每一元素及元素同位素的各類型中子核反應機率，在上世紀核武（能）工業成熟期陸續解密公佈，目前均可查閱相關的反應截面（註 2-28）。反過來說，若想了解靶核內有哪些同位素及其含量，則可善用表 2.6 所列的「量測標的」，依照下列公式反推靶核內某特定核種的數目 $N\,(^AZ)$，也就是 PGAA 的分析式：

$$N\,(^AZ)=R/(\phi\,\sigma) \cdots\cdots\cdots\cdots\cdots\cdots\cdots\cdots\cdots\cdots\cdots\cdots\cdots\cdots \quad [2\text{-}36]$$

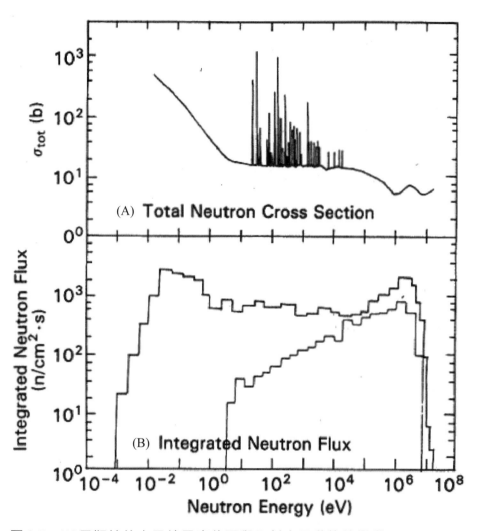

圖 2.5 (A)汞靶核的中子總反應截面與入射中子動能的變動。
(B)THMER 釋出的自由中子通率,加上鎘熱中子過濾盒後的中子
通率與能譜已大幅改變,通率也變小(註 2-27)。

式[2-36]內 R 為核反應率,由「量測標的」之回跳靶核、荷電核粒、
瞬發加馬射線產率換算;ϕ及σ為可查閱的核設施所提供之定額中子

通率及核反應截面數據。若待測的核種被中子活化成放射性同位素，則該元素 Z 的數目 N(Z) 為：

$$N(Z) = C \, \lambda / [I_a I_b \phi \, \sigma \, \varepsilon (1 - \exp(-\lambda t_i))(1 - \exp(-\lambda t_c)) \exp(-\lambda t_d)] \quad \cdots \quad [2\text{-}37]$$

C＝量測標的在量測時段 t_c 內的量到的計數，

λ＝被活化核種的衰變常數（1/s），

I_a＝被活化核種的同位素豐度（同位素數目／元素數目），

I_b＝量測標的之產率（數目／衰變），

ϕ＝自由中子通率（n/cm$^2 \cdot$ s），

σ＝活化核種的核反應截面（cm^2），

ε＝偵檢系統的效率（計數／量測標的之總數），

t_i＝自由中子活化照射時段（s），

t_c＝量測時段（s），

t_d＝照射後、量測前的準備（衰變）時段（s）。

　　被自由中子活化的靶核，其內放射性核種繁多，衰變複雜；早年輻射度量儀器簡陋，無法辨識靶核內龐雜多變的放射性，故而需先行對靶核進行放射化學分離純化，由繁入簡，分離純化後再用簡易的計數器偵測較為單純的放射性。這種分析法稱為放射化學中子活化分析（radiochemical NAA, RNAA）。當前輻射度量儀器系統已突飛猛進，且已結合「數位化、即時化、線上化」的資訊優勢，放射化學分離純化被活化的靶核多已省略，逕行對靶核實施儀器中子活化分析（instrumental NAA, INAA）。活化分析的能力，可達致微量的 10^{-6}（parts per million, ppm），甚至低到超微量的 10^{-9}（parts per billion, ppb）。前章「自我評量」在亡者檢體內量測中子活化體內的放射性 ^{24}Na，即可反推中子彈擊中人體的中子通量。

　　中子度量最後一個議題但也是非常重要的問題，是入射偵檢材料

的自由中子，是否有射程？抑或像電磁輻射在物質內只有衰減但沒有射程？式[2-35]因偵檢材料深度 x 是有限的，故穿透的中子數目 N_x 也是有限的；夠大夠厚的偵檢材料是否可讓 $N_x = 0$，意即自由中子的確有射程 R_n，致使 $x > R_n$ 時，式[2-35]不再適用？

自由中子是有質量的核粒，不是電磁輻射或電磁波，在物質內的的確確有射程，它稱為中子遷移距 R_n（neutron migration length）。中子物理有關自由中子減速終至被物質捕獲的原理，綜整如下（註 2-29）：

$$R_n^2 = \tau + L_n^2 \quad \cdots\cdots\cdots\cdots\cdots\cdots\cdots\cdots\cdots\cdots\cdots\cdots\cdots\cdots\cdots\cdots \quad [2\text{-}38]$$
$$\tau = [\lambda_{sct} \ln(KE_0/KE_{th})/\xi]^2$$
$$L_n = 1/[3\Sigma_{sct}\Sigma_{n\gamma}]^{1/2}$$
$$\xi = 1 + (A\text{-}1)^2 \ln[(A-1)/(A+1)]/2A，若 A > 1$$
$$= 1 \ 若 \ A = 1。$$

式[2-38]等號右邊第一項是費米年輪 τ（紀念核彈之父美籍教授 E.Fermi, 1901-1954），指原始動能為 KE_0 的自由中子入射物質（克原（分）子量為 A）後，經巨觀散射核反應截面 λ_{sct} 作用，減速至熱中子動能（$KE_{th} = 0.025eV$）的行距平方。ξ 為中子碰撞能損，即與物質每碰撞一次的動能損失率。式[2-38]等號右邊第二項 L_n 為熱中子擴散行距（thermal neutron diffusion length），指熱中子在物質內經彈性散射碰撞終遭捕獲為止的行距。費米年輪的開方定義為中子在物質內的減速行距（slowing down length），是 λ_{sct} 與碰撞次數相乘；L_n 為熱中子的擴散行距，兩者平方和的開方，即為中子遷移距，或稱為中子射程。

再以 10 大氣壓 ^3He 充氣偵檢材料為例，中子在氦同位素內的 $\lambda_{sct} = 256cm$，熱中子的 $\lambda_{np} = 0.13cm$，則 1MeV 快中子在 ^3He 高壓氦同位素內經 32.5 次彈性與非彈性散射減速碰撞，減速行距遠達 $\sqrt{\tau} = 8329cm$，擴散行距 $L_n = 3.3cm$。故而有限體積的 ^3He 充氣式偵檢材料，偵測熱中子非常有效，但不適合直接度量快中子，需將中子在充氣偵檢器外

先行減速至熱中子再度量。

　　綜合而論，量測中性核粒特別是自由中子，主要係偵測中子的動能、強度與核反應機率。動能可用核反應閾值量測低限，或用飛行時譜準確偵測；中子強度與核反應機率可逐行量測反應產物的荷電核粒、電磁輻射及回跳靶核。若已知中子的動能、強度與核反應機率，則可運用中子與靶核核反應的量測，去反推靶核內同位素含量，這就是活化分析法。

自我評量 2-3

玉山頂地表面宇宙射線二次中子的均能為 0.6 MeV，最大動能則高達 3 GeV。在水中入射中子的巨觀核反應截面為 $\Sigma_{n\gamma}(H_2O) = 0.022$ /cm 及 $\Sigma_{sct}(H_2O) = 3.45$ /cm，$\xi(H_2O) = 0.948$。

(1) 人體組織等效於水體，均能的地表宇宙中子在人體內射程有多深？

(2) 最大動能的地表宇宙中子在人體中的射程又有多深？

解：(1) $KE_0 = 0.6$ MeV，$KE_{th} = 0.025$ eV，則依式[2-38]可解算地表均能宇宙中子在人體內 $\tau = 5.2$ cm²，$L_n = 2.1$ cm；意即均能中子在人體內走 5.2 cm 變成熱中子，再前行 2.1 cm 就被人體捕獲。因此，中子在人體的射程 $R_n = [(5.2 \text{ cm})^2 + (2.1 \text{ cm})^2]^{1/2} = 5.6$ cm。

(2) $KE_0 = 3$ GeV，$KE_{th} = 0.025$ eV，則依式[2-38]可解算地表最大動能的宇宙中子在人體內 $\tau = 7.8$ cm²，$L_n = 2.1$ cm；則中子在人體中的射程 $R_n = 8.1$ cm，與均能中子在人體內的射程差異不大，唯絕大部分的動能，係以彈性碰撞熱交換升溫，不是游離作用。

從以上的計算可看出，不論入射中子的動能有多高，只要碰上與中子同大的氫原子（或含氫的化合物如水），都會很快地減速終致遭捕獲消失。

2-4　游離輻射防護

　　輻射度量讓科學家清楚認識游離輻射的特性及其源頭：核衰變與核反應機制。在人類跨足運用輻射於軍事用途與和平用途之際，同時也認知到輻射是一刃兩面，既能創造福祉也能造成輻射傷害。要謹慎面對輻射，美國在公元 1942 年正式將「保健物理」（health physics）認定為一個專業學門，係「從事游離輻射對活體及人類健康輻射防護之研究」（註 2-30）。而輻射度量，就成為保健物理學必備的入門工具；沒有精準的輻射度量，根本不可能謹慎面對輻射。

　　游離輻射不論是荷電高能核粒、電磁輻射或中性核粒，依前節情境分析，最終均可由作用物質對輻射的質量阻擋本領$\Delta E/\rho \cdot \Delta x$ 來表示。若入射物質的游離輻射通量 f（每單位面體通過的游離輻射數目）乘以物質的質量阻擋本領，則輻射在物質內的吸收劑量 D（absorbed dose）成為：

$$D = (\Delta E/\rho \cdot \Delta x)f = E_{TOT}/m \quad\text{..}\quad [2\text{-}39]$$

吸收劑量也是輻射度量學量測之主要標的。由國際單位制轉換出的吸收劑量單位為戈雷（Gray, Gy）以紀念英籍教授 L.H.Gray（1905～1965）。$1Gy = 1J/kg$ 意即游離輻射在 1kg 的物質內注入 1J 的能量。鋼板吸收 1Gy 的劑量與人體吸收 1Gy 的劑量大不相同，因為人體的細胞會遭輻射傷害，鋼板可沒有細胞。人體吸收 1Gy 的光子劑量與吸 1Gy 的中子劑量也大為不同，因為中子會活化人體內的核種而釋出更多的游離輻射。

　　可以想見的是，在探討人體受游離輻射照射時，若劑量在致命劑

量以下，就不能用吸收劑量的概念，而需用「等價劑量」H_T（equivalent dose）或等價劑量率 HR_T（equivalent dose rate）來表示：

$$H_T = \sum_i w_i D_i \ , \ HR_T = \sum_i w_i DR_i \quad \cdots\cdots\cdots\cdots\cdots\cdots\cdots\cdots\cdots\cdots \quad [2\text{-}40]$$

式[2-40]內 i 指第 i 種游離輻射，D_i 指度量第 i 種輻射的吸收劑量（DR_i 指吸收劑量率），w_i 指第 i 種游離輻射在人體內的加權因數。

　　活體的等價劑量單位為西弗（Sievert, Sv），以紀念瑞典籍教授 R. Sievert（1895～1966）。最新版的 w_i 值，取自 NCRP-116 報告（註 2-31），列於表 2.7；新版的 w_i 值與舊版 ICRP-60 報告（註 2-32）的 w_i 略有不同，但取代了以射質因數 Q（quality factors）衍生之活體「等

表 2.7　各類游離輻射被人體吸收的加權因數

類型	游　離　輻　射	加權因數 w_i
荷電核粒	電子與正子	1 西弗／戈雷
	介子	1 西弗／戈雷
	質子（動能＞2MeV）	2 西弗／戈雷
	阿伐粒子、重離子	20 西弗／戈雷
光子	x-射線	1 西弗／戈雷
	γ-射線	1 西弗／戈雷
中子	熱中子、超熱中子（動能 ≤ 0.01MeV）	5 西弗／戈雷
	中能中子（0.01MeV＜動能 ≤ 0.1MeV）	10 西弗／戈雷
	快中子（0.1MeV＜動能 ≤ 2MeV）	20 西弗／戈雷
	高能中子（2MeV＜動能 ≤ 20MeV）	10 西弗／戈雷
	近光速中子（動能＞20MeV）	5 西弗／戈雷

註：數據彙整自 NCRP-116 報告[註 2-31]。加權因數唯一與早先的 ICRP-60 報告（註 2-32）不同之處，在於後者對動能＞20MeV 的質子，推薦其為 5 西弗／戈雷。

資料來源：作者製表（2006-01-01）。

效劑量」（dose equivalent, 單位為命目 rem）的概念。若再將人體特定的器官或組織加權因數 w_T（tissue weighting factor）乘以該器官或組織的等價劑量，則可換算活體內的有效劑量 E（effect dose, 單位仍為西弗）：

$$E = \sum_T w_T H_T \quad\cdots\cdots\cdots\cdots\cdots\cdots\cdots\cdots\cdots\cdots\cdots\cdots\cdots\cdots\cdots\cdots\cdots\cdots \quad [2\text{-}41]$$

式[2-41]內的 E，使用 ICRP-60 報告新版的人體組織加權因數，對 12 種器官與組織受輻射傷害的權重作了建議。唯式[2-41]及 w_T 值屬保健物理學的範疇（註 2-33）無涉輻射度量，故不再深入探討。所有的輻射度量偵測，對週遭工作環境均需先進行輻射安全防護評估（註 2-34）。而人員安全與環境監測的輻射度量，目的就是為了健康效應與風險評估而量測（註 2-35）。

表 2.7 的加權因數 w_i 推薦值，從輻射防護的觀點去看，有四點值得注意：(1)中子對人體的輻射傷害，隨著中子動能有極大的變動。(2)電子、正子及介子對人體的輻射傷害權重正規化為 1。(3)電磁輻射與人體作用，最終衍生二次電（正）子，故權重仍為 1。(4)較質子為重的荷電核粒，端視其在人體內的質量阻擋本領大小，決定其權重的高低。故而輻射度量雖然偵測了各類輻射的強度、能量與物質對它的阻擋本領，但要評估游離輻射對人體所造成的健康效應，尚得經過輻射加權因數 w_i 的加乘換算。

雖然輻射度量之目的是多面向的，唯為確保專業人員及民眾免於額外且不必要的輻射曝露，某些輻射偵檢材料在電路設計上採用上述的加權因數 w_i，將量測到的計數，在電路上直接轉換成等價劑量（率），方便使用者判讀輻射場對人體的健康效應。舊式的輻射偵檢儀，仍沿用舊版的命目概念，儀器計讀為等效劑量（率）。這種操作簡易的儀具，稱為保健物理或輻射防護劑量儀（survery meter）。

自我評量 2-4

搭乘民航客機在高緯度的高空飛行，乘客接受到的宇宙射線主流是二次中子，平均動能約為 1 MeV，吸收劑量率約為每小時 0.5 微戈雷。假設轟擊民航機乘客的宇宙射線包括表 2.7 所列的各類游離輻射，唯其吸收劑量率僅為上述快中子之半，試評估在巡航高度 10 小時的航程中（相當於東京－紐約線），人體接受的等價劑量。

解：乘客吸收快中子的劑量等於飛行時間（10 小時）乘以吸收劑量率（0.5 微戈雷／時），快中子吸收劑量為 0.5 × 10 = 5 微戈雷。

依式[2-40]及表 2.7，乘客的等價劑量 H_T = 20 西弗／戈雷 × 5 微戈雷 + (1 + 1 + 2 + 20 + 1 + 1 + 5 + 10 + 10 + 5)西弗／戈雷 × 5/2 微戈雷 = 240 微西弗，相當於五張胸腔 x-光健檢的劑量。

經常奔波往返國際間的商務乘客以及民航機的飛勤組員（含正副駕駛、座艙組員與空服員），若每年派飛這種高緯度長程航線 24 次，即每個月往返一次，其年劑量高達 240 × 24 微西弗 = 5.76 毫西弗。這些為數近萬人的我國籍「空中飛人」，並未被政府納入《游離輻射防護法》視為「輻射工作人員」所保護；他們的宇宙輻射劑量雖然低於法規上限，但卻遠遠超過國內游離輻射「職業曝露」過去十年的年均值：0.48 毫西弗！

CHAPTER 3

輻射度量系統

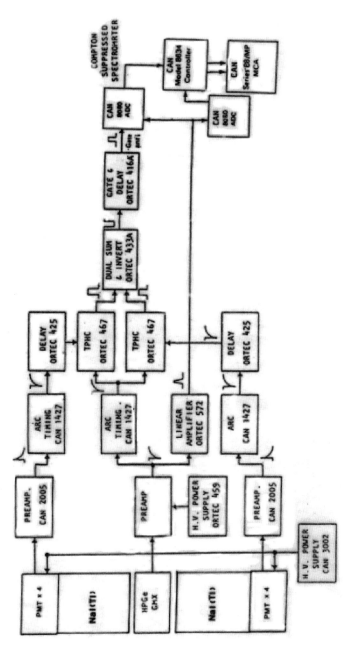

圖 3.1　國內首座γγ康普頓反制加馬能譜電路圖（註 3-01）。

提要

1. 除極少數離線偵檢器可自行量測、判讀游離輻射強度外，絕大部分的輻射偵檢器，需與核儀電路與核儀模組結合，構成完整的核儀度量系統。

2. 初階核輻射度量儀具，僅需量測輸出電流，即可對游離輻射場作半定性定量度量。高階輻射度量系統，則需度量控時、控能的線性訊號與邏輯訊號，進而以多元偵檢器運用（反）相符電路同時對多種輻射進行定性定量分析。

3. 高階輻射度量系統需加裝輻射屏蔽「擋你該擋」壓低背景干擾，才能「量你該量」的特定待測輻射。屏蔽的佈局由偵檢器向外看，先裝置荷電核粒屏蔽，再安裝電磁輻射屏蔽，最外圍才是中性核粒屏蔽。

4. 輻射度量系統的損害有兩種，一是輻射導致偵檢器損毀，一是非輻射原因致使系統失效。偵檢器最脆弱者當屬高階輻射度量的固態偵檢器，游離輻射最難擋下的首推中性核粒，故而中子造成無機閃爍偵檢器及半導體偵檢器的輻射損害最為嚴重。輻射度量系統的其它損害，包括浸水、濕氣、高溫、失壓、震動、失火、漏電、電磁干擾等。

5. 輻射度量系統的輸出，必須經過校準射源作能量校正與效率校正，量測才有意義。商購的初階劑量儀具，出廠前已做好校準，惟仍需送校正場驗校，方能合法使用。

6. 高階輻射度量，要做好「量你該量」，就得「校你該校」，待測試樣或待測環境的輻射條件、幾何條件、干擾條件及環境條件，在偵檢器做效率校正時條件要雷同。

　　游離輻射偵檢系統就好比人體的功能，偵檢器是大腦，核儀模組（nuclear instrument modules, NIM）如放大器是組織與器官，料配件如訊號線是血管與神經；一旦全都動起來，大腦就會告知人在輻射場內，若有一處動彈不得，大腦甚至不曉得到底在量些什麼。游離輻射偵檢器與待測輻射特性有關，輻射偵檢器的特性將留在第 4 至 6 章再仔細探討。本章要強調的，是核儀電路規劃、儀器週邊屏蔽、儀器損害與偵檢器效率。

　　除了少部分輻射偵檢器可離線自行偵測輻射且可經由目視判讀外，大部分的輻射偵檢器均需核儀電路解讀輻射與偵檢器的作用。核儀模組由簡入繁的基本結構包括電阻器、電容器與場效電晶體等元件，輸出的訊號有可變電流與可變電壓兩類，後者又可再轉換成線性訊號與邏輯訊號。高階輻射度量最起碼的組合包括高階輻射偵檢器、前置放大器、放大器、類比數位轉換器與多頻分析儀，據以分析輻射能譜。進階輻射度量則包括控能控時、相符反相符、多元偵檢器同時量測多種輻射的定性定量分析。

　　除了環境監測與人員劑量偵測要充份反映生活空間的真實輻射量外，高階輻射偵測一定要在核儀輻射度量系統外加裝輻射屏蔽去「擋你該擋」，把不相關的游離輻射用屏蔽擋下，然後才能「量你該量」特定的待測輻射。

　　「這裡量不到輻射」完全是外行話，正確的詮釋是「這裡量測的輻射，很不幸恰好在可測下限值以下！」。「這裡沒有輻射」也是外行話，正確的解讀是「這裡的輻射量非常低，甚至低於儀器系統的可測下限值」。降低可測下限值去量到待測輻射有兩種方法：一是運用更靈敏的輻射偵檢系統，一是加裝屏蔽擋掉干擾輻射壓低背景，或兩者同時搭配。

　　初階輻射度量儀具最耐操，高階輻射度量系統由於敏度強、精確度高，反而相形脆弱；特別是量測光子的無機閃爍體及半導體等固態

偵檢器，若置入荷電核粒或中子通率為 $10^6/cm^2 \cdot s$ 的輻射場內，照射數小時後即失效，數天後即永久損害。故而使用高階輻射度量系統，除了加裝屏蔽，更要避免「量非所量」造成輻射損害。此外，高階輻射度量系統實驗室一旦淹水，價值千萬的核儀度量系統勢將全毀；即使是核儀模組內螞蟻入侵造窩產卵，也會造成核儀電路跳脫、短路、漏電甚而失火。實驗室嚴格的管理與使用紀律，是確保輻射度量免於「非輻射損害」的守則。

體重磅秤使用前要歸零，出發前要對時，換外幣要先問匯率。輻射偵檢器的輸出訊號，若要換算出游離輻射特定的種類、能量與強度，一定要經過效率校正；偵檢器的能量與效率校正，需使用原級或二級同位素校準射源。初階輻射度量儀具雖然在出廠前均已校正，為要合法使用得在啟用前送往指定的校正場驗校。高階輻射度量系統，需在待測試樣相同的條件下以校準射源作能量校正與效率校正。

3-1　核儀電路規劃

輻射度量靠偵檢材料與游離輻射的作用，除了少數偵檢材料可直接目視判讀如氣泡式劑量計（bubble dosimeter），或離線後用儀器取讀計數如熱發光劑量計（thermoluminescent dosimeter, TLD）外，絕大部分的偵檢材料需聯接上核儀電路，將游離輻射與偵檢材料作用後的訊號整理輸出計讀。需要核儀電路聯接的輻射度量儀器，列於附錄 2 附表 2.1 至 2.3 內；不需核儀電路的離線游離輻射偵檢器，則詳列於附表 2.4 內。

電路與電子學是大專工程科系必修的常識（註 3-02），在本書內僅將其中與核儀規劃（nuclear instrumentation）相關者，納入本節中簡

要敘述。所有需要電路的偵檢器，一旦與游離輻射作用，一定會產生游離或激發的作用機制；核儀電路的功能，就是及時且完整地把游離作用或激發作用產生的游離電子或激發能，變成可判讀的訊號傳輸出去據以計讀。

一、基本概念：電荷、電阻、電容

不論是游離或激發作用，游離輻射在偵檢器內或附屬配件（如光電倍增管）內，留下成堆帶電荷的粒子。電荷可帶正電或負電，電量 Q 的單位是庫侖。一旦電荷經導線傳輸，則單位時間內通過的電量稱為電流 i：

$$i = dQ/dt \quad\text{……………………………………………………} \text{[3-1]}$$

上式 1 秒內通過 1 庫侖（C）的電荷量，其電流是 1 安培（A）。所有物質對通過的電荷或電流都有程度不一的抗阻性，抗阻小者導電性佳，抗阻性大者導電性差。特別為導電抗阻而設計的元件稱為電阻器。歐姆定律（Ohm's law）將電阻 R 定義為通過 1 安培電流能產生 $V_R = 1$ 伏電位差即為 R = 1 歐姆 Ω：

$$V_R = iR \quad\text{………………………………………………………} \text{[3-2]}$$

上式亦可在圖 3.2(A)左邊內顯示電路上所設置的電阻器，當電流 i 通過時，可產生 $V_R = iR$ 的電位差。

所有物質在通過電流時都會在物質內累積多少不一的電荷，累積能力稱為電容，特別為集收累積電荷而設計的元件稱為電容器。電容 C 的基本單位為法拉（F），1 法拉的電容器收集到 1 庫侖的電荷量，則可產生 1 伏的電壓：

$$V_C = Q/C \cdots\cdots\cdots\cdots\cdots\cdots\cdots\cdots\cdots\cdots\cdots\cdots\cdots\cdots [3\text{-}3]$$

上式若結合式[3-1]，即電路上所設置電容 C 的電容器且有可變電流 i(t)通過時，如圖 3.2(A)右邊所示，就會產生可變電位差 $V_C(t)$：

$$dV_C(t)/dt = i(t)/C \cdots\cdots\cdots\cdots\cdots\cdots\cdots\cdots\cdots\cdots\cdots [3\text{-}4]$$

易言之，若電容器前端的電流恆為常數，或式[3-4]等號左邊是零，則沒有電流通過電容器；這個電路上的電容器，等同於電流的開關。

二、輸出訊號：電流與電壓

量測輻射其實可以非常簡單。圖 3.2(B)左邊是一個充氣式游離腔（ion chamber）的基本構型。若 3MeV 的阿伐粒子射入游離腔偵檢器製成的計數器（counter, CR）或計數率器（rate meter, RM），查閱附表 2.3 入射粒子產生氣體原子游離對所需的游離功（游離能），平均是每個正負離子對為 30eV，且工作電壓低到不致造成二次電子放大增殖，游離電子能在 1μs 內收齊，則依式[3-1]通過圖中電流計的電流是：

$$i(t) = 3 \times 10^6 eV/(30eV/1.602 \times 10^{-19}C)/1\mu s = 1.6 \times 10^{-14}C/\mu s = 16nA$$

若每秒入射的阿伐粒子高達百萬個，則游離腔量測到的連續電流在同一秒內輸出恆常為 16nA。初階輻射度量儀具，僅量測輸出電流的強弱即可半定性、半定量偵知輻射場的強弱。不過，量測電流只告訴你有輻射通過，是核衰變釋出的阿伐粒子？加速器的貝他粒子？或宇宙輻射的加馬射線？則無從分辨。你必須量測電壓輸出訊號才能獲知更多輻射場的特性。

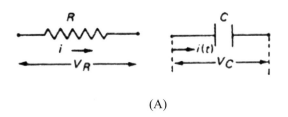

(A)

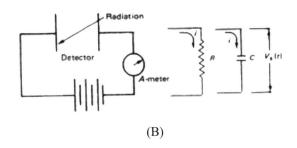

(B)

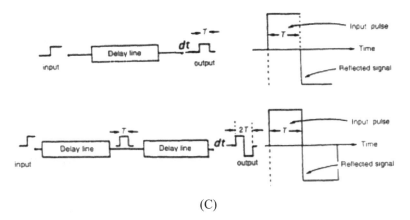

(C)

圖 3.2　核儀電路基本結構：(A)電阻器與電容器，(B)電流與電壓輸出訊號，(C)塊狀波輸出訊號（作者自繪）。

　　圖 3.2(B)的右邊是同一個充氣式游離腔，唯將電流計抽換掉改成一個電阻器。橫跨電阻為 $R = 1M\Omega$ 之電阻器的輸出，是電壓訊號 V_R，

依式[3-2]計算可得：

$$V_R = iR = 16nA \times 10^6 \Omega = 16mV$$

　　入射阿伐粒子的動能有強弱，輸出的訊號脈高跟著就增減。需注意這個電壓輸出訊號是脈衝式的；換言之，即便是每秒有百萬個入射阿伐粒子與游離腔作用，輸出訊號不是如電流計連續不斷輸出，而是一秒內有一百萬個獨立電壓訊號，每一個輸出訊號都是 16mV。因此，僅僅換一個電阻器，吾人即可辨識輻射場的游離輻射對應到 3MeV 的動能。

　　再把電路上的電阻器換成電容器，如圖 3.2(B)最右邊所示，當 3MeV 入射阿伐粒子與游離腔作用所生成的電荷遭電容為 C = 1pF 所收集時，依式[3-3]計算生成的電壓訊號為：

$$V_C = Q/C = 1.6 \times 10^{-14}C/1pF = 16mV$$

換言之，非常小的電容器，可得到與使用非常大的電阻器同等級之電壓輸出訊號。

三、脈衝訊號形狀

　　卡電流做為輻射偵檢系統的輸出訊號，可計讀的電流強度從 pA 到 mA 不等，偵檢系統依據電流輸出大小可用內藏的單位轉換器（scalar, SC）轉換成劑量率計讀，也可依據偵檢器的特性分辨輻射的種類（中子輻射抑或是加馬射線）。但連續電流輸出訊號不能告訴你入射的輻射能量，若不能偵獲正確的輻射能量（如入射加馬射線能量為 1.1732MeV），就不能正確辨識輻射源為何（如上述的加馬能量必定源自鈷-60 的放射性衰變）。要定性定量進行高階輻射度量，就得從偵檢系統獲致脈衝訊號。

　　脈衝訊號在電子學上分為兩類：線性訊號（linear signal, L）與邏輯訊號（logic signal, G）。線性訊號的脈衝大小與入射輻射能量成線性關係，意即低能輻射與偵檢器作用所產生的電壓輸出線性訊號小，高能輻射的線性訊號大。以電晶體電路為主（transistor-based circuits）的核儀模組，線性訊號額定脈高規範在 0 至 10 伏間。例如加馬射線與偵檢器作用，若 2MeV 的輻射作用後輸出的線性訊號脈高對應為 2.0000 伏，則鈷-60 核衰變釋出的 1.3325MeV 加馬射線，其線性訊號脈高應為 1.3325 伏，不多也不少，否則不配稱為「線性」。

　　邏輯訊號的功能是讓核儀模組下達「是」(1)或「否」(0)的指令予其他核儀模組。在接收端若輸入的邏輯訊號脈高在 3 至 12 伏間，核儀模組需執行「是」的功能，反之，邏輯訊號脈高在-2 伏至+1.5 伏間，接收端的核儀模組需執行「否」的動作。核儀模組輸出端若要送出「是」的邏輯訊號，脈高需在 4 至 12 伏間，若要送出「否」的訊號，脈高需壓低到-2 伏至+1 伏間。簡單地說，邏輯訊號脈高是+10 伏，需執行「是」的指令；邏輯訊號脈高若為 0 伏，需執行「否」的指令。

　　不論是線性訊號或邏輯訊號，訊號的波形要易辨，而且要非常快。輻射場的游離輻射數目非常大，例如 1 微居里的放射性碳-14 核衰變每秒就四向釋出 37,000 個貝他射線，處理所有的輻射則偵檢器需快到 1/37,000 秒（或 27μs）就要完成一個訊號的計讀。此外，若要進行本章章首圖 3.1 的加馬加馬相符實驗，1.17MeV 與 1.33MeV 加馬射線從鈷-60 連續釋出的間隔只有 0.7ps，換言之，電壓輸出的脈衝訊號要快到能跟得上非常短的時距。因此，脈衝訊號不但要快來快去，波形還不可拖泥帶水留個長尾巴。

　　為了「斬」掉脈衝訊號的長尾巴，就得運用產生「塊狀波」（rectangular wave）的遲延產生器（delay-lineunit, DL）。圖 3.2(C)顯示一個長尾脈衝訊號進入遲延產生器，不但入射訊號被遲滯dt，且脈衝訊號

在DL內被複製、反轉再加總原始入射訊號，隨即再向右方輸出，輸出塊狀波的幅寬時段T由遲延產生器決定。需注意訊號線及核儀模組多少都會遲滯訊號，以50ΩBNC（bayonet Neill Concelman）訊號線為例，每米長就遲滯5ns。此外，若訊號在DL內運用脈衝伸展器（pulse stretcher, PS）複製反轉得非常快，則胖胖的塊狀波就成為幅寬T非常瘦窄的桿狀波。

若要將脈衝訊號變成雙向塊狀波，那就在原先的遲延產生器後頭再接裝一個DL，形成「雙遲延產生器」（double delay-line unit, DDL）。DDL輸出的波形，如圖3.2(C)右下所示，為一正負雙向的雙塊狀波，波幅橫跨時段為 T + T = 2T。

脈衝訊號一定要「整形美容」。除了上述原因「斬」掉長尾避免高輻射場內線性訊號疊堆失真，或無法偵測低輻射場內相符（或反相符）的雙訊號，要「整形美容」脈衝訊號的次要原因，尚有：(1)可甩掉偵測系統內的雜訊，這在卡電流當作輸出訊號的初階偵檢器是做不到的，(2)當作特定用途的門檻，如整形過後的脈衝訊號可作為閘門關卡，去決定「是」與「否」。基本的「整形美容」電路，有微分電路與積分電路兩類。

四、微分電路：線性塊狀波變線性雙向短尾波

一旦偵檢器在極短時程內（如 1ps）偵獲完整的入射輻射能量，經 DL 處理過所輸出的訊號，呈現一塊狀波，如圖 3.3(A)左邊所示：

$$V_i(t) = V_{i,m}，0 \leq t \leq T，V_i(t) = 0，t > T \quad \cdots\cdots\cdots\cdots\cdots\cdots \text{[3-5]}$$

若將此輸出訊號聯接到其他核儀模組，通通得忍受訊號冗長的波幅T時段；典型的訊號 T = 1μs，在高階輻射度量，時段要壓縮到 ns 等級才能處理兩個（含）以上偵檢器的相符（或反相符）特性。要將μs訊

號時段壓縮到ns等級，就得用上「微分電路」（differential circuit）處理線性訊號的幅寬 T。

　　微分電路結構非常簡單，只包括一個電容器與一個電阻器，如圖3.3(A)中央所示；輸入端為式[3-5]的塊狀線性訊號，輸出端為橫跨電阻 R 的線性訊號 $V_0(t)$：

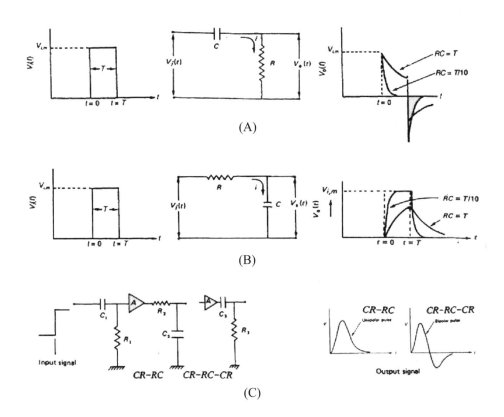

圖 3.3　核儀輸出訊號整形：(A)先 C 後 R 的微分（CR）電路，(B)先 R 後C 的積分（RC）電路，(C)CR-RC 與 CR-RC-CR 電路所輸出的單向單峰與雙向雙峰邏輯脈衝訊號（作者自繪）。

$$V_0(t) = iR = R \cdot dq(t)/dt，且 Rdq(t)/dt + q(t)/C = V_i(t) \quad \cdots\cdots\cdots\cdots \text{[3-6]}$$

聯結式[3-5]與[3-6]並對時間微分，可解得：

$$V_0(t) = V_i(t)exp\,[-t/CR] \quad \cdots\cdots\cdots\cdots\cdots\cdots\cdots\cdots\cdots\cdots\cdots \text{[3-7]}$$

式[3-7]的輸出線性脈高，在 t＝0 時 $V_0(t) = V_{i,m}$，並未更動輸入線性訊號的特質。圖 3.3(A)顯示 CR＝T 及 CR＝0.1T 兩種截然不同的輸出結果。若 CR＜＜T，則式[3-6]可再簡化為：

$$dq(t)/dt + q(t)/CR = V_i(t)/R \sim q(t)/CR，dV(t)/dt \sim i(t)/C，$$
$$V_0(t) = i(t)R \sim CRdV_i(t)/dt \quad \cdots\cdots\cdots\cdots\cdots\cdots\cdots\cdots\cdots\cdots \text{[3-8]}$$

亦即電路的輸出訊號 $V_0(t)$，是輸入波形對時間的微分 $dV_i(t)/dt$，故稱為「微分電路」，或用式[3-8]的參數「先 C 後 R」將微分電路另稱為 CR 電路（CR circuit）。若使用 R＝4340Ω的電阻器及 C＝0.1pF 的電容器，則 CR＝0.0434%T；依式[3-7]計算，輸出端線性訊號衰減到最大值 $V_{i,m}$ 的 10%，僅需時 t＝1ns。塊狀波形的輸入訊號，經微分電路可整形為雙向短尾的輸出訊號。

五、積分電路：線性塊狀波變邏輯峰狀波

積分電路（integrating circuit）的結構也非常簡單，僅包括一個電阻器與一個電容器，如圖 3.3(B)中央所示；輸入端為式[3-5]的塊狀線性訊號，輸出端則變成橫跨電容 C 的邏輯訊號 $V_0(t)$：

$$V_0(t) = q(t)/C，Rdq(t)/dt + q(t)/C = V_i(t) \cdots\cdots\cdots\cdots\cdots\cdots\cdots \text{[3-9]}$$

聯結式[3-5]與[3-9]並對時間積分，可得：

$$V_0(t) = V_i(t)[1 - \exp(-t/RC)] \quad \text{······························} \quad [3\text{-}10]$$

積分電路的輸出訊號 $V_0(t)$ 在 $t = 0$ 時為 $V_0(0) = 0$，在 $0 < t \leq T$ 波幅內，$V_0(t)$ 都永遠無法達致 $V_{i,m}$ 定值，故不能做為線性訊號，只能做為「是」或「否」的邏輯訊號應用。圖 3.3(B) 右邊亦顯示 $RC = T$ 及 $RC = 0.1T$ 兩種截然不同的輸出結果，輸出最大脈高分別為 $V_{i,m}$ 的 63% 及 99.995%。若 $RC >> T$，則式 [3-9] 可再簡化為：

$$dq(t)/dt + q(t)/RC = V_i(t)/R \sim dq(t)/dt，$$

$$q(t) = \int dq(t) \sim \frac{1}{R} \int Vi(t)dt，V_0(t) = q(t)/C \sim \frac{1}{RC} \int Vi(t)dt \quad \text{······} \quad [3\text{-}11]$$

亦即電路的輸出訊號 $V_0(t)$，是輸入訊號 $V_i(t)$ 的積分，故稱為「積分電路」，或用式 [3-11] 的參數「先 R 後 C」將積分電路另稱為「RC 電路」（RC circuit）。對塊狀輸入波形言，若 $RC = 2T$，則輸出邏輯訊號 $V_0(t)$ 在 $t = T$ 時是輸入脈高的 39.4%，若 $RC = 10T$，則輸出 $V_0(t)$ 在 $t = T$ 時，約為輸入脈高的 10%。因此，脈高為 10 伏的塊狀輸入線性波，經積分電路整型，可變成峰形邏輯輸出訊號的「是」高峰脈衝（high-pass pulse，脈高大於 3 伏）與「否」低峰脈衝（low-pass pulse，脈高低於 2 伏）。

六、脈衝訊號整形

巧妙運用微分與積分電路，核儀模組的輸出訊號波形就可任意調整；其實，它的基本元件只是一系列的電阻器與電容器。商售的核儀模組內部電路結構，基本元件即前述的遲延產生器、微分電路與積分電路。圖 3.3(C) 最左邊，是線性長尾訊號輸入「先微分後積分」的 CR-RC 電路，則輸出的邏輯訊號是單（正）向單峰脈衝（unipolar pulse）。若追加上一組微分電路並適當放大訊號，就成為「先微分後積分再微分」的 CR-RC-CR 電路，輸出訊號是雙（正負）向雙峰脈衝（bipolar pulse），如圖 3.3(C)最右邊所示。這些峰狀脈衝的幅寬與脈高，由電路上電阻器的電阻 R 及電容器的電容 C 來定奪。

　　高階輻射度量，需使用到諸多核儀模組，最基本的核儀模組，包括前置放大器（preamplifier, PA），放大器（amplifier, Amp），類比數位轉換器（analogy-to-digital converter, ADC）及多頻分析儀（multichannel analyzer, MCA），由這些基本核儀模組加上高階輻射偵檢器，即可構成最起碼的高階輻射度量系統（註 3-03）。

七、前置放大器 PA

　　顧名思義，前置放大器係聯接在放大器之前，它主要的功能是擔任輻射偵檢器與其他核儀模組間的「橋樑與檢查哨」。橋樑的意義是讓偵檢器量測的輸出訊號能順利通過 PA 進入後面聯接的核儀電路去處理，檢查哨關卡的作用是拿 PA 擋掉不該過橋的一切非相關訊號（如雜波）。商售的前置放大器有兩類：電荷高敏度（charge-sensitive）前置放大器與電流高敏度（current-sensitive）前置放大器。PA 內裝的主單元是一支場效電晶體（field-effective transistor, FET），即圖 3.3(C)電路的三角符號內有 A 者。FET 提供類似電容器的功能，其電容遠大於偵檢器與電路上產生雜訊的電容。用電荷高敏度前置放大器銜接半導體偵檢器，接收的電荷集收敏度 G，依下式可計算出：

$$G = V/E = Q/EC_f = Ee/EC_fw = e/C_fw \quad\cdots\cdots\cdots\cdots\cdots\cdots\cdots\cdots\cdots \text{[3-12]}$$

上式中的 V 為前置放大器輸出線性訊號的脈高，E 為入射輻射的能量，Q 為前置放大器在 FET 電容為 C_f 下所收集到的電荷，e 為電荷量，w 為半導體產生電子-電洞配對的游離能。若 FET 的電容 $C_f = 5pF$，

半導體的游離能假設為 w＝3.2eV，則

$$G = 1.6022 \times 10^{-19}C/(5pF \times 3.2 \times 10^{-6}MeV) = 10mV/MeV$$

意即每 MeV 入射輻射能量與偵檢器作用產生的輸出訊號，進入前置放大器後會形成 10 毫伏的線性脈高訊號再輸出。需注意電荷高敏度的前置放大器雖具有「前置」濾波壓低雜訊的功能，但卻沒有「放大」功能。

電流高敏度的前置放大器，係用於極快訊號的高速處理，其內主元件是一個低抗阻的電阻器，電阻非常低，僅有 500Ω。它用於銜接閃爍偵檢器聯接的光電倍增管（photomultiplier tube, PMT）上，可將 1MeV 輻射所產生的 10µA 電流輸出訊號，依式[3-2]轉換成線性訊號，其脈高約為 5mV。它的特色是線性輸出訊號的上升時段（risetime, RT, 即脈衝上升至 90%脈高所需時間）只有 1ns，快雖然快，但依然是個長尾脈衝訊號。

各類前置放大器還有兩個輸入端，一端接受高壓供電器（high voltage power supply, HVPS）經由特種高壓（special high voltage, SHV）電力線供電，另一端接收脈衝產生器（pulser）灌入校準訊號，以測試核儀度量系統的整體功能。

八、放大器 Amp

與家庭劇院使用的音響放大器同樣講究穩定度（stability）強、精確度高，用在核儀規劃的放大器要求也高。Amp 有兩類，一類輸出的線性訊號是長尾形，速度較慢，幅寬在 1µs 以上；另一類則輸出窄波線性訊號，幅寬非常短，只有 1ns 左右。第一類的放大器也稱為能譜放大器（spectroscopic amplifier），接受半導體偏壓的則稱為偏壓放大器（bias amplifier, BA），第二類則稱為高速放大器（fast timing amplifier）。核儀度量線性訊號在離開偵檢器與前置放大器後，需要被「放大」的理由非常明顯。線性訊號若只有毫伏甚至更低，在核儀電路上走不了多遠就可能遭雜訊「淹沒」；線性訊號的最大脈高為 10 伏，前述的 1MeV 入射輻射若定格為 10 伏全脈高輸出，則使用能譜放大器就得將 PA 傳輸的訊號再放大 10V/10mV＝1,000 倍；使用電流高敏度的前置放大器，就得再放大 10V/5mV＝2,000 倍。商售的核儀放大器的放大倍數，從 2.5 倍至 4,000 倍不等。運用 PGAA 技術去偵測炸藥的核儀訊號，甚至可用一個加減放大器（sum-difference mixer amplifier, SDA）同時疊堆數個偵檢器的線性訊號，增加統計信度。

　　放大器對輸入自前置放大器線性訊號放大的功能，一定要達致穩定度強與精確度高的要求。若量測 10MeV 貝他射線放大到 10 伏，則量測 1MeV 貝他射線放大時應恰好是脈高 1 伏的線性訊號。否則，它不是個理想的放大器。放大器偏離線性放大的原因很多，其中最主要的肇因是工作環境溫度變化過劇。商售的線性放大器每改變攝氏一度的溫度，放大倍率就會漂移 0.005%，或 5 伏的線性訊號會漂移走 0.25 毫伏，或 5MeV 的輻射在量測時偏移了 0.25keV。究其原因，乃因溫度劇烈的改變，會使放大器內的電阻器、電容器與場效電晶體的電阻與電容微幅更動，依式[3-2]到[3-11]所解算的輸出訊號脈高也跟著微幅改變。此外，即便核儀系統是在嚴格控溫的條件下進行量測，氣壓、濕度與水氣的變化，都會使線性放大失真；長年使用的放大器，因內部元件的材質劣化，也會使線性放大逐漸喪失穩定度與精確度。

　　一個放大器的好壞，可由其線性放大的精確度來定奪。若其線性放大倍率為 G，則「微分非線性程度」（differential nonlinearity, DNL）可依下列公式解析：

$$DNL = dG/G \times 100\%　\cdots\cdots\cdots\cdots\cdots\cdots\cdots\cdots\cdots\cdots\cdots\cdots\cdots\cdots\cdots \text{[3-13]}$$

若以溫度變化 1°C 為例，G＝1V/MeV，而 dG＝dV/E＝0.25mV/5MeV，

則依式[3-13]解算 DNL＝0.005％。一般放大器除了採用微分非線性程度的規格，也採用「積分非線性程度」（integral nonlinearity, INL）來表示放大器的優劣：

$$INL = dV/V \times 100\% = dV/GE \times 100\% \quad\quad\quad\quad\quad [3\text{-}14]$$

再以溫度變化 10°C 為例，E＝5MeV 處 dV＝5.000V－4.9975V＝0.0025V，則運用式[3-14]解得 INL＝0.0025V/1 × 5V × 100％＝0.05％。在實際操作上，要找出 5MeV 輻射漂移走 2.5keV，得用 ADC 及 MCA 去審視。

　　高階輻射度量所需的核儀模組基本組合，參閱圖 3.4。計數器與偵檢器（detector）的分際，從圖中即可分辨，計數器內不含核儀模組基本組合，偵檢器則為必備圖中所有的模組；圖中使用到的高階偵檢器，包括碘化鈉（鉈）（sodium iodide thallium-activated, NaI(Tl)）閃爍偵檢器與高純度鍺（high purity germanium, HPGe）半導體偵檢器（註 3-04）。

九、類比數位轉換器 ADC

　　線性訊號屬類比訊號（analog signal），要將它數位化，才能以能譜或時譜的展現方式去審視輻射的細微變化。ADC 的主要功能，就是將類比訊號數位化。如前所述，線性訊號最大脈高是 10 伏，若對應入射輻射能量為 10MeV，則 ADC 需將 10MeV 以下的輻射能量數位化，分別注入對應的數位槽。數位化的槽格從簡單的 128 頻道到龐雜的 16,384(128 × 128)頻道，槽格均為二進位的倍數，如 $2^7 = 128$，$2^{14} = 16,384$。若以 128 頻道槽格為例，第 1 個頻道對應的是從 0 伏到 10/128＝0.078125 伏間的線性輸出脈高訊號，也就是 0 到 781.25keV 的入射輻射能。若用 16,384 頻道槽格去分析處理訊號，每一個頻道分配到線

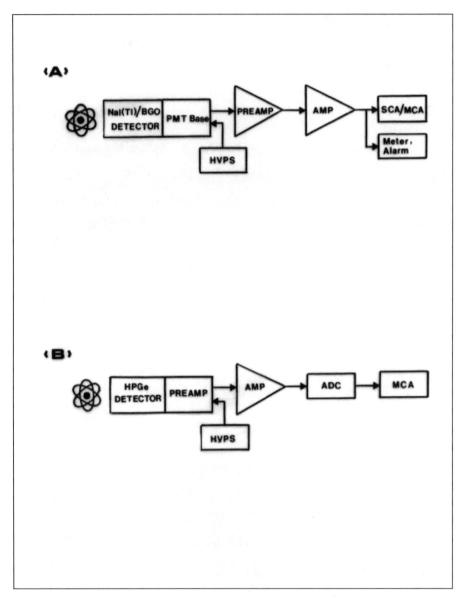

圖 3.4　高階輻射度量使用：(A)閃爍偵檢器及(B)半導體偵檢器的核儀模組
　　　　基本組合（註 3-04）。

性訊號脈寬，窄到只有 10/16,384＝0.0006104 伏，所對應的輻射能區間，每一個頻道只分配到 0.61keV。

要如何將類比訊號數位化，有四種方法：線性階梯法、連續趨近法、快閃轉換法與比尺換算法。第一種方法可以保持類比數位轉換的線性穩定，但處理速度較慢。後三種方法處理速度稍快，但犧牲了類比數位線性轉換的穩定度。高階核儀度量對線性轉換穩定度的要求，遠遠高於對處理速度的要求，故目前商售的 ADC，均使用線性階梯原理設計。

線性階梯轉換（亦稱威金森轉換，由英籍教授 D.H.Wilkinson 所發明）原理，是將輸入的線性訊號脈高（如 5 伏），用電容器集收電荷，配賦高頻石英振盪器（振頻 450MHz），所收集電荷的多寡，與振盪次數成正比。若槽格內有 16,384 個頻道，5 伏的線性訊號對應到第 8,192 個頻道，每個頻道對應一次振盪，則第 8,192 個頻道對應 8192/450MHz＝18.204μs 的振盪。輸入 ADC 的線性訊號若為較低的脈高，石英振盪器震動次數則較少，所配賦的頻道數也較低，反之亦然。

ADC 在運作處理類比訊號數位化的過程中，ADC 會「非常忙碌」，若又有輸入訊號想進入，則一概剔退不理。這段對外相應不理的時程，即為無感時間（dead time, DT）：

$$DT = RT + n/v + M \quad\text{………………………………………} \quad [3\text{-}15]$$

式[3-15]內 RT 是 ADC 接收輸入訊號的上升時段，n 為對應槽格內的頻道數，v 是石英振盪器的頻率，M 是 ADC 輸出訊號給 MCA 入庫所需時段。假設 RT＝0.25μs，M＝0.90μs，則上述 5 伏的線性訊號脈高在 ADC 內處理所造成的無感時間，依式[3-15]解算為：

$$DT = 0.25\mu s + 18.204\mu s + 0.90\mu s = 19.35\mu s$$

　　ADC 的槽格不能無限擴張，因為槽格愈大，ADC 的無感時間愈長，偵檢系統停擺太久就失去輻射度量的意義了。再假設入射的輻射強度不到每秒 5 萬個，或每個入射輻射到達的間隔 TT 有 20μs，則每個輻射與偵檢器作用後都有機會被 ADC 妥善處理。若入射輻射強度很高，抵達偵檢器與之作用的時間間隔 TT 比 DT 還短，勢必有很多訊號被 ADC 無感作用所剔除，則偵檢系統的無感損耗率（dead time loss, DTL）可寫為：

$$DTL = (1 - TT/DT) \times 100\% \quad\cdots\cdots\cdots\cdots\cdots\cdots\cdots\cdots\cdots\cdots\quad [3\text{-}16]$$

假設入射偵檢器的輻射強度高達 8.33 萬個/秒，則 TT = 12μs，依式 [3-16]解算，無感損耗率高達：

$$DTL = (1 - 12/19.35) \times 100\% = 38\%$$

　　類比數位轉換器在高輻射場操作，一旦 DTL 超過40%，則能譜會遭致失真變形，定性定量的功能完全喪失。除了離線設法降低輻射強度（如偵檢系統加裝輻射屏蔽與準直孔，後述），也可以在 ADC 內部線路上加裝過濾元件，將不需要量測的低能高強度訊號刪除，這一部分將在爾後各章節「能譜分析」再述。

十、多頻分析儀 MCA

　　拜科技「線上化、即時化、數位化」之賜，目前商售的核儀多頻分析儀功能愈變愈強、體積愈變愈小，甚至變身為一張 MCA 光碟插入筆記型電腦替代傳統的多頻分析儀，在現場實施現地機動量測游離輻射（註 3-05）。

　　商售的MCA槽格，自 128 頻道至 16,384 頻道不等，再多的槽格，只會讓無感損耗率更嚴重。假設有 4,096 × 16 = 65,536 頻道槽格的MCA

推出，依式[3-15]解算，無感時間可長達DT＝147μs！面對每秒入射5萬個輻射的操作環境，無感損耗率依式[3-16]解算，高達DTL＝86%！因此，過大的MCA頻道，只會造成量測能（時）譜的失真變形。

多頻分析儀每個頻道可注入多達 $2^{24}-1=1.678\times10^7$個計數，為了防止長時間（超過1日以上）的累積計數產生頻道漂移，在MCA槽格的極端（如8,192頻道槽格中，騰讓出第1與第8,191頻道作為端點頻道）由數位穩定器（digital stabilizer,DS）注入定頻參考脈衝；一旦脈衝漂移出端點頻道，MCA就反饋一個邏輯訊號予核儀電路始端的放大器 Amp，放大器就會自動持續修正線性放大倍率，迄參考脈衝注回端點頻道止。

MCA的第零個頻道，由外接計時器（timer,TM）注入計時，它有兩個功能：(1)與前端ADC解算的無感時間DT對比計算，依式[3-16]可自動解算ADC/MCA的無感損耗率DTL。若將DTL輸入「無感補償器」（loss free counting module, LFM），則LFM會經迴路下指令給計時器TM去延長計時，補足無感損耗所需的額外計數時段。(2)某些量測工作需要長期連續計數，累時到 1.678×10^7秒（或194天）時，頻道滿格後就自動停掉核儀系統操作。此外，MCA係被動運作，在量測時只輸入訊號不輸出訊號；即使切斷MCA電源後，仍會持續接收訊號而不會漏接。

為了進一步消除雜訊並讓類比訊號及早數位化，也可在偵檢器與MCA間聯接數位訊號處理器（digital signal processor, DSP），讓輻射偵檢器輸出的類比訊號直接數位化後，逐行注入 MCA 相應的槽格中。此外，MCA 多頻分析儀的槽格，也可劃分為多個次槽格，每一個次槽格接收一組偵檢器/PA/Amp/ADC的輸入訊號；透過類比矩陣器（analog multiplexer, AM）的安排，16,384頻道槽格的MCA可分割為 $2\times8,192$頻道，支援兩組偵檢系統，或 $4\times4,096$頻道、$8\times2,048$頻道、$16\times1,024$頻道去分別支援4、8、16組偵檢系統同時量測。MCA

也可以外接多頻轉換器（multchannel scalar, MCS），將槽格頻道切割成 2^n 塊；如 n=7，則可將 16,384 頻道切成 128 塊，每塊有 128 個頻道。每一塊小槽格的時段可設定短到只有 1μs，連續量測 128 次，則特定能量的訊號落在小槽格 128 頻道中，可觀測它快速的衰減，推算出輻射半衰期。

　　從ADC將類比訊號數位化再搬到MCA槽格入庫，需用特殊的里蒙（Leo Mouttet, LEMO）訊號線傳送。而 MCA 所量測的能（時）譜若再經由數值匯流排（data bus）送入程控軟體程式去計算再轉換，就成為核醫造影的診斷功能圖片，如後章圖 8.8 的核醫造影圖。若數值匯流排離線作業，將輻射量測數值由電腦程控重組，亦可繪出如本書封面彩色的輻射場分佈圖。

　　高階輻射度量運用到多頻分析儀的量測，佔相當高的比例，特別是加馬射線的偵測（註 3-06）；圖 3.5 是體內瞬發加馬活化分析IVPGAA進行線上量測 8,192 頻道多頻分析典型的全能譜。

十一、核儀電路訊號時控

　　前述的高階輻射度量，卡電壓的輸出訊號包括線性訊號與邏輯訊號，訊號幅寬在 1～10μs 相對言是非常緩慢「肥胖」的訊號；訊號幅寬在 1～10ns 間的窄波算是又快且「正常」的核儀訊號，訊號幅寬短於 1ns 才算是極快「窄瘦」訊號。訊號要「瘦身」，可在前述 CR 微分電路中將肥胖的長尾線性訊號變身為窄瘦的短尾訊號。至於邏輯訊號的控時與截選（time pick-off），就得靠下列三種較成熟的方式截取時控訊號：(1)運用訊號前緣鑑別（leading-edge discrimination），不用等到頭與身都過才算，頭過了就算，如圖 3.6(A)所示，商售的時控核儀模組輸出桿狀波的波幅寬，可狹窄到 2ns 以內。(2)運用雙向雙峰訊號跨零瞬間輸出重整的窄波訊號，如圖 3.6(B)所示。不過，前述這兩

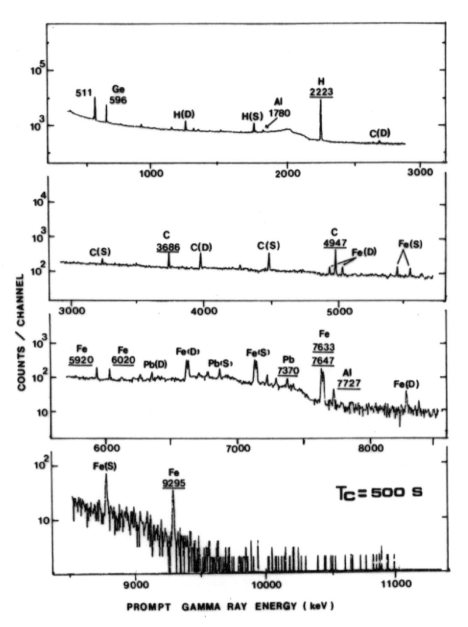

圖 3.5 多頻分析儀 MCA 的 8,192 頻道 IVPGAA 量測加馬射線全能譜（註 3-06）。

種方式易遭後到雜訊疊堆或訊號漂移而誤切，為規避這些困擾，就衍生出：(3)時控定比鑑別（constant fraction discrimination），它還是運用跨零瞬間輸出窄波的概念，不過這回係運用單向波（脈高為V），取定比（f）再反轉（-fV）遲延，最後與原波加總，跨零時輸出，如圖3.6(C)所示。進階的時控定比鑑識，則運用「脈高及上升時段補償」（amplitude and rise time compensated, ARC）鑑別法，此法在圖3.6(C)內遲延的時段非常短（不到10ns），在輸入訊號上升時段內，就早已完成時控鑑別。

核儀電路的時控，用高速放大器聯接前端的前置放大器輸入訊號，運用上述三種方式擇一所製造的核儀模組，有濾時放大器（timing filter amplifier, TFA），時控定比鑑別器（constant fraction discriminator, CFD），或脈高與上升時段補償放大器（ARC timing amplifier），它們都被歸類為高速時控放大器。

十二、核儀電路閘門

核儀電路上若有兩個（含）以上源自不同電路的訊號相互對比或單一訊號要自我設限時，就需要開關閘門（gating）去處理兩者間的關係或自評門檻的高低。若訊號的幅寬為µs 等級，屬於「慢」時間閘門，若幅寬為 ns 等級，則屬「快」時間閘門。掌控閘門開關的訊號通常是邏輯訊號，決定相關訊號是否可順利通關。例如「線性閘門器」（linear and gate, LG），就是在輸入的線性訊號外加一時間閘門，若線性訊號輸入時恰好在預設的「開閘」時段，就可逕行輸出；若線性訊號輸入時恰好在預設的「關閘」時段，訊號就遭剔除，沒有輸出。

最早運用閘門控管核儀訊號，是用閘門選取特定的線性訊號脈高。早期沒有 MCA 的年代，初階輻射度量常用的核儀模組是「單頻分析器」（single channel analyzer, SCA），它係針對輸入的線性訊號，

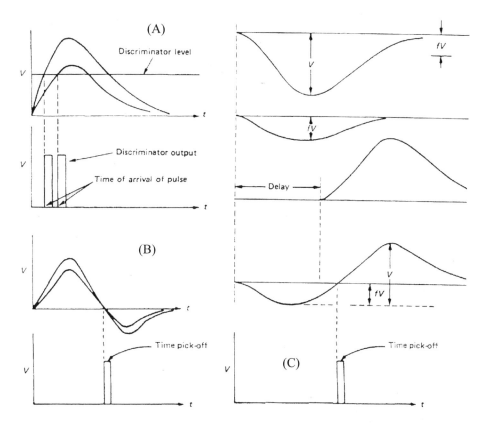

圖 3.6 核儀電路時控輸出窄波法：(A)輸入訊號前緣鑑別，(B)雙向輸入波
跨零截選，(C)輸入訊號時控定比鑑別（作者自繪）。

在脈高上設「低限閘」（lower level of discrimination, LLD）為 V 值，
「高限閘」（upper level of discrimination, ULD）為 V＋ΔV 值，閘門寬
幅為ΔV；凡輸入的線性訊號脈高落在 V 與 V＋ΔV 間，SCA 就下指令
讓訊號順利通過閘門輸出，若輸入的訊號脈高不在閘門內，則遭剔
除，SCA 就沒有輸出。同理，「時間單頻分析器」（timing single channel
analyzer, TSCA）的閘門是線性訊號脈寬時間，先來後到的兩個訊號
時差來與到的時段若為 1.3μs，且又落在時間閘 LLD＝1.2μs，ULD＝1.4μs

間，TSCA 就輸出此一時差訊號。商售的時幅轉換器（time-to-amplitude converter, TAC），甚至可將時差訊號置於 5ns 至 1,000,000ns 間，依比例轉換成 0 至 10 伏的線性訊號。前章述及的飛行時譜 TOF 量測，透過 TSCA 及 TAC，可將輻射穿越一前一後兩個偵檢器的時差（再去除兩者間的距離即可得輻射的速度），轉換成線性訊號送至 ADC 與 MCA 入庫。

閘門的概念，也可以用來判定兩個不同來源的訊號是否「相符」同時傳到。理論上兩個「相符」的訊號應在相符電路（coincidence circuit）上同時傳到，毫秒不差；現實上每個核儀訊號都有波幅，幅寬長短不一，有的是胖胖的，幅寬在μs 以上，有的是瘦瘦的，幅寬在 ns 等級。若設定較慢的訊號先到，透過時控選取啟動「相符取捨器」（coincidence unit, CU）的「開閘」；後到的快訊號若落在預設「閘門」內，CU 就會另行輸出一個「是」的邏輯訊號，不然就輸出「否」的邏輯訊號。表 3.1 列舉了相符取捨器四種可能的狀態。在核儀電路上自偵檢器傳輸出來的訊號，一定要經過時控選取核儀模組（如 TFA 或 CFD）整形，才能聯接 CU，有效判定兩個訊號是否相符。同理，你可以擴充相符電路系統到三相符、四相符等。

兩個偵檢器核儀電路訊號的相依性亦可逆向處理，意即這兩個訊號若同時傳到，則輸出「否」的邏輯訊號；逆向處理的核儀模組，稱為「反相符取捨器」（anti-coincidence unit, ACU），康普頓加馬反制能譜，就得用 ACU。商售的核儀模組，通常將 CU 及 ACU 電路合併成為單一模組，方便用戶彈性選用。

十三、核儀度量系統

前述所有核儀模組 NIM 的類別、功能、輸入與輸出，詳列於附錄 2 的附表 2.5 內。核儀電路所使用的料配件（如訊號接頭），則列

表 3.1　相符反相符核儀模組輸入輸出訊號類別

先到訊號	後到訊號	核儀模組	時間閘	輸出訊號
開閘	落在閘內	相符取捨器 Coincidence Unit,CU	啟動	邏輯「是」
開閘	落在閘外		啟動	邏輯「否」
開閘	無訊號		啟動	邏輯「否」
無訊號	無訊號		未啟動	邏輯「否」
開閘	落在閘內	反相符取捨器 Anti-Coincidence Unit,ACU	啟動	邏輯「否」
開閘	落在閘外		啟動	邏輯「是」
開閘	無訊號		啟動	邏輯「是」
無訊號	無訊號		未啟動	邏輯「否」

註：核儀模組有兩個輸入端（輸入 1 與輸入 2），通常設定輸入 1 為相對慢速的訊號為「先到開閘端」，後到的訊號設定在輸入 2，為高速訊號。

資料來源：作者製表（2006-01-01）。

於附表 2.6 內。高階輻射度量的儀器設備規格在冷戰年代概分為美規與俄規版本，目前全球已一統，使用美規的「自動化儀控」（computer automated measurement and control, CAMAC）系統。核儀模組需置入「核儀模組箱」（CAMAC crate）插上電源方可運作；多個核儀模組箱上下並列於「核儀模組櫃」（CAMAC cabinet）內，聯接線路不致過長，訊號傳輸才不致失真。高階輻射度量系統尚需在控溫、控濕、控壓且不斷電的條件下才能有效量測。

高階輻射度量難度較大的是相符量測。相符量測涉及兩個（含）以上的輻射偵檢器度量荷電高能核粒、電磁輻射及中性核粒間的相符程度（註 3-07）。若 R 類待測輻射源的強度為 S_R，偵檢器 1 與偵檢器 2 的絕對偵檢效率（absolute detecting efficiency）分別為 ε_1 及 ε_2，則針對 R 類釋出兩個特定游離輻射相符的計數率 $r_t(cps)$ 為：

$$r_t = S_R \varepsilon_1 \varepsilon_2 \quad\text{··}\quad [3\text{-}17]$$

　　唯核儀相符電路所預設的時間閘門 T_g，總會有非常多不該量測的輻射也進入閘內被當成計數。吾人可定義「假相符計數率」（accidental coincidence counting rate）r_a 如下：

$$r_a = S_R\varepsilon_1 \times S_R\varepsilon_2 T_g \quad\cdots\cdots\cdots\cdots\cdots\cdots\cdots\cdots\cdots\cdots\cdots\cdots\cdots\quad [3\text{-}18]$$

假計數愈多，相符度量的品質就愈差。任何實驗，均可設定「量標」（figure of merit），相符度量的量標 Q_C 可定義為真相符除以假相符：

$$Q_C = r_t/r_a = 1/S_R T_g \quad\cdots\cdots\cdots\cdots\cdots\cdots\cdots\cdots\cdots\cdots\cdots\quad [3\text{-}19]$$

式[3-19]的量標 Q_C 值愈高，表示相符度量愈趨近真實的情境。量標值與輻射源強度 S_R 及時間閘門 T_g 成反比，意即在核儀相符實驗中，使用較弱的輻射源與較窄的相符閘門，會測得較真實的相符結果。

　　以加馬-加馬相符能譜儀（γγ coincidence spectrometer）量測為例，圖 3.7 是運用 BGO 及 HPGe 偵檢器量測加馬-加馬相符度量的核儀電路及能譜（註 3-08）。在圖中 HPGe 屬慢速偵檢器，用它選取特定加馬輻射後去啟動相符閘門；BGO 屬高速偵檢器，量測訊號經適當遲延後送入相符電路。若落入時間閘門內，相符電路將下達指令予ADC/MCA計讀。運用此一核儀電路即可量測加馬-加馬射線是否相符。圖 3.7 即為銫-134 核衰變釋出 605keV-796keV 加馬射線，在強烈干擾下非常「清淨」的相符能譜。

　　高階輻射度量也常用得到反相符系統。例如加馬能譜內充斥著康普頓效應與成對發生殘留在偵檢器內的加馬輻射（其餘的折射加馬與互熄加馬均逸出偵檢器未被偵獲），這些「半輻射」均非全能量輻射，不但不能提供有用的資料，反而變成能譜內的「垃圾」，更增加了無感損耗率，故亟需「過濾」掉這些垃圾。高階輻射度量即運用到兩個偵檢器，外圍偵檢器包覆著內藏的主偵檢器，若主偵檢器偵獲「垃圾」半能量加馬，外圍偵檢器同時亦捕獲逃逸的折射或互熄加馬，

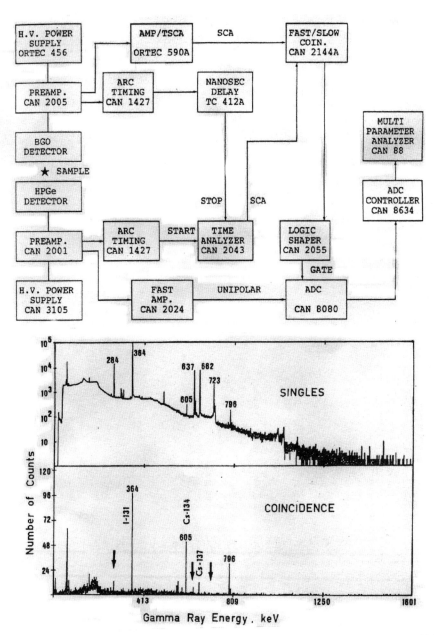

圖 3.7 HPGe-BGO 加馬-加馬相符電路使用核儀模組的普通能譜與相符能
譜（註 3-08）。

則透過如本章首頁圖 3.1 的加馬-加馬反相符電路圖，可將「垃圾」從能譜中清除乾淨。康普頓反制加馬能譜的應用，將在第 5 章後述。

自我評量 3-1

加馬－加馬核儀電路如圖 3.7，不計筆記型電腦加多頻分析儀 MCA 光碟片，則圖內所有的核儀模組只需要一個如附錄 2 附圖 1.2 的核儀模組箱，就可插入 12 隻標準核儀模組單元去完成輻射相符度量。模組箱的電源使用電力公司 110 伏供電，功率 150 瓦：

⑴ 插入的高壓供電器 HVPS 可升壓到 6 千伏，是怎麼辦到的？

⑵ 量測一整天的電費是多少？契約容量的基本電費計價是每度電新台幣 2.1 元。

⑶ 核儀模組箱的適用電壓範圍是 90 至 130 伏，否則會自動跳脫停止量測，面對電壓不穩或常停電的外在環境，應如何補救？

解：⑴ 110 伏市電升壓到 6 千伏，在 HVPS 內需用變壓器，在內藏磁鐵上繞銅線圈捲數為 6,000：110，即可升壓。

　　⑵ 1 度電＝千瓦小時，量一天耗電 24 小時 × 150 瓦＝ 3.6 度 × 2.1 元／度＝新台幣 7.6 元；相對其他高耗能電器設備如冷氣機，核儀模組箱的耗電量非常小。

　　⑶ 加裝不斷電設備防斷電及穩壓器防電壓劇烈跳動。

3-2　儀器屏蔽與儀器損害

　　輻射場其實非常複雜，就以生活環境言，人類需面對天上掉下來的宇宙射線（在國內佔游離輻射年均劑量的 16.0%），地底冒出來的天然輻射（39.5%），房舍內建材逸出的放射性氡氣（26.8%），甚至

軀體內還有與生俱來的鉀-40 核衰變（17.3%）。此外，原子能用途推廣所及，又要面對放射醫學與核子醫學診斷與治療、放射性落塵、核能發電外釋輻射等人為輻射（合計 0.4%）。輻射度量所面對的輻射場，可以說複雜到包括荷電高能核粒、電磁輻射及中性核粒三類輻射同時並存。以量測加馬射線為例，輻射場內除了加馬外，一定還有x-射線、阿伐粒子、貝他射線、中子甚至基本粒子共存，你必需從複雜的輻射場內針對加馬作輻射度量。就算你宣稱只量加馬，你還要辨識出待測的加馬是源自核衰變釋出的加馬？或是中子(n, γ)核反應釋出的捕獲加馬？抑或是阿伐粒子(α, x)核反應釋出的瞬發加馬？就算你宣稱量測到的是核衰變加馬，它到底是從哪一個放射性核種衰變釋出？

　　輻射度量儀器，特別是輻射偵檢器及固接配件（如閃爍偵檢器、光電倍管與管插座三合一），要「量你該量」，就先得「擋你該擋」，把輻射場內不需要偵測的多餘輻射運用輻射屏蔽（radiation shield）將之過濾掉。如表 3.2 所列，天然輻射與人為輻射的強度大大小小可以橫跨 40 個數量級，要在複雜的輻射環境中偵測微量的特定輻射，等同於在遮天的熱帶雨林中找尋幽谷蘭花，形同大海撈針。輻射屏蔽的作用，就好比將雨林移走淨空或海水隔離，方便輻射偵檢器做針對性的度量。

　　不是所有的輻射度量都需要輻射屏蔽。如針對人員劑量的輻射量測，因為民眾的日常活動並未隨身裝設輻射屏蔽，為確實反映真實的等效劑量，保健物理劑量儀在使用時，就不需要輻射屏蔽。另如輻射場內的主要輻射源恰好也是待測的特定輻射，也不需要輻射屏蔽，像核反應器爐心內的中子偵檢器，就是量測爐心的主角中子流，不需加裝屏蔽。綜言之，初階輻射度量，大多不需輻射屏蔽，但高階輻射度量，都需輻射屏蔽。

表 3.2　輻射場內天然輻射與人為輻射強度

強度 S_R	案　例	主要輻射源
10^{-10}	谷關發電廠百米厚岩磐下涵洞內宇宙射線	π，μ 介子
10^{-5}	紐約飛台北落地後金戒指殘留輻射	^{198}Au 核衰變
1	1 公升的烏來溫泉水	鈾核衰變
10^5	10 坪套房單面水泥牆釋出的輻射	^{40}K 核衰變
10^{10}	4 毫克同位素 Cf-252 射源	中子
10^{15}	正子發射斷層攝影迴旋加速器 30μA 運轉	質子
10^{20}	核四廠滿載運轉時核反應器爐心輻射	加馬射線
10^{25}	持續性 5MT 熱核武器爆炸釋出輻射	荷電核粒
10^{30}	脈衝式分裂彈核爆釋出中性核粒	中子

註：S_R 的單位為每秒釋出的核粒輻射數目。

資料來源：作者製表（2006-01-01）。

一、輻射度量儀器屏蔽佈局

在第 2 章輻射與物質作用曾討論到：中性核粒與物質作用會產生電磁輻射（如(n, γ)核反應），電磁輻射與物質作用又衍生荷電核粒（如加馬射線與物質作用後衍生光電效應釋出電子），高能荷電核粒與物質作用可生成中性核粒（如(p, pxn)核反應），中性核粒與物質作用也可生成帶電核粒（如(n, α)核反應），電磁輻射與物質作用更可生成中性核粒（如(γ, n)光核反應），荷電核粒在物質內減速時當可產生電磁輻射（如制動輻射 x-射線）。看似一團亂麻的輻射與屏蔽作用，其實亂中有序：首先，得先擋掉外來的中子，因為中子十分容易衍生電磁輻射與荷電核粒，非常麻煩；能擋中子的輻射屏蔽，同時也

會擋掉絕大部分的荷電核粒與部分的電磁輻射。其次，緊貼在中子屏蔽之後的是電磁輻射屏蔽，去擋掉外來的加馬射線與x-射線，以及中子屏蔽內(n, γ)核反應產生的捕獲加馬。最後一道防線，是在電磁輻射屏蔽後面貼上一層屏蔽，去擋掉電磁輻射與屏蔽作用衍生的二次「軟」輻射如 x-射線、內轉換釋出的電子及其他荷電核粒。

因此，從輻射偵檢器往外作佈局，輻射屏蔽由內向外應為荷電核粒輻射屏蔽、電磁輻射屏蔽、中子輻射屏蔽。實驗室內的高階輻射度量，如圖 3.8 所示，輻射偵檢器所用到的內圍屏蔽，就是依照上述的佈局，去做整體配置，圖中加馬-加馬偵檢系統「低背景量測」的內圍屏蔽，由外向內依序是含硼聚乙烯（中子屏蔽）、鉛磚（加馬屏蔽）、銅片（x-射線屏蔽）及壓克力（荷電核粒屏蔽）。在圖中，若要確實做好「量你所量」，於 HPGe 主偵檢器和打星號的待測試樣間，尚得加裝一個鉛製準直孔（collimator），入口處覆以氟化鋰製成的濾片，防止慢中子滲入。

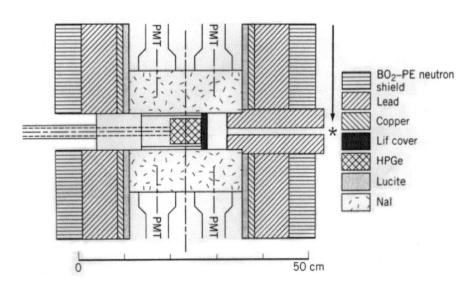

圖 3.8 低背景加馬偵檢器內圍屏蔽佈局（註 1-06）。

二、輻射度量系統的中子屏蔽

欲將中子擋掉，得先將中子減速，再將中子「吃」掉，因為中子速度愈慢，被捕獲「吃」掉的機率愈高。表 3.3 列舉常用且可經由商購獲得的輻射屏蔽材料阻擋中子的本領。理想的擋中子材料，必須能同時具有較強的中子減速本領、較高的慢中子吸收機率、不產生瞬發加馬也不衍生活化放射性產物。不過，中子屏蔽材料多多少少都會產生瞬發加馬或活化放射性產物，故而實務上選取標準，就偏重在較強的快中子減速本領及較高的慢中子吸收機率，即快中子碰撞能損 ξ 與 σ_{sct} 以及慢中子的 σ_a 三者乘積；由表中可看出最佳的中子屏蔽元素依序是硼、鋰、氫，其次為銅、鐵與含鐵砂的重水泥（註 3-09）。含氫最多且非常便宜的是水，唯水溶液並不適宜與核儀電路擺在一起，故不予考慮。

中子輻射屏蔽首選的材料都是元素週期表內較輕的元素，主要是中子與質量相差無幾的輕元素碰撞能損大，一下子就遭減速。而熱中子遭捕獲機率較高者，是硼與鋰元素。唯高純度的硼與鋰卻非常昂貴，故「經濟實惠」的屏蔽材料是將硼或鋰與「物美價廉」的固態碳氫化合物混合而成。常用的含硼或含鋰的碳氫化合物，有石蠟、聚乙烯、聚酯、合成樹脂及環氧化合物。

三、輻射度量系統的電磁輻射屏蔽

電磁輻射包括不帶電荷、沒有質量的加馬射線與 x-射線，表 3.4 列舉常用輻射屏蔽材料擋電磁輻射的本領，亦即材料的線性衰減係數 μ；若屏蔽的厚度為 $d = 0.693/\mu$，依前章式[2-30]解算，入射的電磁輻射被擋掉一半，故 d 稱為半值層（half-value layer, HVL）。厚到能

表 3.3　輻射度量屏蔽材料阻擋中子的特性

元素（符號）	克原（分）子量	ξ	σ_{sct}	σ_a	$\xi\sigma_{sct}\sigma_a$
鋁（Al）	26.982	0.0723	1.40 邦	0.24 邦	0.024 邦²
硼（B）	10.811	0.174	0.95 邦	755 邦	125 邦²
鈹（Be）	9.012	0.206	1.07 邦	0.01 邦	0.0022 邦²
碳（C）	12.011	0.158	0.99 邦	0.004 邦	0.0006 邦²
銅（Cu）	63.540	0.0312	2.00 邦	3.85 邦	0.24 邦²
鐵（Fe）	55.847	0.0354	1.95 邦	2.62 邦	0.18 邦²
氫（H）	1.008	1.00	1.00 邦	0.33 邦	0.33 邦²
鋰（Li）	6.939	0.262	0.79 邦	71 邦	14.7 邦²
氧（O）	15.999	0.120	1.12 邦	0.0002 邦	0.00003 邦²
鉛（Pb）	207.190	0.0096	3.29 邦	0.17 邦	0.0054 邦²
普通水泥	30.740	0.0637	1.45 邦	0.31 邦	0.029 邦²
重水泥	46.840	0.0421	1.73 邦	1.95 邦	0.14 邦²

註：中子碰撞能損ξ依式[2-38]計算，其他數據摘錄自（註 3-09）。

資料來源：作者製表（2006-01-01）。

擋掉 90%的入射輻射，稱為什一值層（tenth-value layer, TVL）。表中列出入射加馬射線或x-射線的能量範圍（0.1 至 100MeV），能量過小的電磁輻射，0.1MeV 的線性衰減係數可當作依前章式[2-30]計算殘留輻射數目 N_x 的高限值；能量超過 100MeV 的加馬射線或 x-射線，可用 100MeV 的μ值概估殘留輻射的數目。屏蔽材料線性衰減係數大者，從表中可得知依序為鉛、銅、鐵與含鐵砂的重水泥；除了鉛以外，後三者也有擋掉中子輻射的能力。不過，水泥內含為數可觀的放射性天然鈾與釷及鉀-40 同位素，每公斤約含 500 貝克，故水泥屏蔽只能作為輻射度量最外圈的外圍屏蔽，內襯才置放鉛或鐵。同樣地，鉛含有微量的放射性 Pb-205 同位素，鐵含有微量的核爆污染物如鈷-60 與鐵-55，故鉛或鐵屏蔽的內襯需再置一片銅板，作為內衛屏蔽的裡層擋掉水泥與鉛牆內藏的輻射。

表 3.4　輻射度量屏蔽材料阻擋電磁輻射的特性

元素（符號）	μ(0.1MeV)	μ(1.0MeV)	μ(10MeV)	μ(100MeV)
鋁（Al）	0.435	0.166	0.062	0.086
硼（B）	0.324	0.139	0.040	0.053
鈹（Be）	0.243	0.104	0.030	0.032
碳（C）	0.253	0.108	0.033	0.031
銅（Cu）	3.835	0.523	0.273	0.460
鐵（Fe）	2.707	0.468	0.231	0.388
氫（H）	—	—	—	—
鋰（Li）	0.070	0.030	0.009	0.004
氧（O）	—	—	—	—
鉛（Pb）	59.999	0.776	0.554	1.056
普通水泥	0.397	0.149	0.054	0.071
重水泥	2.010	0.353	0.173	0.290

註：屏蔽材料在電磁輻射 0.1MeV 至 100MeV 間的 μ 值摘錄自（註 3-09），未列 μ
　　數值的氣態分子線性衰減係數均遠低於 0.001/cm。

資料來源：作者製表（2006-01-01）。

在公元 1945 年首次核爆以前各國所生產的鋼鐵，生產軋煉時沒有核爆放射性同位素污染，是非常「潔淨」理想的輻射屏蔽材料（註 3-10）。這些「老鋼材」（old steel）在拆船業拆解二戰以前製造的船艦時，均可商購獲得。

四、輻射度量系統的荷電核粒屏蔽

擋中子輻射與擋電磁輻射的屏蔽材料，同樣也可以拿來阻擋荷電高能核粒。由前章表 2.3 可概估出，各類荷電核粒中，以電子及介子較難擋下，在材質內的射程也最遠。輻射屏蔽首要任務是將入射的荷電核粒先完全擋下，再將其產生的制動輻射 x-射線與二次輻射（荷電

核粒）衰減掉。運用前章式[2-15]至[2-18]，可計算出電子與π介子於 1 至 100MeV 的入射動能下在屏蔽內的射程，如表 3.5 所列。其中阻擋荷電核粒的屏蔽材料，首選還是鉛、鐵和銅，再來是重水泥；氫和氧的氣態分子或氫氧化合物，都不是理想的阻擋荷電核粒材料。

凡能擋下高能電子或宇宙輻射介子的屏蔽，都足以擋下搞定射程更短的質子、阿伐粒子、重離子及分裂碎片。以重水泥當作核儀度量外圍屏蔽，僅 1 毫米厚的表面就足以擋掉 1MeV 的荷電核粒，20 公分厚的重水泥，可以擋掉 100MeV 的荷電核粒。更高能量的荷電核粒，如 1TeV 宇宙高能介子，依式[2-16]至[2-18]計算，恐怕要在地底涵洞內建構核儀度量實驗室，靠數百米厚的岩磐將宇宙輻射高能介子完全擋掉，或者等它的壽期在穿透岩磐時就已結束「壽終正寢」；依前章表 2.1，輕介子μ⁺的半衰期只有 1.5μs，以近光速穿透大氣層及岩磐最多只能走六百米（註 3-11）。

表 3.5 高能電子與介子在輻射屏蔽材料內的射程

元素 （符號）	密度 g/cm³	高能電子動能		高能π介子動能	
		1MeV	100MeV	1MeV	100MeV
鋁（Al）	2.70	1.2mm	20cm	57μm	26cm
硼（B）	2.45	1.3mm	22cm	40μm	18cm
鈹（Be）	1.84	1.8mm	29cm	48μm	22cm
碳（C）	1.60	2.0mm	33cm	64μm	29cm
銅（Cu）	8.94	0.4mm	6cm	26μm	12cm
鐵（Fe）	7.87	0.4mm	7cm	28μm	13cm
氫（H）	0.000089	36m	6km	3cm	1.5km
鋰（Li）	0.534	6.1mm	99cm	0.15mm	66cm
氧（O）	0.0014	2.3m	378m	8.4cm	0.4km
鉛（Pb）	11.34	0.3mm	5cm	37μm	17cm
普通水泥	2.35	1.4mm	23cm	69μm	32cm
重水泥	4.50	0.7mm	12cm	45μm	20cm

資料來源：作者製表（2006-01-01）。

五、輻射度量系統的屏蔽要多厚才夠？

　　高階輻射度量，特別是「超低背景」的操作環境，就需要疊堆輻射屏蔽在主偵檢器週邊與實驗場所內，甚至堆到實驗室外面。問題是，要堆多厚的屏蔽才算夠？含鐵砂的水泥要堆一米厚，還是兩米厚？多少輻射屏蔽才叫夠？

　　人員輻射防護所需要的生物安全屏蔽（biological shield），講究「合理抑低」（as low as reasonably achievable, ALARA）原則，意即人身安全與投資效益兩者間兼顧平衡；而高階輻射度量系統所需的輻射屏蔽，多半為遙控自動裝置或僅需操作人員偶至現場巡查，故輻射安全並非首要考量。最優先考慮的，是在輻射場的干擾下，能否能運用足量的輻射屏蔽「擋你該擋」，進而「量你該量」，量不出該量的輻射，一切心血都是枉然。因此，輻射度量系統的屏蔽，要足以擋掉不相關的游離輻射，使特定的待測輻射，超過可接受的可測下限值（acceptable minimum detectable amount, AMDA）。

　　超低背景輻射度量系統的可測下限值，約在 mBq/kg，即每公斤的待測試樣內，特定的放射性同位素活度在每千秒才一個衰變，如此低的放射量必須得測出，才配稱為「超低背景輻射度量」。（註 3-12）圖 3.9 即為實驗室內超低背景γγ康普頓反制加馬偵檢系統的外圍屏蔽剖視圖。圖中碉堡式的外圍屏蔽材料由外向內依序是水泥磚、鉛牆、老鋼材、含硼石蠟，外圍屏蔽之目的非常明顯：是利用 20 公分厚的水泥、鉛、鋼板擋下宇宙射線 100MeV 的高能介子。由於高能介子與物質作用依前章式[1-20]產生二次中子輻射，故再補上一層 15 公分厚的含硼石蠟將中子擋下。一旦干擾輻射還有「漏網之魚」，圖中沒有畫出的偵檢器內圍屏蔽（與圖 3.8 同），再將殘餘輻射全部擋下。

　　圖 3.8 的 16 公分厚內圍屏蔽與圖 3.9 的 35 公分厚外圍屏蔽，可將

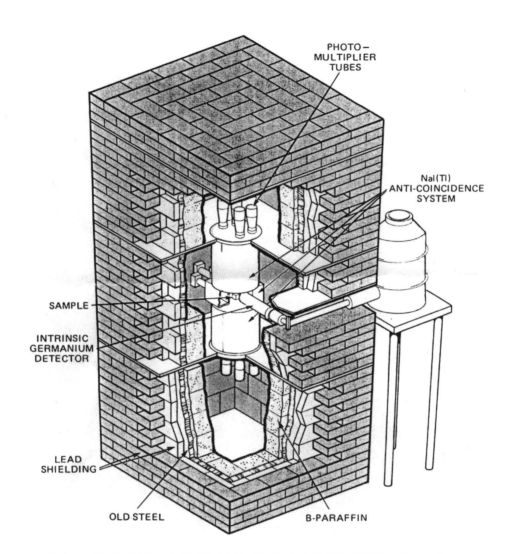

圖 3.9 超低背景γγ康普頓反制加馬偵檢室的外圍屏蔽（註 3-12）。

環場干擾的 1MeV 加馬射線擋掉 9 個數量級；表 3.2 列出一間十坪大的實驗室，水泥牆牆面釋出的天然輻射，經內外圍輻射屏蔽擋到只剩下 $10^5 \times 10^{-9} = 10^{-4}$ 背景輻射數目／秒，這樣主偵檢器才能量測一公

斥待測試樣內 mBq 等級的特定輻射超低放射活度。

　　輻射度量系統需要屏蔽層層包覆，主要目的是「擋你該擋」壓低背景輻射，讓主偵檢器「量你該量」超微量待測的特定輻射。屏蔽的附加價值，是防止輻射度量系統受到損害。損害可概分為兩類：對主偵檢器的輻射損害（radiation damage），以及對輻射度量系統的「非輻射」損害；半導體偵檢器受大量荷電核粒或中子輻射照射，屬輻射損害，核儀實驗室淹水，泡水失效的核儀模組則屬非輻射損害。

六、哪些偵檢器可耐久使用不受輻射損害？

　　嚴格來說，根本沒有。任何偵檢器曝露在高強度的輻射場內，遲早都會被輻射活化成輻射源甚至遭「打壞」；部分偵檢器僅對某類特定輻射而設計製造使用，若遭其他類輻射照射，也很快遭致損害失效。即便是最「耐操」用於核反應器爐心內監測中子的補償游離腔（compensated ion chamber, CIC）儀控偵檢器，工作環境的輻射場，爐心中子與加馬輻射劑量率高達 10^8 戈雷／時，都因輻射損害而需要定期更換（註 3-13）。

　　高輻射場內執行輻射度量，偵檢系統在過度輻射照射下永久失效的原因有如下三點：

　　㈠遭致高輻射場內其他效應損毀，如核試爆產生的高壓震波將主偵檢器震毀（註 3-14）。

　　㈡遭致高輻射場的輻射作用，經年累月終致耗盡偵檢材料；如每 1 克的 BF_3 置入 CIC 偵檢器內，在核反應器爐心中子通率為 $10^{14} \cdot n/cm^2 \cdot s$ 的輻射場內，僅夠量測五個月就消耗殆盡。

　　㈢高輻射場的量測環境相對惡劣，如核反應器內通常是高溫（300 ℃）加上高壓（150 個大氣壓），通過爐心的輻射度量線路如電力線與訊號線，長期處於高溫高壓下會先行損毀，導致輻射

度量停擺。

綜合而言，針對高輻射場惡劣工作環境所設計製造的偵檢器，比較「耐操」，但還是有個限度，長期曝露在超高輻射劑量下，遲早會掛掉永久失效。至於其他的輻射偵檢器，對輻射損害的承受度就差很多，像偵測加馬射線的軍規級充氣式 GM 蓋革計數器，瞬間累計劑量高達 10 戈雷就失效；而氣泡式中子劑量計（bubble neutron dosimeter），重複使用累計到四百個氣泡或 0.1 西弗的中子劑量，超熱液滴的凝膠就解構損毀（註 3-15）。

七、輻射偵檢器的致命損害：量非所量

在本書內將游離輻射分成三類：荷電高能核粒、電磁輻射與中性核粒；每一類游離輻射只要能量夠大，與物質作用後定會衍生出其他兩類游離輻射，例如高能加馬射線與物質作用經（γ, n）光核反應產生中子，隨後中子再與物質作用經（n, α）核反應產生荷電阿伐粒子。任何輻射偵檢器在操作時，輻射場內這三類游離輻射並存俱在，只是多寡問題。加裝輻射屏蔽的偵檢器，可以擋掉全部的荷電核粒與大部分的電磁輻射，麻煩的是中性核粒如中子輻射，堆再多的中子屏蔽，還是有少部分會穿透滲漏（註 3-16）。

附錄 2 的附表 2.1 至 2.3 列出的固態、液態、氣態輻射偵檢器，最易遭重離子、阿伐粒子或中子輻射損害其度量特性者當屬固態偵檢器，其中又以量測光子的閃爍材料與半導體材料碰上中子照射，極易遭損害失效，非常不耐操。閃爍偵檢器與半導體偵檢器的特色就是靠著它們對光子敏銳而精緻的反應，提供高析度的能譜級量測；一旦在線上量測同時有光子與中子並存，受到中子對偵檢器材質作用的影響，量測光子的效能隨著中子照射量遞增而劣化，最後終至損毀。

以 n-型 HPGe 半導體偵檢器為例，鍺元素遭中子輻射轟擊不但會

生成（n, γ）放射性鍺同位素，也生成（n, n'γ）瞬發加馬射線，更會經（n, n）彈性碰撞將半導體晶格撞成錯位的芬克耳缺陷（Frenkel defect），且造成量測光子的電洞數目繁殖；待測光子在 HPGe 偵檢器內激發的電子，就被增殖過多的電洞捕捉，不能輸出形成該有的線性訊號。更有甚者，當重離子、阿伐粒子或中子照射通量超過 10^{11}/cm^2（或者在通率 10^4/cm^2·s 的輻射場中連續使用半年），鍺元素經照射後在其內繁殖的電洞過多，HPGe 偵檢器就完全喪失加馬能譜儀的功能（註 3-17）。

八、特例：BGO 閃爍偵檢器的中子輻射傷害

　　新近推出的 BGO 閃爍偵檢器由於密度大、效率高，故而可以製作得輕、薄、短、小，頗有取代傳統 NaI 閃爍偵檢器度量光子的趨勢；不過，BGO 偵檢器與 NaI 或附表 2.1 所列的任何閃爍材料都一樣，若在量測光子的同時，受到中子輻射的照射，還是難逃一劫（註 3-18）。

　　圖 3.10 是 1.5"（直徑）× 1.5"（厚度）BGO 閃爍偵檢器連同 PMT 光電倍增管，在 10^{15}n/cm^2 中子通量照射後一年半，用高析度加馬能譜儀量到 BGO 與 PMT 內的殘留的輻射。在 BGO 材料及金屬殼上，可清晰地看到錳、鋅、鈷、銀放射性同位素核衰變釋出的加馬射線；PMT 光電倍增管上殘留輻射更多更強，甚至包括銫－134 放射性同位素。被活化的 BGO 閃爍偵檢器只要一啟動，高達 290,000Bq 的殘留放射活度，已將 BGO 加馬能譜「灌爆淹沒」，根本無法進行輻射度量。

　　事實上，BGO 閃爍偵檢器在逐次增加中子通量到 10^{15}n/cm^2 的過程中，可以觀測到內部材質遭中子活化增加計數率的影響。圖 3.11(A) 是 BGO 閃爍偵檢器遭 2.5×10^{11}n/cm^2 照射時的能譜；與圖 3.11(B) 未受照射前的能譜相較，可發現到譜峰位置漂移開了，譜峰的解析度

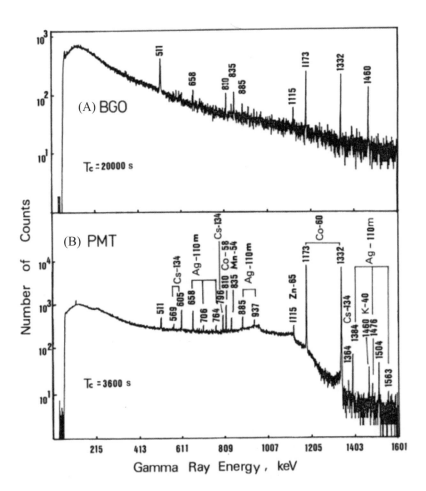

圖 3.10 (A)BGO閃爍偵檢器及(B)PMT光電倍增管在高中子通量照射活化
後的殘留輻射（註 3-18）。

（resolution），即半波高全寬（full width at half maximum, FWHM）也
變差（胖）了。圖 3.11(C)是 BGO 閃爍偵檢器線上量測時，中子照射
通量逐次遞增下，不同加馬射線（自 88keV 至 6129keV）絕對偵測效
率劣化的程度。由圖中可觀測到，超過 $10^{14}n/cm^2$ 中子通量照射時，
BGO 的絕對偵測效率幾已萎縮百倍以上。圖 3.11(D)是 BGO 閃爍偵檢

器解析度在中子照射通量逐次遞增時劣化的程度，當中子通量超過 10^{13}n/cm^2 時，加馬能譜譜峰的解析度開始變寬（胖），峰狀譜線變成麵包狀譜塊，已失去能譜特性。當中子照射通量累計至 10^{15}n/cm^2 時，BGO 閃爍偵檢器被活化的放射活度，已高達 5×10^7Bq，就算啟動了，BGO 能譜立即遭本身的輻射所灌爆，無法進行輻射度量。

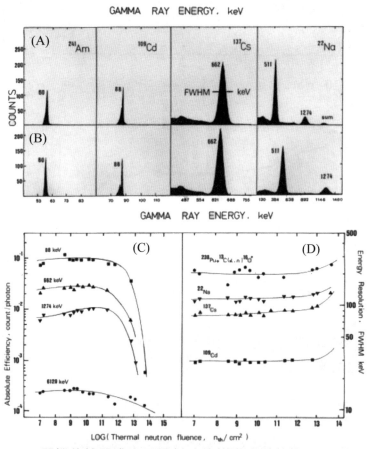

圖 3.11　BGO 閃爍偵檢器遭中子照射時的能譜度量效能：(A)遭 2.5×10^{11} n/cm^2 中子通量照射時的能譜，(B)未受中子照射的能譜，(C)BGO 偵檢器絕對效率與(D)解析度隨中子通量遞增而劣化的程度（註 3-18）。

九、輻射度量系統非輻射的損害

除了游離輻射以外，輻射度量系統內的偵檢器、核儀模組及線路也會遭致以下九種非輻射的損害：

(一)浸水

除了極特殊水下使用的輻射偵測系統，在設計規範上要求嚴謹的水密防水（註3-19），否則任何輻射度量系統一經水淹，勢將導致永久性損害，特別是國內很多核設施及輻射度量實驗室均位於大樓內的地下室，常受水災泡水的威脅。

(二)濕氣

高階輻射度量的核儀電路在潮濕的操作環境下易短路跳脫，故實驗室內必須使用除濕機，保持20%至40%相對濕度；特別是我國四月春夏交替吹南風的季節，室內反潮，濕度特別高，輻射度量系統更需要控濕才能操作。

(三)高溫

輻射度量系統，特別是偵檢器在操作當中與儲放期間，均需依照保養手冊建議的操作溫度與儲放溫度使用。例如HPGe偵檢器需在液氮（liquid nitrogen, LN$_2$）溫度（77K）下冷凍操作，消耗的液氮需及時補充如附錄7附圖1.7，否則一旦升溫，操作中的HPGe將會永久受損。

(四)失壓

某些輻射偵檢器，特別是充氣式偵檢器，在低壓環境操作因偵檢腔的內壓與外在壓力差過鉅，有可能導致操作異常甚而漏氣洩壓，故

充氣式偵檢器僅適合在控壓的航機或太空梭的壓力艙內使用。

(五)震動

初階輻射度量儀器，有極高的抗震規格，在機械震抖動（mechanical shock）的載台（如直升機）內，或墜落測試，均需符合規範。高階輻射度量系統甚至連微量振動（microphonic vibration）都不允許，如 HPGe 偵檢器的液氮桶（bucket dewar）下方，必須鋪設防震橡皮襯墊（rubber pad）。

(六)蟲侵

核儀模組為有效散熱，在模組殼上均有通風柵開口，螞蟻、白蟻、蜘蛛、黴菌甚至德國蟑螂可輕易地從柵口潛入核儀模組內造窩產卵，造成跳脫、短路、燒燬。故在實驗室內需保持良好紀律，禁止飲食，防止蟲蜘循氣味入侵實驗室。

(七)失火

核儀實驗室內，除了輻射度量系統在耗電，它如電腦及週邊設備、控溫、控濕裝備的耗電更大，若再加上抽真空馬達等輔助設施，極易造成電力超荷甚而電線走火。除了慎防火災外，輻射度量系統週邊需將一切易燃物（如清洗試樣的甲醇）及可燃物（如報表紙）移除，以免偵檢器及核儀模組受失火高溫波及。

(八)漏電

水漬、濕氣、蟲蜘遍佈核儀模組就會造成漏電，輕者量測電路跳脫，重者過熱失火。因此，高階輻射度量實驗室除了上述的防水、控濕、防蟲外，核儀模組及偵檢器地線要確實接牢，絕緣墊圈（或絕緣襯墊）要正確按裝。

㈨電磁干擾

人員安全與輻射防護在輻射度量時當為首要之務，唯高階輻射度量時，所使用的核儀電路均會產生電磁波。電磁波屬非游離輻射，實驗室內應定期量測核儀模組造成的電磁波，不得超越第壹章述及行政院環保署的建議上限：電場強度每米 4.17 千伏，磁通密度 833 毫高斯。超過建議值不但對人體健康造成影響，也會對核儀電路造成干擾。

武裝部隊所使用的輻射偵測儀具多為劑量儀，不過，這與保健物理劑量儀不同，軍用儀具有軍用規格（軍規）以提高戰場抗損能力。目前各國武裝部隊的劑量儀，多採用北約組織的軍規，這套軍規係根據美國陸軍 A3252105 號規範訂定的 Military Standard 810E 軍規級的作戰需求（註 3-20）。軍規級的輻射劑量儀規範列舉如下：

(1)操作溫度：−51°C（高、寒地）至 +50°C（熱帶地區）。

　　儲放溫度：−60°C（高、寒地）至 +70°C（熱帶地區）。

(2)操作濕度：相對濕度 0%～95%。

(3)防水能力：水下一米持續浸泡兩小時不滲入（兩棲作戰）。

(4)防沙塵暴：沙塵速每秒 9 米以下及沙粒速每秒 30 米以下尚能操作使用（沙漠作戰）。

(5)耐壓能力：4 萬呎高空飛行器外掛尚能偵測。

(6)防火能力：外殼耐火，使用防火材料。

(7)抗震能力：10 呎自由墜落尚能操作使用。

(8)防核爆：外殼能抗擊 10psi 核爆高壓震波（shock wave）及每米 10 萬伏核爆電磁脈衝（electro-magnetic pulse, EMP）。

核爆瞬間產生的 EMP，導致輻射度量系統內的電子元件因瞬間超強電流通過而燒毀（註 3-21），目前軍規級的輻射劑量儀，均加裝突波保護元件及抗電磁脈衝晶片（radiation hardening chip, RHC），讓

軍規級輻射度量儀具在核子作戰下不受 EMP 毀癱，繼續量測戰場游離輻射強度。

自我評量 3-2

搭乘民航機從紐約飛返台北，在 4 萬呎巡航高度飛行時間約為 15 小時，打入民航機客貨艙的高能宇宙中子通率均值為 $0.5n_f/cm^2 \cdot s$。若乘客手戴金戒指，另外還托運圖 3.9 的 9" × 10" NaI 閃爍偵檢器返國。民航機在台北落地時：

(1)戒指上每一錢（3.75 公克）的純金經 $^{197}Au(n_f, \gamma)^{198}Au$ 活化後，半衰期為 2.69 天的 ^{198}Au 放射活度為何？

(2)閃爍偵檢器含鈉元素 5.3 公斤，經 $^{23}Na(n_f, \gamma)^{24}Na$ 活化後，半衰期為 15.0 小時的 ^{24}Na 放射活度為何？均能為 1MeV 宇宙中子的金（n_f, γ）反應機率為 0.02 邦，鈉（n_f, γ）反應機率為 0.2 邦。

解：運用前章式[1-14]，$A = N_0\phi\sigma[1 - \exp(-\lambda t_c)]$，其中：

ϕ = 高能宇宙中子通率均值 = $0.5n_f/cm^2 \cdot s$

t_c = 照射時段即巡航高度飛行時段 = 15 小時

(1)金戒指每 1 錢的純金 ^{197}Au 數目：

$N_0 = 3.75g/(197g/mol) \times 6.02 \times 10^{23}$ 個/mol = 1.15×10^{22} 個，

$\sigma(Au) = 0.02$ 邦，$T_{1/2}(Au) = 2.69 \times 24 = 64.6$ 小時，

依式[1-14]計算，每錢的純金戒指，飛機落地後在台北的 ^{198}Au 放射活度 $A = 1.7 \times 10^{-5}Bq$，即表 3.2 的評估值。

(2) 9" × 10"閃爍偵檢器 ^{23}Na 數目：

$N_0 = 5.3kg/(23 g/mol) \times 6.02 \times 10^{23}$ 個/mol = 1.39×10^{26} 個，

$\sigma(Na) = 0.2$ 邦，$T_{1/2}(Na) = 15$ 小時，

依式[1-14]計算，閃爍偵檢器返抵國門後，內部 ^{24}Na 放射活度為 $A = 7.0Bq$，NaI 啟動量測一定會有內部輻射干擾。

3-3　輻射偵檢器效率

　　輻射度量系統使用到核儀電路，輸出訊號是連續電流或脈衝電壓；輻射度量儀具若不需使用核儀電路，輸出訊號可能是蝕刻徑跡或氣泡數。若只是卡卡電流有多少毫安培或數數氣泡有幾個，在輻射度量頂多只能算是「相對度量」（relative measurement），它既非「定性度量」（qualitative measurement），更不是「定量度量」（quantitative measurement）。若要進一步去了解輻射場內游離輻射的種類、能量與強度，就得進行「絕對度量」（absolute measurement），亦即把量測到的訊號如連續電流、脈衝電壓、蝕刻徑跡或氣泡數，經過游離輻射特定的種類、能量與強度的校準源校準後，換算出定性定量的量測結果。

一、輻射偵檢器的效率

　　輻射度量系統的核儀電路輸出訊號，不是連續電流，就是脈衝電壓，它代表偵檢器量測到特定的游離輻射。偵檢器的絕對偵檢效率ε定義如下：

$$\varepsilon = C/S_R t \qquad\qquad\qquad\qquad\qquad\qquad [3\text{-}20]$$

式[3-20]的 C 為輻射偵檢器在量測時段 t_c 內針對特定游離輻射的計數（單位為 count per second, cps 或 counts per minute, cpm），S_R 為輻射源釋出特定輻射的強度。以輻射屋為例，假設在 10 坪斗室內 Co-60 釋出 1.3325MeV 加馬射線的 $S_R = 10^5$ 個／秒，閃爍偵檢器量測加馬能譜

內對應譜峰每秒有 C＝1 個計數，則偵檢器量測的效率對 1.3325MeV 加馬射線為ε＝$1/10^5$ × 1＝0.00001 個計數／加馬。式[3-20]可再細分歸類為：

$$\varepsilon = GF \times \varepsilon_{int} \quad \text{[3-21]}$$

式[3-21]等號右邊第一項 GF 為幾何因數（geometric factor），它是特定輻射抵達偵檢器的數目除以輻射源釋出特定輻射的數目；等號右邊第二項是偵檢器的「自有偵檢效率」（intrinsic detecting efficiency），專指特定輻射抵達進入偵檢器後可被量測的計數。幾何因數受以下條件左右：一是輻射源與偵檢器的間距，間距小GF大，間距大GF小。二是輻射源與偵檢器間的外物，若置入輻射屏蔽或準直孔則 GF 變小，若空無一物則 GF 不受影響。三是輻射源的材質，若材質可反彈特定輻射折回偵檢器則GF變大，若材質自我吸收擋下特定輻射則GF變小。前述的例子，若閃爍偵檢器覆蓋輻射屏蔽加裝準直孔，只偵測特定的輻射鋼筋，且 GF＝0.002，則依式[3-21]ε_{int}＝0.05 個計數／入射加馬。

在初階輻射劑量偵測時，商購的劑量儀在出廠前已由製造商將入射到偵檢器上的自有偵檢效率ε_{int}轉換成量測吸收劑量 D_m；若偵檢器為人體組織等效（tissue equivalent），則轉換成量測等效劑量 E_m：

$$D_m = C_{ab} \cdot \varepsilon_{int} \,, \quad E_m = C_{ed} \cdot \varepsilon_{int} \quad \text{[3-22]}$$

式[3-22]內的吸收劑量轉換參數為 C_{ab}，等效劑量的轉換參數為 C_{ed}，例如氣泡式中子劑量計的出廠等效劑量 C_{ed}＝1.4μSv／氣泡。需注意ε_{int}專指偵檢器的自有偵檢效率，從射源釋出的輻射沒擊中偵檢器的不予計列，故可將偵檢器想像成人體，劑量儀的計讀合併式[3-20]至[3-22]就成為：

$$D_m（戈雷）= [C_{ab}/(GF \times S_R \times t_c)]C，$$

$$E_m（西弗）= [C_{ed}/(GF \times S_R \times t_c)]C \quad\cdots\cdots\cdots\cdots\cdots\cdots\cdots \quad [3\text{-}23]$$

　　初階輻射度量多使用保健物理劑量儀，是構造簡單操作方便的儀具，針對輻射劑量或劑量率進行高效靈敏的計讀。不過，保健物理劑量儀具需作定期的效率校正（efficiency calibration），否則量測到一堆讀數，還真不知道到底在量些什麼。

二、初階劑量儀具效率校正

　　由於初階輻射度量儀具多用於量測人員安全的輻射劑量，若計讀的劑量要成為法律上可採信的證據，則偵檢器不但要依法送指定機關作定期效率校正，量測人員亦需接受相關教育訓練並領有證書「合法量測」。初階輻射度量儀具要合法計讀，就必須定期實施效率校正；校正的時機與頻率，一是新購啟用前，二是損壞檢修後，三是轉換操作環境時，四是定期校正時限到了，五是用戶認為有必要時。

　　常用的輻射劑量儀包括充氣式偵檢器、閃爍偵檢器、含硼或鋰的中子偵檢器。效率校正場所對偵檢器的量測輻射回應需作以下效率校正：

(1)輻射回應：輻射能量依存性、輻射強度依存性、輻射源方向依存性與對地依存性。

(2)干擾回應：磁場干擾、射頻電場干擾、微波電場干擾。

(3)環境回應：溫度依存性、濕度依存性、壓力依存性、水氣依存性、機械震動依存性、微振動依存性。

　　最理想的效率校正，就是「量你該量、校你該校」；如欲量測輻射屋內的空間劑量，就將劑量儀送往輻射校正場作鈷－60校率校正。

若吸收劑量 D（或等效劑量 E）校正的結果與劑量儀原廠的讀數 D_m（或 E_m）有差，則效率校正因數（correction factor）為：

$$F_{dc} = D/D_m，D（戈雷）= [F_{dc} \times C_{ab}/(GF \times S_R \times t_c)]C，$$
$$F_{ec} = E/E_m，E（西弗）= [F_{ec} \times C_{ed}/(GF \times S_R \times t_c)]C \cdots\cdots\cdots [3\text{-}24]$$

　　再以閃爍偵檢器置於輻射屋內量測為例。在未加裝輻射屏蔽的條件下，偵檢器量測鈷−60 釋出 1.3325MeV 加馬入射閃爍偵檢器的自有偵測效率 $\varepsilon_{int} = 0.05$ 個計數／入射加馬。若吸收劑量轉換參數 $C_{ab} = 42pGy$／計數，則每入射一個 1.3325MeV 的加馬射線進入閃爍偵檢器，原廠計讀的吸收劑量依式[3-22]解算，為 $D_m = 42pGy$／計數 × 0.05 計數／加馬 = 2.1pGy／加馬。閃爍偵檢器送往效率校正場經輻射回應、干擾回應及環境回應測試後，卻發現 $F_{dc} = 0.95$，則此一效率校正因數需乘上原廠儀器計數，依式（3-24）推定正確的吸收劑量為 $D = F_{dc} \times D_m = 0.95 \times 2.1pGy$／加馬 = 2.0pGy／加馬。

　　效率校正需使用到校準射源（standard radiation source, SRS）。校準射源有兩類：原級校準射源（primary SRS）與二級校準射源（secondary SRS）。原級校準射源係由國家中央機構生產研製，標準差須在 5% 以下（有關誤差的定義與計算，在第 7 章另述）；二級校準射源，則由原級校準射源去校準，標準差需在 10% 以下。輻射度量使用到的校準射源，列於附錄 3 內。

三、荷電核粒度量效率校正

　　要量測荷電核粒，最理想的方式是「該怎麼量，就怎麼校」，意即量測與校準的輻射條件（如輻射的種類與能量）、環境條件（如量測的溫度與濕度）、幾何條件（如射源形狀）與干擾條件（如量測的震動與抖動）完全雷同一致。在輻射度量實務上，依前章表 2.3 可

知，除了電子、介子與質子外，較重的荷電粒子射程都很短，故而要量測阿伐粒子、重離子及分裂碎片，在輻射度量系統內須在射源與偵檢器間抽真空，好讓荷電核粒 100%完整地入射偵檢器。也就是因為荷電核粒射程很短，偵檢器的ϵ_{int} 非常接近 1 計數／入射荷電核粒，或 100%。

偵測荷電核粒的偵檢器，須用校準射源校正荷電核粒的動能與偵檢效率。各類荷電核粒，僅有同位素輻射源能釋出可用來校準的阿伐粒子與貝他粒子。作校準用的同位素阿伐射源有四項規範：一是半衰期要夠長，否則得經常商購替換，二是物性化性相對穩定，否則容易逸失，三是釋出的多元性單能阿伐粒子，動能間距要夠遠（至少每 MeV 動能在 10keV 以上）以避免能譜內譜峰重疊，四是釋出的阿伐粒子動能涵蓋範圍要廣。附表 3.1 列舉了 13 個可從商源獲得的同位素二級阿伐校準射源，均製成密封式點射源（sealed point source），射源的窗口材質必須非常薄，不能造成穿透釋出阿伐粒子過多的能損。

舉例而言，運用被動式離子佈植平面矽片（passivated ion implantation planar silicon, PIPS，亦稱薄膜佈植矽片）阿伐偵檢器作效率校正。首先，運用附表 3.1 內兩個動能不一的同位素校準源（Sm-146 及 Th-232）校準能譜，解出譜峰（Sm-146 的 2.470MeV 及 Th-232 的 4.012MeV）對應的能譜頻道數，則待測試樣釋出未知阿伐粒子的動能，從其譜峰頻道即可解出。其次，若 Th-232 射源的放射活度為 1 微居里，量測 1 分鐘 4.012MeV 譜峰的淨計數為 30,000 個，則依式[3-20]可解得偵檢器絕對效率ϵ：

$$\epsilon = C/S_R t_c = 30{,}000/[(37{,}000 \times 77\%) \times 60] = 0.0176 \text{ 計數／阿伐粒子}$$

若 PIPS 偵檢器的表面積為 10 平方公分，距射源 4 公分，則依式[3-20]可解算出偵檢器的自有偵檢效率ϵ_{int}：

$\varepsilon_{int} = \varepsilon/GF = 0.0176/(10/4\pi \times 4^2) = 0.36$ 計數／入射阿伐粒子

需注意 PIPS 偵檢器與 4 公分間距外的校準射源（或待測試樣）均置於真空腔內（抽真空至 10^{-8} 大氣壓），否則阿伐粒子遭空氣擋下，連抵達 PIPS 偵檢器的機會都沒有。

高能電子或貝他射線（動能呈連續分佈的電子），它的射程較同能量的阿伐粒子要遠，自前章式[2-3]推估電子射程至少長兩個數量級以上。故而量測貝他能譜的 PIPS 偵檢器厚度，較量測阿伐能譜的偵檢器要厚非常多。保健物理劑量儀在輻射場中亦可用來偵測高能貝他射線，唯劑量儀偵檢頭的「窗口」要非常薄，薄到 0.05keV 動能的電子都能穿透進入偵檢器。

附表 3.2 列舉 11 個同位素二級貝他校準射源，它們均為可自商源獲得的密封點射源，或非密封體積射源（unsealed volume source），體積射源多製成溶液狀，方便同體積的水樣偵測。量測貝他能譜的PIPS偵檢器的厚度至少在公分等級，才能量測 10MeV 的高能電子。需注意附表所列舉的同位素校準射源，所釋出的不是單能電子，附表所列的貝他射線能量，是貝他射線最大動能。

四、低能電磁輻射度量效率校正

低能光子（$E_\gamma < 100keV$）與荷電核粒面臨類似的困境，即穿透偵檢器套封金屬殼的能力差，故量測低能電磁輻射，特別是x-射線螢光（x-ray fluorescence, XRF）分析，元素 x-射線低到只有 0.054keV（如鋰元素），高也不過 141.7keV（$Z = 100$）。低能電磁輻射度量，也需要用到同位素校準射源，附錄 3 附表 3.3 內列舉了 8 個可商購獲得且常用的同位素低能電磁輻射二級校準射源，光子能量自 3.31keV 至 97.4keV 不等。它們提供光子能譜的能量校正與效率校正。

　　圖 3.12 是運用高階矽片低能光子能譜儀（low-energy photon spec-trometer, LEPS）偵檢器的ε_{int}實驗值（註 3-22）。LEPS 偵檢器的自有偵檢效率ε_{int}對 5～20keV 的低能光子，幾達 100%，此乃因 LEPS 偵檢器的窗口夠薄，低能光子完全進得來，且 LEPS 偵檢器夠厚，厚到低能光子全數擋下。不過，超過 20keV 的光子卻因為偵檢器相對太薄，擋下全能量的機率變差；低於 5keV 的光子，又因過不了薄片鈹窗（be-ryllium window）的偵檢器護套，進不去偵檢器，故效率也變差。低於 0.5keV 的 x-射線，LEPS 偵檢器無法量測；超過 100keV 的光子，就得揚棄 LEPS 矽片偵檢器，改用其他固態能譜偵檢器度量。

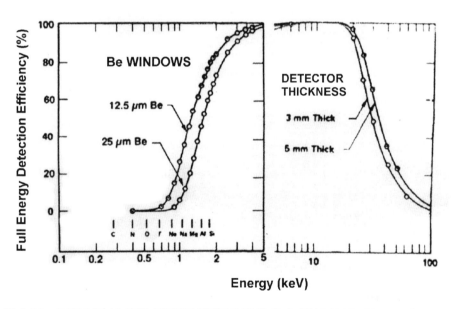

圖 3.12　LEPS 矽片偵檢器度量低能光子的自有偵檢效率（註 3-22）。

五、中能電磁輻射度量效率校正

高階輻射度量運用最頻繁的，是加馬能譜量測，特別是放射性核衰變釋出加馬射線的中能光子能區（100keV至4MeV）。附錄3附表3.4列舉了19個常用的中能光子校準射源，這些經商購獲得的二級標準射源，均可混合搭配成密封點射源，主要加馬射線能量自14.4keV至3.5479MeV，方便加馬能譜儀作能量校正與效率校正。

圖 3.13 是三種不同加馬偵檢器在相同幾何條件下運用密封點射源的絕對偵檢效率曲線圖（註 3-04）。圖中大小相若的 BGO、NaI（Tl）及HPGe能譜偵檢器置於點射源25公分外，量測其絕對偵檢效率與加馬射線能量的關係。由實驗量測結果看出：

(1) BGO 加馬偵檢器的絕對偵檢效率，較 NaI（Tl）優良，而後者又較 HPGe 偵檢器好。

(2) 對 50keV 的低能光子言，BGO 與 NaI（Tl）偵檢器的ε值相差無幾，約為 0.005 計數／加馬；HPGe 的ε值就差很多，少了近五倍。

(3) 對 1MeV 的中能光子言，HPGe 與 NaI（Tl）的ε值相差無幾，約為 0.0005 計數／加馬；但 BGO 的ε值就強很多，是它們的 4 倍。

(4) 對 5MeV 以上的高能光子言，BGO、NaI（Tl）與 HPGe 偵檢器間的ε值比，約為 100：10：1。

(5) 整體言，BGO 偵檢器密度大，故低、中、高能加馬射線的絕對偵檢效率雖與能量成反比，但差異很小；0.05MeV 與 5MeV 的加馬射線，絕對偵檢效率ε值比約為 5：1。NaI（Tl）偵檢器的比值約為 50：1，HPGe 偵檢器更糟，比值拉大到約 100：1。

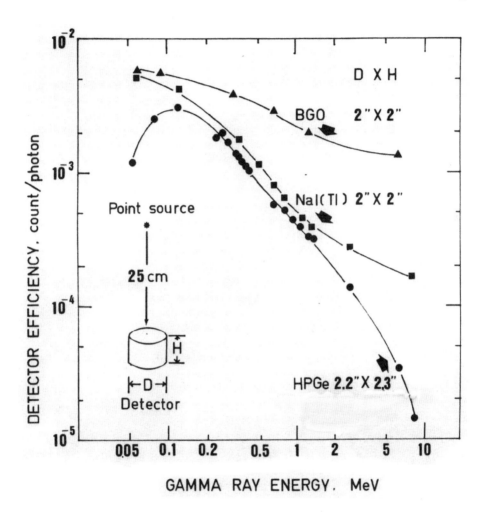

圖 3.13　不同的加馬偵檢器在相同幾何條件下的絕對偵檢效率曲線（註 3-04）。

　　從圖 3.13 的效率校正曲線可驗證出：不計解析度的優劣，量測高能光子則 BGO 偵檢器效率較高，量測中能光子 NaI（Tl）與 HPGe 偵檢器效率相若，而量測低能光子 BGO 與 NaI（Tl）偵檢器效率大致概等。

　　高階輻射度量特別是加馬能譜量測，待測試樣不完全是點射源，很多環境指標樣品呈液態狀，如溫泉水、排放污水、廢溶液。所幸附表 3.3 與 3.4 所列舉的同位素加馬校準射源，不但能混合配製成多元單能輻射源，還可製成溶液狀以瓶裝商售。因此，高階輻射度量亦可在相同的體積與幾何形狀下，運用液態加馬射源去校準待測液體試樣能譜的能量與效率。

　　圖 3.14 是運用馬瑞里燒杯（Marinelli beaker）盛裝液態校準射源，將 HPGe 偵檢器倒置插入燒杯孔內，調整變更燒杯的半徑 R、液面深度 H、液面高度 S 與射源體積 V，找出絕對偵檢效率最佳（即譜峰計數率最高）的條件（註 3-23）。經過 308 種不同的馬瑞里燒杯組合發現，最適化液態試樣的幾何條件從 0.1 至 4.0 公升間，均有特定的 R、H、S 值。

　　固態的點射源與液態的體積射源，商購均可獲得二級校準同位素射源去校正點狀固態待測試樣或液狀體積待測試樣。那空間飄浮的輻射空浮校準射源應如何製作？在密閉空間（如廠房），量測輻射空浮的校準射源必須自製短半衰期的氣態同位素加馬三級校準射源（註 3-24）。自製校準的步驟是將天然惰性氣體（如氬及氙氣）灌入試管密封後，置入核反應器中子活化成可釋出加馬射線的放射性同位素（如 Ar-41，Xe-125、Xe-133 與 Xe-135）。經二級射源校正後，將活化試管帶至密閉廠房擊碎放出活化氣體至充份瀰漫後，開始量測加馬能譜，繪出絕對偵檢效率曲線。

　　圖 3.15 是運用 HPGe 手提式加馬偵檢器在 1,200 立方米的密閉廠房內量測到的輻射空浮絕對偵檢效率曲線。以 200keV 加馬射線均勻分佈在空間內為例，絕對偵檢效率約為 0.06 計數／加馬每立方米。在開放空間如大地環測中，由於無法進行實驗校準，必須用軟體程式去解算偵檢器的絕對偵測效率，輻射度量結果方有意義（註 3-25）。

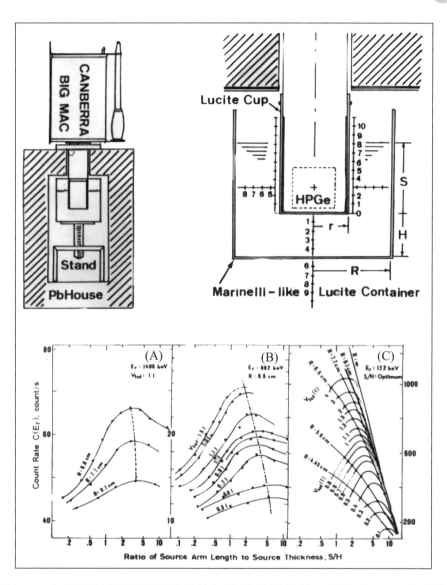

圖 3.14　加馬偵檢器倒插馬瑞里燒杯體積試樣的效率最適化：(A)固定體
　　　　積但變更燒杯半徑R，液深H及液高下 1,408keV加馬計數率。(B)
　　　　固定 R＝6.6 公分但變更液深 H、液高 S 及體積 V 下 662keV 加馬
　　　　計數率。(C)S/H 比值最適化且變更半徑 R 與體積 V 下 122keV 加
　　　　馬計數率（註 3-23）。

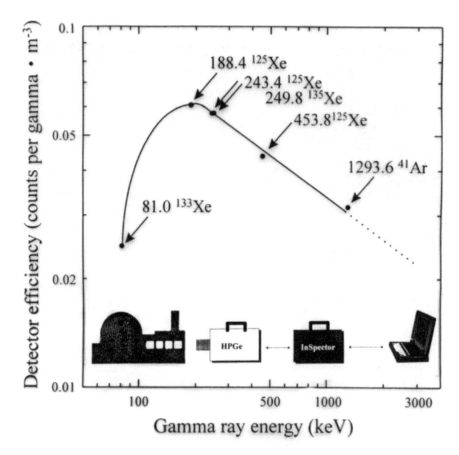

圖 3.15　加馬偵檢器量測輻射空浮的單位體積絕對偵檢效率（註 3-24）。

六、高能電磁輻射度量效率校正

　　同位素加馬校準射源，如附表 3.3 及 3.4 所列，放射性核衰變釋出的加馬射線能量最高也只不過是 3.5479MeV；更高能量的加馬射線必須從核反應瞬發加馬取得（註 3-26）。圖 3.16 係運用γγ康普頓反制加馬能譜，以氯、氮、鏑、硼、銦、鈉、鐵等試樣置於THOR核反應

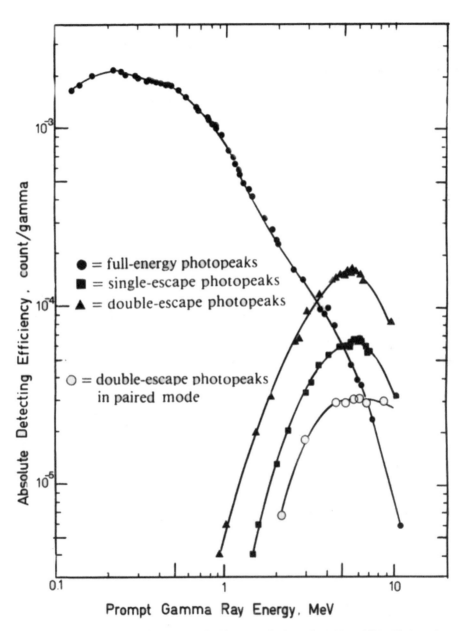

圖 3.16　加馬偵檢器高能光子全能峰、單逃峰、雙逃峰及雙逃峰與互燬加
　　　　馬三相符的絕對偵檢效率曲線（註 3-26）。

器爐外中子束，偵測（n, γ）的γ來反推高能光子的絕對偵測效率。低於 4MeV 的中能瞬發加馬射線ε值，與二級校準射源較正好的ε值相互間插，再依瞬發加馬射線產率對比，即可將ε值外插至 11MeV 的光子。

　　圖 3.16 亦將全能量高能光子單逃峰（single-escape photopeak）、雙逃峰（double-escape photopeak）及雙逃峰與互熄加馬三相符（double-escape photopeak in paired mode）的絕對偵檢效率，在 1 至 11MeV 光子能區中描出。由圖中可得知，距 HPGe 偵檢器 25 公分處的試樣中，$^{14}N(n, γ)$釋出 10.829MeV 高能光子的絕對偵檢效率非常低，只有ε＝$6 × 10^{-6}$計數／加馬。

七、中子輻射度量效率校正

　　中性核粒含中子輻射與中性基本粒子，後者壽期非常短，很快與物質作用衍生二次電磁輻射與荷電核粒。故量測中性核粒多討論如何度量中子輻射。要完整地量測中子輻射場，必須量測中子的動能，以及在此動能下中子的數目。從輻射防護的觀點去審視，只有在標的物（如軀體內某特定器官）內量測到中子動能分佈，即中子能譜（neutron energy spectrum），加上中子通率$φ(E)$，才能依前章表 2.7 將中子輻射轉換成劑量（率）。

　　中子的動能，與式[3-22]的劑量轉換參數 C_{ab} 或 C_{ed} 直接相關，中子的數目，與式[3-23]的中子輻射強度 S_R 有關，故中子劑量儀的效率 $ε_n$，等同於簡化過的式[3-23]：

$$D_m（戈雷）＝ε_n · C，E_m(西弗)＝ε_n · C \quad\cdots\cdots\cdots\cdots [3-25]$$

至於非劑量儀的中子偵檢器，多半需分別量測中子的動能與此一動能中子的數目，再換算成偵檢器該有的效率。

　　中子校準射源，除了援用核反應器由爐心經導管引至爐外的中子

束（註 3-27），多半使用同位素中子校準射源。附錄 3 附表 3.5 列舉了 11 個同位素中子校準射源，包括自發分裂核衰變的 Cf-252 中子源，重核（α, n）中子源與光核（γ, n）中子源。這些同位素中子校準射源的輻射強度（每千次核衰變釋出中子數目）及中子平均動能，亦列於附表中。這些同位素中子校準射源，中子輻射強度最高者，首推 Cf-252 中子源。如表 3.2 所示，4 毫克的 Cf-252，每秒可釋出均能為 1MeV 的快中子約 10^{10} 個。

　　圖 3.17 是德造 FHT-751 型中子劑量儀，依式 [3-25] 以 Cf-252 二級中子校準射源求取絕對偵檢效率 ε_n（單位是奈西弗／時／每秒計數）的實驗結果（註 3-28）。該型充氣式劑量儀使用 FHZ17-1 的三氟化硼（boron trifluoride, BF_3）中子管，上下覆以 B_4C 碳化硼刻意擋下慢中子，週邊則用安德生-布饒中子減速體（Andersson-Braumneutron moderator）包覆，如圖所示。減速體的材質是聚乙烯，致使水平入射的中子輻射進入 56cc 的充氣管前，已變成慢中子方便引發 $^{10}B(n, \alpha)^7Li$ 核反應釋出阿伐粒子，在充氣式劑量儀內輸出脈衝訊號計讀。此一校準實驗使用 0.1 微克的 Cf-252 二級中子校準射源，置於圖 3.17 中子劑量儀水平距 3 至 70 公分外，絕對偵檢效率校正的範圍自 0.0005cps 至 0.3cps，ε_n 均值為 790nSv/h/cps。

　　經效率校正後的中子劑量儀，可偵測微劑量級（nSv/h）的地表宇宙中子輻射強度。至於高劑量級（Sv/h）的中子輻射場，如核反應器爐心與週邊或核爆瞬間中子流，則需分別量測中子動能及該動能的中子數目，十分瑣碎耗時，沒有快速的效率校正可一步到位。

八、試樣自我吸收輻射

　　待測試樣在游離輻射偵測效率校正時，必需注意到試樣本身會將游離輻射擋下，能夠釋出待測的輻射強度往往低於預期值，特別是游

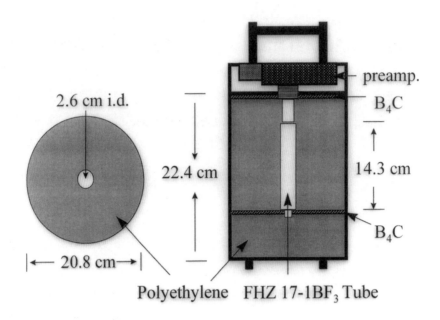

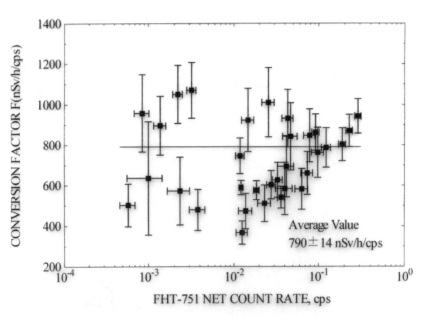

圖 3.17　FHT-751 型中子劑量儀的絕對偵檢效率（註 3-28）。

離輻射屬弱穿輻射且試樣又屬高密度厚度大的材質。如果待測試樣並非理想的點射源，而是板狀、筒狀、桿狀、球狀且游離輻射均勻分佈於內，則試樣自我吸收的效應會非常明顯。

先處理球狀試樣的自我吸收效應。會處理複雜的球狀試樣，其他形狀試樣的自我吸收效應均可比照處理。假設強度為 S_R 的游離輻射源均勻分佈在密度ρ、半徑R的球狀試樣內，則球面的游離輻射通率ψ為：

$$\psi = \frac{1}{4\pi R^2} \int_r dS_R \, (r) = \frac{1}{4\pi R^2} \int_r \frac{4\pi r^2 \rho N_a I_b \lambda}{m_a} \exp \, [-\mu(R-r)]dr$$

$$S_R = \frac{4\pi R^3 \rho N_a \lambda I_b}{3m_a} \quad\dots\dots\dots\dots\dots\dots\dots \quad [3\text{-}26]$$

r＝距球狀試樣 r 特定點與球心間距（cm），

N_a＝摩爾數＝6.022×10^{23}/mol，

I_b＝輻射產率（數目／衰變），

λ＝衰變常數（1/s），

μ＝試樣對輻射的線性衰減係數（1/cm），

m_a＝試樣原子量（g/mol）

式[3-26]經球積分後，可簡化得：

$$\psi = F \cdot S_R/4\pi R^2, \quad F = 3/\mu R - 6/(\mu R)^2 + 6[1 - \exp \, (-\mu R)]/(\mu R)^3$$

$$S_a = 自我吸收比例 = 1 - F，F = 未被吸收比例 \quad\dots\dots\dots\dots \quad [3\text{-}27]$$

以輻射鋼筋為例，鋼筋的半徑 R＝1.3cm，Co-60 釋出 1.33MeV 加馬射線在鋼筋內μ＝0.19cm，則F＝0.942，或自我吸收比例S_a＝0.058。若輻射裝甲鋼板的厚度為 26cm，取其半徑 R＝13cm，則式[3-27]可推

定自我吸收比例 $S_a = 0.404$。這兩個案例說明了自我吸收厚度增加 10 倍，吸收效應就增加了 $0.404/0.058 = 7$ 倍！故而輻射源待測試樣的自我吸收，不應忽略。

─**自我評量 3-3**─────────────

查閱附表 3.2，Tc-99 是常用的同位素貝他校準射源。其實你不用商購，國內核醫體系多的是 Tc-99。只要將閒置的鎝產生器取回，將其中的 Tc-99 分離純化送校正場校正，就是很好用的三級同位素貝他射源，釋出的貝他射線最大能量為 292 keV。試問 100 MBq 閒置超過半年的 Mo-99 鎝產生器，內藏多少 Tc-99 放射活度？

解：鎝產生器核衰變系列為 Mo-99→Tc-99m→Tc-99，半衰期分別為：

$T_{1/2}$(Mo-99) = 66h，

$T_{1/2}$(Tc-99m) = 6.01 h，

$T_{1/2}$(Tc-99) = 2.14×10^5 a，

依前章式[1-6]，Mo-99 核種數目為 N = A/λ，即 N = 100MBq × 66 h × 3,600s/h/0.693 = 3.43×10^{13} 個；經過半年閒置，所有 Mo-99 核種，經核衰變終於成為 Tc-99，故 Tc-99 核衰變的活度為：

A = λ(Tc-99) × N(Tc-99) = 0.693N(Mo-99) / $T_{1/2}$(Tc-99) = 3.52Bq，亦即每秒釋出 3.52 個貝他射線，21 萬年的半衰期，可當作實驗室的傳家寶，世代相傳繼續使用。

CHAPTER 4

荷電高能核粒度量

圖 4.1　上圖：國內使用的阿伐偵檢儀；下圖：國內使用的貝他
　　　　射源試樣微量分裝儀（註 4-01）。

提要

1. 善用荷電高能核粒與偵檢材料的作用，可以量測荷電核粒輻射的強度、能量與種類。需要核儀電路操作的偵檢器用以度量荷電核粒者概分為固態、液態、氣態三種，離線操作的荷電核粒偵檢器多為固態及液態。

2. 度量荷電核粒主要是量測其種類、強度、速度、方向及被擋下的能量。這些訊息，有助於分析評估輻射場的源項及衍生的劑量。

3. 量測荷電核粒的核儀有游離腔計數器、比例計數器、蓋革計數器、閃爍氣體計數器、半導體偵檢器、閃爍體計數器、透明體偵檢器、閃爍液計數器及透明液偵檢器。

4. 量測荷電核粒的離線裝備，有熱發光劑量計、感光底片、蝕刻片及生物劑量計。

5. 除了特定的荷電核粒如高空飛行遭遇的宇宙射線或粒子加速器打出的荷電高能核粒，日常生活面對的放射性衰變阿伐粒子與貝他射線及電子，才是度量荷電核粒的主流。

6. 能譜儀是當前度量荷電核粒的利器，均以半導體偵檢器聯接核儀電路行精準度量。

　　荷電核粒除了極高能量者外，一般都走不遠，在偵檢材料內的射程都非常短；若能將荷電核粒完全擋下，當可度量其全能量，進而獲知游離輻射的種類與來源。初階輻射度量只要準確量測出荷電核粒的強度，即可換算出相應的劑量；高階輻射度量除了量測荷電核粒的強度，還要偵測它的能量與種類。

　　輻射度量學中較難偵測的游離輻射，極短射程的荷電核粒算是挑

戰性最高。極短射程的特色是它從試樣中自我吸收出不來，即便掙脫出來了却到不了偵檢器，就算抵達偵檢器却又進不去，唯一旦進入偵檢器，荷電核粒所攜帶的能量就會在偵檢材質內作用殆盡。為了克服這些困難，試樣要製作得非常薄，試樣與偵檢器需置入真空腔內，或者乾脆將試樣置入偵檢材質內。

荷電核粒的種類繁多，要辨識誰是誰，各有多少，是複雜輻射場（如高空飛行座艙內）偵測與度量的另一挑戰。若能偵獲荷電核粒在偵檢材質內的阻擋本領$\Delta E/\Delta x$與射程（即入射核粒的全能量），辨識問題即可迎刃而解。由於近光速的荷電高能核粒，射程都非常遠，甚至長達數公里，將它完全擋下度量非常不切實際。針對這種挑戰，可用特殊的方法如謝倫可夫偵檢器偵測全能量及有機閃爍偵檢器度量阻擋本領雙管齊下。

荷電核粒的度量，與偵測儀器同等重要的是試樣。有的試樣具限制性（如加速器打出的高能質子），必需將度量儀器移至試樣處偵測。有的試樣限制性少（如收集含阿伐射源的空浮氣體），現場取樣後可將試樣攜回實驗室偵測。唯取樣時需注意取樣的種類、地點、頻度與前處理。在「數位化、線上化、即時化」的資訊時代，度量荷電核粒也邁入全自動能譜儀行精準度量的境界。當前第一線偵測荷電核粒的儀器，均為半導體偵檢器，也是高階輻射度量必備的儀器系統。

4-1　量測荷電核粒偵檢器

量測各類荷電核粒的輻射計數器與偵檢器，詳列於附錄貳的附表2.1 至 2.4。需要用到核儀電路的偵檢器，包括：(1)附表 2.1 內 24 種固態偵檢器中的六種，分別是含氫的塑膠閃爍計數器，Ge，SiO_2 與 Si

(Li)半導體偵檢器，合成樹脂與玻璃透明體偵檢器；(2)附表2.2內9種液態偵檢器中的6種，分別是茵晶體、苯晶體、液態燐閃爍計數器、水、液狀甘油與液氬透明液態偵檢器；(3)附表2.3內21種氣態計數器內的15種。不需要核儀電路的離線操作固態材質，包括感光底片（需於照射後沖印），熱發光劑量計（需於曝露後用儀器計讀）及蝕刻片（需於曝露後蝕刻計讀）。此外，生物體亦可在遭荷電核粒照射後，依體檢當作輻射度量工具。因此，量測各類荷電核粒的偵檢器，依次為15種氣態計數器、9種固態偵檢器及7種液態偵檢器。

依照前章式[2-15]至[2-18]，可解算出各類荷電核粒在氣態（如空氣）、液態（如水）及固態（如矽片）偵檢材料內的射程，如表4.1所列。除了動能接近靜止質量者如100MeV的輕介子及1.2TeV的Pb-208鉛核外，表內的荷電核粒在氣態偵檢材料內的射程約在毫米以上，在液態與固態偵檢材料內的射程則在微米範圍。因此，量測荷電核粒全能量能譜，需用到液態或固態偵檢器；若僅量測荷電核粒的吸收劑量（單位質量內擋下的游離輻射能量），就不需度量荷電核粒的全能量，氣態偵檢器因此就成為理想的選項。以下就量測荷電核粒偵檢器種類的多寡分別簡述其度量機制。

一、度量荷電核粒的氣態計數器

充氣式計數器（gas-filled counter）的工作原理非常簡單：游離輻射只要能進入充氣腔，就會和填充的氣體（及腔壁）材質產生游離或激發作用；遭游離的電子被核儀電路收集後，量測輸出的電流訊號或電壓脈衝訊號，即可偵獲游離輻射的強度。如附表2.3所示，充氣式計數器不但可偵測荷電核粒，也可用來度量光子與中子的輻射強度。

回顧前章圖3.2(B)，這個簡化的充氣式計數器核儀電路，若將供電的電壓想像成可調式，則調整工作電壓V的大小，等同於調整間

表 4.1　荷電高能核粒在偵檢材料內的射程

類別（符號）	動能	來源	空氣	水	矽片
電子（e^-）	1.7MeV	P-32 核衰變	6.1m	7.9mm	3.4mm
輕介子（μ^+）	100MeV	一次宇宙射線	0.4km	57cm	30cm
強介子（π^-）	40MeV	二次宇宙射線	56m	8.0cm	4.3cm
氫核（p）	14.7MeV	式[1-18]	1.9m	2.7mm	1.5mm
氦-3（^{3}He）	4.4MeV	式[1-18]	3.0cm	43μm	23μm
阿伐粒子（α）	5.5MeV	式[1-3]	3.6cm	52μm	28μm
重離子（^{14}C）	30MeV	式[1-4]	2.8cm	41μm	22μm
分裂碎片（^{85}Kr）	105MeV	式[1-17]	2.0mm	2.9μm	1.5μm
鉛核（^{208}Pb）	1.2TeV	重離子加速器	3.7km	5.4m	2.9m

資料來源：作者製表（2006-01-01）。

距為 d 的正負電板間的電場ε（伏／米），即兩板間的電場強度正比於工作電壓（註 4-02）：

$$\varepsilon = V/d \cdots\cdots [4\text{-}1]$$

設想把工作電壓關掉，則依式[4-1]ε＝V＝0，兩板間沒有電場，即便荷電核粒入射充氣腔，也作了游離的動作，被游離的正離子與電子，因為沒有電場的引導，只能原地打轉終至重合（recombination）。再設想對充氣式計數器提供微量電壓，少部分遭游離的電子在充氣腔內被電場加速向正板漂移，抵達正板的最大動能為：

$$KE_{e^-} = e\varepsilon r , KE_{e^-\,(max)} = e\varepsilon d = eV \cdots\cdots [4\text{-}2]$$

需注意電子在電場中的速度v_e，與相同電荷、相同動能的正離子速度$v(A^+)$相較，快了很多：

$v_e/v(A^+) = [KE_{e^-}/2m_{e^-}]^{1/2}/[KE_+/2m^+]^{1/2} = [m^+/m_{e^-}]^{1/2}$ ················· [4-3]

以充填的氬氣為例，缺一個電子的氬原子 $m^+ = 39.948$ 原子質量單位（atomic mass unit, amu），電子的質量只有 $m_{e^-} = 0.000549amu$，故 $v_e/v(A^+) = 270$，意即被游離的電子在充氣腔內漂移的速度，是氬氣正離子速度的 270 倍。一般充氣式偵檢器，收集遭游離的電子即完成輻射度量，多半不再等待收集速度遲緩的正離子。

大部分的離子對，在微量電場內依然「有空」重合成中性氣態原（分）子，未被計測。若再增加工作電壓，則電子的漂移依式[4-2]漸次加速，重合機率變少。當工作電壓提升到 V_I 時，電子的速度快到「沒空」在充氣腔內與正離子糾纏重合，悉數被正板收集，如圖 4.2 所示。持續增加工作電壓，只會增加被游離電子的速度，充氣腔正板上所收集到的電子數目等同於腔內被游離電子的數目，不會任意增減。此一工作電壓區，增減電壓不會影響充氣偵檢器輸出訊號的強弱，稱為飽和區（saturation region）。

工作電壓再增至 V_{II} 時，遭游離的電子動能超過 800eV，則衍生出二次游離電子（即δ射線），此時平行板收集到的電荷數目超過原始游離電子的數目。再增加工作電壓，游離電子的動能更快，在充氣腔內衍生δ射線就愈多，平板收集的電荷也更多。這種增加工作電壓，收集電荷量也等比增加的電壓區，稱為比例區（proportional region）。

若再增加工作電壓，則收集的電荷量開始上衝，呈非線性比例，這種「非直線」比例的工作電壓區，稱為「有限比例區」（limited proportional region）。當工作電壓進一步增強至圖 4.2 的 V_{III} 時，與電子數目概同的正離子充斥在充氣腔內，「吃」掉游離電子以中和，也自我抑制二次電子的產量；正電板收集到的電荷就此打住，不再增加，此工作電壓的區域稱為蓋革區（Geiger-Mueller region）。當工作電壓再增壓至 V_{IV} 以上時，不用射入游離輻射，充氣腔的氣體原（分）

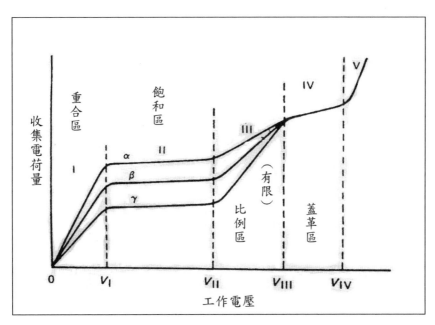

圖4.2 充氣式平板計數器工作電壓與收集游離輻射衍生電子的關係圖（作者自繪）。

子會自行游離放電，被游離的電子遭強電場加速，產生二次電子；二次電子也遭強電場加速再衍生三次電子，如此生生不息，自行永不間斷地連續放電，稱為唐送突崩（Townsend avalanche），如圖4.2右上曲線所示。

　　圖4.2內也顯示不同類型游離輻射在平板式充氣計數器內產生電荷量的比較。以相同能量的阿伐射線、貝他射線及加馬射線分別入射為例，運用前章式[2-11]、[2-12]及[2-30]試算，在平板式充氣計數器飽和區工作電壓下，三種游離輻射衍生的電荷收集量約1,000：100：1，如圖4.2所示。三種游離輻射在充氣腔內有如此明顯的差異，乃因不同的游離輻射，充氣腔內的氣體對它們的阻擋本領迥異。但先別高興，這並不意味飽和區工作電壓的充氣式計數器可明辨α、β、γ射

線（後述）。此一現象在飽和區與比例區的工作電壓區內都非常明顯，直到蓋革區因連續放電及突崩而無法辨明輻射的種類。

充氣式計數器可用多種不同的氣體，如附表 2.3 所列。這些氣體被游離成正離子與電子所需作的功，大同小異（註 4-3）；以空氣為例，在一個大氣壓下空氣的游離能為 w = 33.8eV。不過，充氣腔為避免輕易形成負離子，多用電子親和力極差的惰性氣體如氬氣、氙氣、氦氣與氖氣，或鈍氣與其他氣態物質的混合體。

平板式充氣計數器的充氣腔電場ε的大小，依式[4-1]可調整工作電壓 V 及板間隔 d 而定；工作電壓 V 如圖 4.2 有個上限，不能超越蓋革區，要想增加電場只能縮小間距 d，但充氣腔變小，游離電荷量隨之變小。所幸平板式充氣腔不是唯一的幾何佈局。圖 4.3 列出充氣式計數器的另兩種幾何形狀：圓筒狀及球狀（註 4-04）。圖 4.3 列出圓筒狀計數器（cylindrical counter）及球狀計數器（spherical counter）的幾何切面，半徑為 b 的充氣腔內，工作電壓 V_o 加在當中半徑為 a 的導絲上，則距中心 r 處圓筒充氣腔內的電場$\varepsilon_c(r)$及球狀充氣腔內的電場$\varepsilon_s(r)$分別為：

$$\varepsilon_c(r) = V_o/[r\ln(b/a)],$$
$$\varepsilon_s(r) = abV_o/[r^2(b-a)] \quad \cdots\cdots\cdots\cdots\cdots\cdots\cdots\cdots\cdots\cdots\cdots\cdots\cdots [4\text{-}4]$$

若導絲越細（即 a 越小），在接近充氣腔中心處的電場就愈大。目前的工藝水準，運用鎢或鉑製成的導絲可細到 a = 25μm。將平板狀、圓筒狀及球狀充氣腔相較，若 d = b = 1cm，且 r = a，則依式[4-1]與[4-4]解算出在相同工作電壓下，電場的強度分別為$\varepsilon : \varepsilon_c : \varepsilon_s = 1 : 67 : 400$！電場愈強，依式[4-2]電子被加速的動能就愈大，產生δ射線的數量也愈多，亦即圖 4.2 內縱軸充氣腔內收集到的電荷量也愈多。因此，在比例區與蓋革區內操作，充氣腔多採用筒狀或球狀，不用平板式。

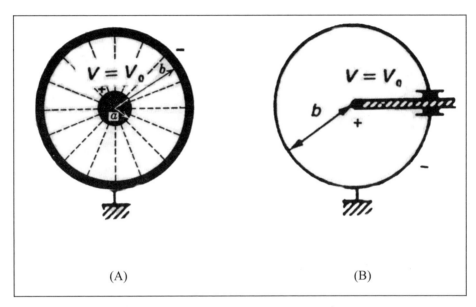

圖 4.3　不同形狀的充氣式計數器：(A)圓筒狀與(B)球狀（作者自繪）。

　　一個充氣式計數器的計測敏度（counting sensitivity）取決於三項因素：幾何條件、填充的氣體與填充的氣壓。幾何條件由式[4-1]與（4-4）決定，選取不同的充氣腔長度與間距d，b，a值，就決定了氣腔內的充氣體積 V 及電場ε；選取不同的氣體及腔壁塗料，對游離輻射的作用與反應會截然不同；填充的氣壓大小，不但決定了氣體用量的多寡，也左右了連續放電突崩的現象。以下就四種常用來偵測荷電核粒的充氣式計數器簡述如下：

(一)游離腔計數器

　　游離腔通常視工作電壓（300 至 1,000 伏）而製成密封筒狀或平板式，填充的氣體多為氬、氦、氫、氧、氮或空氣。游離腔計數器（ionization counter）的工作電壓與電場的操作區為圖 4.2 的飽和區內，大多度量游離電子的輸出電流，電流範圍自 pA 至 mA 不等，對阿伐

及貝他射線不是很靈敏，普遍作為劑量儀使用，間或做為貝他射線吸收劑量的原級標準射源度量儀具。不過，游離腔計數器雖然能以填充氣體依其阻擋本領擋下部分游離輻射的能量，再依前章式[2-39]將計數直接換算成吸收劑量，唯其靈敏度差，要度量低劑量，依式[2-39]只能增加填充氣體的質量。要在固定的充氣腔體積 V 內增加氣體的質量 m，只有加壓（增加充氣腔的氣壓 p）一途：

$$pV = nRT，m = m_apV/RT \quad\text{……………………………………} [4\text{-}5]$$

m_a ＝ 充氣氣體的原子量（g/mol），
R ＝ 理想氣體常數＝8.3143J/mol-K，
T ＝ 充氣腔絕對溫度（K）

　　常用的劑量儀，將充氣腔的氣壓加壓到數十個標準大氣壓，稱為高壓游離腔（high pressure ion chamber, HPIC），就是要提升其度量輻射劑量的敏度。式[4-5]也說明了改變溫度，也會影響到偵測輻射的敏度。

　　游離腔計數器在輻射防護工作領域內是非常好用的劑量儀，然而，它也有三項缺點：重離子難以射入充氣腔被偵獲、難以分辨複雜輻射場內各類游離輻射及不能度量輻射的全能譜。密閉式的充氣腔，荷電核粒要射入進而在充氣腔內被偵獲，需能穿越計數器的「窗口」（counter window）。窗口的材質要薄到能讓重離子穿透，但又不能脆弱到「吹彈即破」漏氣。目前所使用的窗口材質，除了金屬、石英、雲母外，就數薄膜片最薄，其厚密度（thickness density）ρd ＝0.0001g/cm^2。即便如此，依前章式[2-16]至[2-18]解算，能量不足的重離子（如 0.5MeV 以下的阿伐粒子、3MeV 以下的 C-14，50MeV 以下的 Kr-85 或 0.2GeV 以下的 Pb-208），還是進不去充氣腔被偵獲。

　　游離腔計數器在非常單純的輻射場內，可依圖 4.2 在飽和區工作

電壓下明辨輻射的種類。唯在複雜的輻射場內，計數器只計讀輸出電流訊號，無從分辨是阿伐或是貝他射線的游離作用。例如輻射場內同時存在阿伐射線與貝他射線，且後者的能量是前者的 10 倍，則它們入射游離腔內生成游離電子的輸出電流訊號是一模一樣的，故而游離腔在複雜的輻射場內根本無從辨識輻射的種類。更麻煩的是，複雜的輻射場內必有光子，而游離腔計數器對光子亦生游離作用，就更加難以辨識輸出電流訊號的游離電子到底源自何種輻射。

游離腔計數器最大的缺點，是無法度量入射荷電核粒的全能譜。把充氣腔製作成無限大去收納表 4.1 所有荷電核粒的射程（數公里），非常不切實際；更何況計數器的窗口，就先把入射的荷電核粒動能砍掉一部分。故而，游離腔計數器不能用在高階輻射度量，唯其在初階輻射度量領域，特別是當成劑量儀來偵測高劑量，的確非常方便。

(二)比例計數器

比例計數器（proportional counter）多採用圖 4.3 的筒狀或球狀充氣腔，工作電壓的範圍落在圖 4.2 的比例區內。要達致額定的電場強度ε能使充氣腔內原始游離電子開始衍生δ射線，依式[4-4]可以調整的是充氣腔的大小（a 與 b）與工作電壓 V，充氣氣體的質量多寡反而不是關鍵。比例計數器的操作電壓一般在 600 至 2,700 伏間，所使用的氣體以惰性氣體為主，惰性氣體與其他氣體混合為輔，也有些單獨使用烷類氣體。填充的氣體均為負壓（低於環場的氣壓）以防止任意產生游離電子。

比例計數器按不同的填充氣體，據以偵測不同類型的游離輻射；如附表 2.3 所示，任何比例計數器均可度量荷電核粒與光子。比例計數器是按照圖 4.2 工作電壓大小與收集游離電荷量多寡成正比的特質操作，所量測的是輸出脈衝訊號。比例計數器的核儀電路上設有 0～10 伏的脈衝鑑別器（pulse discriminator）。假設輻射場內非常複雜，同

時存在能量相若的阿伐、貝他及加馬射線，若它們分別入射比例充氣腔內，工作電壓為 1,500 伏，如圖 4.4，不同的輻射輸出脈衝訊號的脈高分別為 1 伏、0.1 伏與 0.001 伏。若鑑別器的門檻設定在 0.3 伏，比例計數器的度量僅提供阿伐射線的計讀。每秒入射的阿伐射線，經比例放大後，都會形成一個 1 伏的脈衝，經核儀電路上的計數率器，就可計讀出如圖 4.4 的計數率（counting rate），約為 1,000cpm。

　　若將工作電壓從 1,500 調升到 1,800 伏，阿伐射線的脈高輸出會從 1 伏提升到 2.5 伏，唯計讀率依然不變，貝他射線及加馬射線的脈高雖然也等比分別增強為 0.25 及 0.0025 伏，但仍過不了鑑別器的門檻（0.3 伏）。若將工作電壓再增強到 2,100 伏，阿伐射線的脈衝依比例增為 4 伏，貝他射線的脈高等比增為 0.4 伏，過了門檻，計數率變成阿伐計數率與貝他計數率的加總，成為 4,500cpm，如圖 4.4 所示。若再增加工作電壓至 2,500 伏，鑑別器的門檻依然不會放過加馬射線 0.006 伏的脈衝訊號，阿伐與貝他加總計數率還是不變。

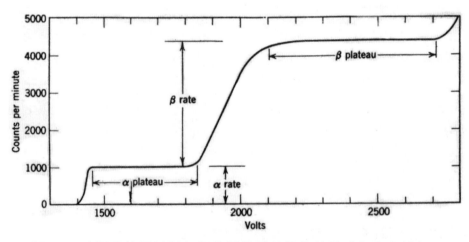

圖 4.4　比例計數器鑑別各類荷電核粒的操作特性（作者自繪）。

　　比例計數器操作工作電壓形成阿伐計數率、阿伐加貝他計數率的平原（counting rate plateau）特質，是比例計數器分辨輻射類型最大的特色，圖 4.4 是同時分辨阿伐、貝他、加馬射線最典型的範例。不過，密閉式的充氣比例腔無法讓低能量的荷電核粒進入，因此，高階輻射度量採開放通氣式的比例腔，將低能量的輻射樣品置入腔內直接度量（註 4-05）。

　　圖 4.5 是簡易的通氣式比例計數器（gas-flow proportional counter）示意圖。低能輻射試樣置入比例腔後，從高壓鋼瓶中將惰性氣體灌入比例腔內開始加工作電壓計讀。用過的氣體經圖中右邊導管釋出，淨化後再回收使用。此一通氣式比例計數器的幾何形狀接近半球，且輻射源置入其內，能量再低的荷電核粒，絕對偵測效率接近 50%。若在樣品上覆蓋一層薄膜，還可擋掉重離子而只偵測其他荷電核粒；再加上雲母濾片，又擋掉阿伐射線只度量貝他粒子，故而通氣式比例計數器廣泛地運用在高階輻射度量中，可同時鑑別荷電核粒的能量與類型，如圖 4.1 上方所示。

　　回顧圖 4.2，在比例區操作的工作電壓 V_o 下，入射輻射衍生電荷量 Q 為：

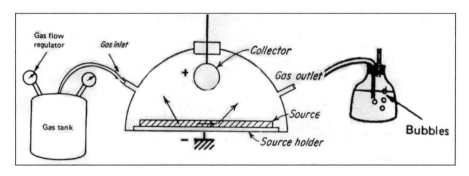

圖 4.5　通氣式比例計數器的佈局（作者自繪）。

$$Q = MNe，N = \Delta E/w$$
$$M = (N + \delta N + \delta^2 N + \delta^3 N + \cdots)/N$$
$$= (1-\delta^n)/(1-\delta) \cdots\cdots\cdots\cdots\cdots\cdots\cdots\cdots\cdots\cdots\cdots\cdots [4\text{-}6]$$

　　式中 ΔE 為荷電核粒在比例腔內遭擋下的能量，w 是填充氣體的游離能，N 是原始游離電子數目，M 是放大倍數，δ 為形成 δ 射線二次游離電子的機率。假設荷電核粒在比例腔內被擋下的能量為 $\Delta E = 2\text{MeV}$，填充氣體的 $w = 24\text{eV}$，放大倍率 $M = 1,000$，則依式[4-6]可解算出 Q $= 1.3 \times 10^{-11}\text{C}$ 及 $\delta = 0.999$。此一計算的前提是連續放電的次數 n 接近無限多次。若核儀電路聯接的電容為 $C = 13\text{pF}$，則依式[3-3]，比例計數器輸出的脈高為 $V = 1$ 伏。

　　比例腔最常用的填充氣體為 P-10（10%的甲烷及90%氬氣），它的游離能較低，只有 $w = 23.6\text{eV}$，可防止連續放電。由於比例腔可將試樣置入腔內，故可偵測荷電核粒極低的劑量率；此外，比例計數器處理脈衝的速度非常快，在微秒內即可完成脈衝訊號的計讀，故而比例腔也可偵測極高的劑量率。由於比例計數器可分辨荷電核粒的能量，在半導體尚未推出的年代，還可做為簡易能譜儀度量阿伐粒子與低能電子的能量。惜半導體偵檢器在 1960 年代問世後，比例計數器的能譜功能已完全萎縮。

(三)蓋革計數器

　　蓋革（亦稱蓋氏）計數器（Geiger Mueller (GM) counter）係於圖 4.2 的蓋革區內的工作電壓操作，它的形狀以筒狀及球狀為主，工作電壓從 500 至 3,000 伏，視幾何形狀而定。蓋革計數器度量的是脈衝訊號，由於任何類型的入射輻射幾乎呈連續放電狀態，故輸出的脈高與輻射種類完全無關。

　　在蓋革腔中，當所有電子被陽極收集之後，由於部分原子自激態回到基態時會放出光子，光子經光電效應又會產生另一電子，故而發

生一個接一個的突崩。因此只要一個地方發生降激現象，當即發生連續突崩，到最後因正離子在陽極絲附近的累積造成電場強度降低才停止。此時正離子往陰極移動，若此正離子有多餘的能量，再和管壁中和後，可使管壁材料再度被游離而放出電子，此電子經氣體增殖後，將造成連續放電突崩，即式[4-6]中的$\delta > 1$，放大倍率M等於無限大，也就是圖 4.2 的最右方。為了防止這種現象，則必須加入淬熄（quenching）氣體行內部淬熄，或控制電路行外部淬熄。

內部淬熄的方法係在蓋革腔內充填 5-10%的淬熄氣體，通常係比惰性氣體構造較為複雜而且游離能較低的氣體，例如低壓氣態乙醇和甲酸乙酯。正離子與淬熄氣體碰撞後，將使正電荷傳遞給淬熄氣體，帶正電的淬熄氣體分子到達陰極後可獲取電子恢復中性，但多餘的能量使分子自行分解而不使陰極表面再放出電子。由於氣體須被分解以完成其作用，故在有效壽命期間，氣體將慢慢被消耗，在十億個計數或 10 戈雷的累積劑量之後就無效了。如果使用氯氣或溴氣為淬熄氣體，則因分解後能再自行結合，計數器的壽命較長。淬熄氣體的功能，與自動滅火器沒兩樣。

外部淬熄一般以外加電路使高壓在每個脈衝之後強制降低到無法再產生進一步的氣體放大的強度，降低的時間約為毫秒級，然其缺點是計數率會偏低，目前已很少使用這種方法。

蓋革腔的工作電壓若再增加，游離電子的放大倍數儘管在淬熄機制的壓抑下，仍然緩步增加，如圖 4.2 右上方曲線所示。放大倍率增加的幅度，約在 M/V = 3/100 伏。

蓋革計數器最大的缺點，是處理每一個脈衝訊號的時間非常長，此一時間與冗長的氣體分子分解淬熄機制耗時（長達百微秒）有關。蓋革計數器的核儀電路在處理脈衝時，不能再處理另一入射輻射的訊號，無感時間約在 50 至 100μs 間。此外，淬熄完成後需要另一段時程逐漸恢復既有的工作電壓，第二個脈高訊號才能跨越鑑別器的脈高

門檻完成輸出。若核儀電路在設計上降低脈高門檻（如設定在 0.1 伏），則前後兩個脈衝的間隔時段稱為解析時段（resolving time）；若核儀電路設定高門檻只接收全脈高（如 10 伏）訊號，則前後兩個脈衝的間隔時段稱為恢復時段（recovery time）。很顯然，恢復時段（毫秒以上）遠較解析時段為長，解析時段（百微秒以上）又較無感時間為長。

就是因為蓋革計數器的恢復時段可以拖拖拉拉長到毫秒以上，它的實用計數率從未超過1,000cpm；換言之，僅能在低劑量率的輻射場中操作。若在高輻射場長時間使用不關機，淬熄氣體分子被耗盡就失效了。蓋革計數器不能分辨荷電核粒的類型，更不能分辨計測的是否是荷電核粒還是光子，唯在輻射場中，是一個非常靈敏可辨識微量輻射、操作簡單且實用方便的劑量儀。

㈣閃爍氣體計數器

與前述充氣腔計數器截然不同的是，閃爍氣體計數器與入射輻射的作用，不是游離射出電子，而是激發氣體原子射出紫外光（註4-06）。充氣腔內填充的閃爍氣體有氙、氖、氫、氦等惰性氣體再與氮氣混合，將光譜移入可見光波段，稱為螢光釋放（fluorescence），其螢光衰減常數（decay constant）短到微秒以下。入射的阿伐粒子在閃爍氣體內作用，透過激發、降激產生數千個可見光四向釋出，再經由計數器聯接的光電倍增管或光二極體（photodiode）將可見光經光電效應，轉換成電荷放大增殖收集以輸出脈衝訊號。唯閃爍氣體的閃爍光生成率非常差，至少得耗掉 1,300eV的游離輻射能方產生一個可見光，較充氣式計數器的氣體游離能 w 高出 60 倍以上。唯此一不靈光的閃爍光生成率，也變成它的優點：閃爍氣體計數器用來偵測高阻擋本領的重離子，可分辨出各種重離子不同的$\Delta E/\Delta x$，在高階輻射度量中非常實用。

二、度量荷電核粒的固態偵檢器

　　如附表 2.1 所列，度量荷電核粒的固態偵檢器，有半導體偵檢器、閃爍體計數器及透明體偵檢器三種。固態偵檢器與前述充氣式計數器不同之處，在於：(1)固態偵檢器的偵測效率遠遠大於充氣式計數器，理由是固態偵檢器的密度（如矽的密度為 2.33g/cc）遠超過充氣式計數器（常壓下自由空氣的密度僅有 0.001293g/cc）。(2)固態偵檢器若夠厚，足可擋下大部分荷電核粒（如毫米級的矽晶片），可度量全能譜，而充氣式計數器無此功能。(3)固態偵檢器的輸出脈高訊號，與入射荷電核粒注入的能量呈線性關係，故而固態偵檢器可作為能譜儀，充氣式計數器無可比擬與之競爭。(4)固態偵檢器可在抽真空的樣品室內度量極短射程的重離子，充氣式計數器顧名思義，要有氣體才能與荷電核粒作用，不能抽真空。(5)固態偵檢器的輸出訊號處理時段較充氣式計數器短很多，故可度量較高計數率。(6)固態偵檢器內遭游離、激發的電子、電洞，不受磁場干擾，充氣腔內的游離電子受磁場偏轉後無法收集，不能度量。茲就量測荷電核粒的固態偵檢器，依用戶佔有率高低依次簡述如下：

㈠半導體矽、鍺片偵檢器

　　任何物質在原（分）子結構外軌道電子佔滿價帶（valence band）上的能階，若外加能量可將軌道電子提升至導帶（conduction band）的能階，電子即可在導帶上的能階漂移形成電流。物質依其導電性概分為三類：導體（conductor）、半導體（semiconductor）與絕緣體（insulator）。導體的價帶與導帶不分，不用注入游離輻射也不用外加電場，熱擾動就有電流，根本不能用來當作輻射偵檢器。絕緣體的導帶最低能階與價帶的最高能階間的位能差 E_g 非常大（約 10eV），加溫

或注入能量均無法迫使電子自價帶躍遷至導帶，除非外加超強電場使絕緣崩潰迫其導電。因此，絕緣體也不能用來當作輻射偵檢器。能夠偵測游離輻射者，只有半導體（註 4-07）。

　　半導體的導帶與價帶的位能差僅約 $E_g = 1eV$，外加游離輻射能注入，會使價帶各能階的共價電子被「游離」至導帶上的各能階；低階價帶的電子被游離至高階導帶的游離能，大於高階價帶的電子被游離至低階導帶的游離能。這種價帶內任一能階被游離躍遷至導帶內任一能階，雖然游離能均大於 E_g，但沒有固定值，如圖 4.6(A)所示，也沒有輸出脈高與入射輻射能的線性關係。因此，純純無雜質的半導體也不能作為能譜儀。

　　半導體若植入微量「雜質」（impurities），就能根本改變價（導）帶多能階的特質。半導體的主成份均為四價元素如矽與鍺，若將微量可帶正價的雜質元素（如 Li 或 As）植入，多餘的電子就在導帶下緣外約 0.01eV 處生成一能階，如圖 4.6(B)所示，致使下方價帶躍遷的游離電子可定點登上特定的導帶能階。此一能階稱為施體能階（donor state），此種半導體，則稱為 n-型半導體（n 取自多餘電子負電性的 negative）。同理，將微量可帶負電的雜質元素（如 Ga^- 或 Se^-）植入，多餘的電洞（可視為帶正電）就在價帶上緣外約 0.01eV 處生成一能階，如圖 4.6(C)所示。，致使價帶內被游離的電子可在定點向上躍遷。此一能階稱為受體能階（acceptor state），此種半導體則稱為 p-型半導體（p 取自 positive）。

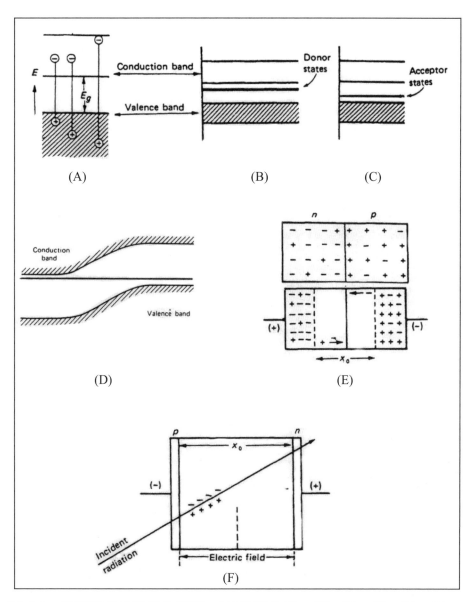

圖 4.6 半導體偵檢器操作原理：(A)游離作用，(B)n-型，(C)p-型，(D)p-n
型，(E)逆向偏壓加壓，(F)度量輻射（作者自繪）。

　　將 n-型與 p-型半導體在高溫下接合，接合後形成一個連續的施-受體能階，如圖 4.6(D)所示，保證了電子在價帶被游離至導帶游離能 w 的單元性。在 n-p 接合處的電子會向 n-型遷移，電洞則向 p-型遷移，在接合處形成一個寬度為 X_o 的中性空泛區（depleted region），如圖 4.6(E)所示。若於 n-型半導體外接逆向偏壓（reverse bias voltage），空泛區的範圍 X_o 將更形擴充，如圖 4.6(F)所示。橫跨半導體偵檢器空泛區的電場 ε 則為：

$$\varepsilon = dV/dx = V_o/X_o \quad\text{……………………………………} [4\text{-}7]$$

　　此一電場強度，對矽晶片言，約為 2,000 伏／米。表 4.2 列舉了可以度量荷電核粒的半導體材質，同時也併列了可以度量電磁輻射的半導體材質（下章另述）。從表中可看出，量測荷電核粒的矽半導體，電子與電洞的移動率 μ_e 與 μ_p，可用下式解算：

$$\mu_e = v_e/\varepsilon，\ \mu_p = v_p/\varepsilon \quad\text{………………………………} [4\text{-}8]$$

　　式中 $v_e(v_p)$ 為電子（洞）在半導體內的速度。依式[4-8]可解算矽晶片內電子、電洞的速度為 $v_e = 270m/s$，$v_p = 96m/s$；若矽晶片只有毫米的厚度，電子在其內移至陽極僅需 3.6μs 即可輸出脈衝訊號。

　　量測荷電核粒的半導體材質只有矽與鍺，如表 4.2 所示。矽可以製作成常溫（300K）及低溫（77K）操作的半導體偵檢器：

1. 常溫矽片偵檢器

　　亦稱為被動式離子佈植平面矽片 PIPS 偵檢器。係使用 p-型高純度矽晶（雜質僅有 10^{-13}% 重量比），在其一面上以磷離子佈植入形成 n-型 SiO_2 半導體。

表 4.2 輻射度量半導體偵檢器特性

半導體（工作溫度）	Si (300K)	Ge (77K)	HgI_2 (300K)	CdTe (300K)
原子序（Z）	14	32	64.92	50.13
原子量（g/mol）	28.1	72.59	454.4	240.0
密度（g/cc）	2.33	5.32	6.30	6.06
導價帶位能差（eV）	1.11	0.67	2.13	1.47
游離能（eV）	3.65	2.96	4.22	4.43
電子移動率（cm^2/V·s）	1350	45,000	—	650
電洞移動率（cm^2/V·s）	480	55,000	—	4.5
低能加馬解析度	2.63%	0.73%	2.10%	2.90%
高能阿伐解析度	0.20%	—	—	—

註：低能加馬解析度，Si 半導體使用 5.9keV 標準射源，其餘使用 122keV 射源；高能阿伐解析度 Si 半導體偵檢器使用 5.486MeV 標準射源。

資料來源：作者製表（2006-01-01）。

2. 常溫面障矽片偵檢器

在 n-型高純度矽晶表面拋光後，接觸氧化劑使之氧化成電洞密集的表面障壁（surface barrier, SB）p-型半導體，此一偵檢器亦稱為二氧化矽片面障偵檢器（SiO_2 SB detector）。

3. 低溫矽（鋰）偵檢器

要將半導體偵檢器作大，即增大式[4-7]的 X_o，就得在高純度的矽晶體內於高溫狀態下將鋰元素植入晶體，先形成 p-n 接合區，再以高溫迫使鋰漂移擴大空泛區的厚度，形成矽（鋰）或 Si（Li）半導體偵檢器。

4. 低溫鍺片偵檢器

亦可作為低能光子能譜儀 LEPS，用以量測較高動能荷電核粒的

全能譜。

　　運用這些矽晶或鍺片半導體偵檢器去度量荷電核粒，它的空泛區 X_o 必須厚到足以涵蓋荷電核粒直射入內的射程，方能度量其全能譜。目前經商源可籌獲之矽半導體偵檢器，空泛區 $X_o(SiO_2)$ 的尺寸，從 0.1 至 0.7 毫米不等，要製作得更厚，就得運用矽（鋰）半導體，其空泛區 $X_o(Si(Li))$ 的尺寸，從 1 至 6 毫米不等，高密度鍺片偵檢器，厚度甚至可達 10 毫米。各種尺寸的矽晶或鍺片半導體，其半徑從 2.8 至 40 毫米不等，視厚度而定。小尺寸的 SiO_2 偵檢器，量測阿伐粒子的解析度非常好，達 0.20%，大尺寸的 Si(Li)，解析度就差到 1.82%。

　　表 4.3 列出依前章式[2-15]至[2-18]計算出不同尺寸、不同型式的半導體所能偵測荷電核粒的最大動能，在選擇半導體能譜前，必須先確認待測荷電核粒在矽晶或鍺片內射程不會超過其空泛區的厚度。例如量測 100MeV 的 ^{14}C 全能譜，依表 4.3 不可使用 0.1mm 厚的 SiO_2 偵檢器；量測 130MeV 以下的阿伐能譜，任何矽偵檢器均可使用；量測

表 4.3　半導體偵檢器可偵測荷電核粒的最大動能

半導體形式	SiO_2		Si(Li)		Ge-LEPS
空泛區厚度 X_o	0.1mm	0.7mm	1.0mm	6.0mm	10mm
電子最大動能（MeV）	0.14	0.50	0.65	2.84	12.0
輕介子最大動能（MeV）	1.26	3.77	4.59	12.3	19.4
強介子最大動能（MeV）	1.42	4.24	5.20	13.9	22.0
質子最大動能（MeV）	3.05	9.65	11.9	32.4	52.4
He-3 最大動能（MeV）	10.8	34.2	42.4	116	184
阿伐最大動能（MeV）	12.2	38.6	47.6	130	210
C-14 最大動能（MeV）	75.9	232	286	775	1,227
Kr-85 最大動能（GeV）	1.29	3.84	4.67	12.4	19.5
Pb-208 最大動能（GeV）	4.83	14.2	17.2	45.6	71.5

資料來源：作者製表（2006-01-01）。

3MeV 以上的貝他射線全能譜，不能用矽偵檢器而得用密度更高的 LEPS 鍺能譜儀。

做為能譜儀，荷電核粒射源與半導體偵檢器間需抽真空；表 4.1 提列的分裂碎片，在空氣中的射程只有 2 毫米，若待測試樣與能譜儀 間不抽真空，分裂碎片如 Kr-85 勢將永遠無法抵達半導體偵檢器被偵 獲。故而矽、鍺偵檢器多與抽真空設備及射源連結成一體。

大尺寸高效率的 Si(Li)偵檢器必須常年儲存於低溫態，否則一旦 脫離低溫環境，矽（鋰）半導體內的鋰雜質即獲得熱擾動的能量漂離 既有的特定晶格位置，也澈底破壞 Si(Li)p-n 型半導體的特質。鍺偵檢 器操作時需在低溫，儲放時可在常溫，故無此困擾。此一低溫操作環 境，可用液態氮 LN_2 經過冷卻棒聯接半導體而降溫，LN_2 的溫度為 $-196°C(77K)$，需用液氮桶盛裝。唯 Si(Li)偵檢器不論是否使用，隨時 都得注滿液態桶，忘了一次或不及補充，昂貴的 Si(Li)半導體就輕易 遭毀壞。故而高階輻射度量實驗室，均備有可貯存多日用量的液氮槽 （LN_2 storage tank）、抽灌液氮器（LN_2 fill/withdraw device）及液氮自 動警告器（LN_2 monitor），也因此 Si(Li)唸成 silly，暱稱「蠢蛋」。

(二)閃爍體計數器

全球最早的正規輻射度量是公元 1910 年拉賽福（E. Rutherford, 1871-1937）以硫化鋅與阿伐粒子作用產生可偵測的閃光而確認游離 輻射。目前度量荷電核粒的閃爍體除了前述的閃爍氣體計數器外，還 有固態計數器；固態閃爍體再分兩類，無機閃爍體與有機閃爍體，這 兩類均可量測光子（下章後述），不過，有機閃爍體還可以度量荷電 核粒及中子。

將有機閃爍材質溶解在有機溶劑中再加以聚合，即可形成固態有 機閃爍體；從另一個角度來審視，也可將固態有機閃爍體看成是固化 後的液狀有機閃爍體。有機閃爍體多為碳氫有機化合物，間或混以氧

與氮原子，密度較水微重。固態有機閃爍體受荷電核粒照射時，A_0 基態的電子吸收能量 E_A 受激躍遷至 A_1 激態，如圖 4.7 所示；唯受激電子在激態並非處於最低位能，故電子會退激至最低 B_1 激態，再行四向釋出可見光（閃爍光能量為 E_B）降激至 B_0 基態。需注意圖 4.7 內 E_A 大於 E_B，能差 E_A-E_B 則以熱轉換的方式，在 A_1 態退激至 B_1 與 B_0 態退激至 A_0 時釋出。

　　由入射激發能 E_A 到閃爍轉換能 E_B 間的差異，即可了解入射荷電核粒的能量並非完全可轉用於釋出閃光；事實上，閃爍光的耗能僅佔入射游離輻射的 24%，如附表 2.1 所示。固態有機閃爍體作為荷電核粒的計數器訊號收集時間僅 2 奈秒，故可用來量測高通率的核粒，固態有機閃爍體可以車工到 20 微米薄，當可用來擋下荷電核粒一部分能量，依阻擋本領 $\Delta E/\Delta x$ 以辨別荷電核粒的種類。唯固態有機閃爍體不具能譜儀特性，不適合精準度量荷電核粒的全能量。

(三)透明體偵檢器

　　當荷電核粒在折射率為 n 的透明材質內速度超過光子在其內的速度 c/n 時，就會釋出幽藍色的閃光，這種閃光稱為謝倫可夫閃光（Cerenkov radiation）。運用此一機制製成荷電核粒偵檢器，就稱為謝倫可夫偵檢器（Cerenkov detector）；近光速的高能荷電核粒，即其速度為前章式[2-2]內 $\beta > 0.5$ 時，你不需將其完全擋下，用謝倫可夫偵檢器即可偵獲近光速高能荷粒的動能。

　　近光速的荷電核粒在折射率 n(n > 1) 內的透明體速度 $v = \beta c$，若超過光子在此透明材質內的速度 c/n，就釋出謝倫可夫閃光：

$$v = \beta c > c/n，\beta n > 1 \cdots\cdots\cdots\cdots\cdots\cdots\cdots\cdots\cdots\cdots\cdots\cdots [4-9]$$

　　此式也說明了衍生謝倫可夫閃光的門檻值，就是 $\beta n = 1$，例如材質的折射率若為 n=2，則入射荷電核粒的速度至少得有 $v = \beta c = c/n$

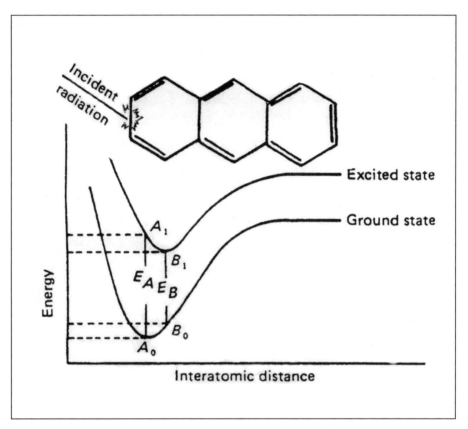

圖 4.7 固態有機閃爍體受荷電核粒撞擊受激產生閃爍光（作者自繪）。

＝0.5c。將此一門檻值代入前章式[2-2]內，可得荷電核粒在透明體內產生謝倫可夫閃光的最低動能：

$$KE_{min} = m_0 c^2 [n/(n^2 - 1)^{1/2} - 1]$$ .... [4-10]

以硬玻璃透明體（n＝1.72）為例，荷電核粒在其內釋出謝倫可夫閃光的最低動能，對電子言是 0.12MeV，對強介子是 320MeV，對阿伐粒子是 0.86GeV，對 Pb-208 重離子是 45GeV。

固態透明體製作的謝倫可夫偵檢器材質有兩種：合成樹脂（n

＝1.49）及硬玻璃（n＝1.72），如附表 2.1 所列。在透明體後需接裝光電倍增管，將謝倫可夫閃光經光電效應轉換成電子，再經 PMT 增殖以脈衝訊號輸出。入射荷電核粒只要動能超過門檻值，動能愈高，速度愈接近光速，釋出的閃光光子數目就愈多，PMT 輸出的脈高也愈大。以高能電子在硬玻璃體內作用為例，1MeV 的電子可釋出 100 個謝倫可夫閃光，2MeV 的電子釋出更多達 250 個閃光。

　　謝倫可夫偵檢器的特色列舉如下：(1)偵檢器不需厚到足以擋下高能荷電核粒，可以製作得非常薄；(2)針對特定的高能荷電核粒（如 100GeV 的 Pb-208），樣品與偵檢器若置入抽真空腔內實施度量，可依閃光強度偵獲其動能；(3)在複雜輻射場內偵檢器不受低能荷電核粒或電磁輻射與中子的干擾，唯需提防康普頓效應與成對發生機制衍生的二次高能電（正）子；(4)閃光釋出的時段非常短，在皮秒等級，配合高速光電倍增管，謝倫可夫偵檢器可作為時譜儀；(5)閃光釋出具向量性，沿入射荷電核粒徑向往前發射，射錐角θ的三角函數關係為 $\cos\theta$ ＝1/βn，在硬玻璃內 0.511MeV 電子釋出閃光的錐角θ＝48°，這與閃爍體四向釋出閃爍光不盡相同；(6)閃光波段約為 300 至 600 奈米的可見光波段，唯閃光數目多集中在短波區，亦即釋出的閃光呈藍色；(7)謝倫可夫偵檢器的光產率僅有 0.04%，閃光輸出與有機閃爍體材質相較，至少差了兩個數量級。

三、度量荷電核粒的液態偵檢器

　　偵測荷電核粒的液態偵檢器，依附表 2.2 列出的有兩類：有機閃爍液與透明液，荷電核粒與它們的作用機制在上一段均已述及。

㈠閃爍液計數器

　　可以用來偵測荷電核粒的閃爍液，係由有機閃爍體溶解在有機溶

劑內製成;有機閃爍液包括茵晶體(anthracene, $C_{14}H_{10}$)、苯晶體(trans-stilbene, $C_{14}H_{12}$)與液態燐,溶劑可選用甲苯、二甲苯、三甲基苯或其他環苯族。由於閃爍液本身扮演計數器的角色,它可以依容器製成大小不一的形狀,用以偵測高能宇宙射線甚至可將低活度、低能量的貝他輻射試樣(如^{3}H及^{14}C)溶入閃爍液內,以提高偵測效率。閃爍液計數器需與光電倍增管接合,方能將閃爍光傳遞至 PMT 內依光電效應產生電子並增殖,輸出脈衝訊號。

(二)透明液偵檢器

透明液偵檢器即液狀謝倫可夫偵檢器,使用的液體,依附表 2.2 所列有水、液氮及甘油。與透明體相較,透明液的折射率較差,能夠偵測到的荷電核粒門檻值依式[4-10]推算也高。透明液的閃光輸出產率也較透明體為差,不過,透明液偵檢器的液體相對而言補充方便且價廉。運轉中的水冷式核反應器,原子爐爐心發出熾熱的藍光,就是核分裂鏈反應(nuclear fission chain reaction)分裂產物不斷釋出高能貝他射線在水中所造成的謝倫可夫閃光。

四、度量荷電核粒的離線操作偵檢器

前述的偵檢器均需聯接核儀電路,執行線上量測荷電核粒,若再聯接上自動警示裝置並預設門檻值,則超量的游離輻射即引發示警。度量荷電核粒的離線偵檢器,就無法提供線上、即時的資訊,必需在曝露完成後,經離線裝備始能完成計讀。

能夠度量荷電核粒的離線偵檢器,如附表 2.4 所示,有熱發光劑量計、感光底片、蝕刻片及生物劑量計四種,現依用戶占有率高低分別簡述如下:

(一)熱發光劑量計 TLD

熱發光劑量計不但可用來偵測荷電核粒的吸收劑量，也可用來偵測光子與中子的劑量。「熱發光」指游離輻射與劑量計作用後，轉換成激發能暫儲於偵檢器內，離線加「熱」後「發」出可見「光」，釋出光強度與輻射劑量成正比；發出熾光再接合光電倍增管，經光電效應生成電子再增殖，即可計讀輸出訊號。熱發光劑量計是一種非常實用的累積劑量計讀工具（註 4-08）。

TLD 係由發光燐質晶體所構成，或混合其它元素，在價帶與導帶間形成多個「陷阱能階」（trap states），如圖 4.8 所示。當荷電核粒入射激發價帶電子躍遷佔據陷阱能階後，在價帶內留下相應的電洞；這種電子-電洞暫態稱為激子（exciton），暫態可維持非常長的時段，激子降激回基態的自然退光率（fading rate）每個月只有 1.7%，故 TLD 可長期曝露於輻射場中，相對言非常穩定。

TLD 在輻射場完成曝露後，離線攜回實驗室計讀機（TLD reader）內加熱至 300°C，圖 4.8 陷阱內的電子接收熱能當即降激返回價帶內的電洞重合，同時釋出可見光。熾光曲線（glow curve）經校正過的計讀機內光電倍增管輸出訊號，讀取劑量。

當前使用的熱發光劑量材質有四種：氟化鋰 LiF，氟化鈣 CaF_2，硫酸鈣 $CaSO_4$ 及硼酸鋰 $Li_2B_4O_7$；其中硫酸鈣加鏑對阿伐粒子的敏度較高，氟化鋰對貝他射線與高能質子反應亦相當靈敏，所有的 TLD 材質也都對電磁輻射與中子有強烈反應（後章另述）。

熱發光劑量計用來偵測荷電核粒需注意下列事項：(1)熱發光材質對任何游離輻射都有反應，一如上述，故 TLD 沒有辨識複雜輻射場內輻射種類的能力；(2)熱發光材質的激發能對游離輻射能無線性回應關係，故 TLD 無分辨特定入射輻射能量高低的能力；(3)熱發光材質長期累積的劑量，無法分別是哪一個時段曝露了多少；(4)氟化鋰的有

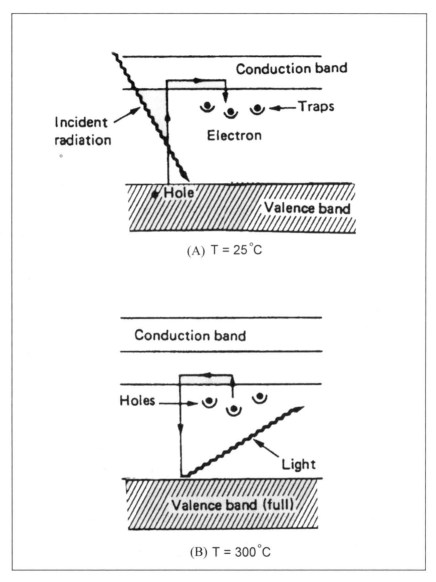

圖 4.8　熱發光材質曝露於游離輻射：(A)常溫激發與(B)高溫發光機制（作者自繪）。

效原子序數為 8.32，較接近人體組織（7.64），其量測荷電核粒有效

劑量的範圍自 10 微西弗至 1,000 西弗間；(5)熱發光劑量計一經加溫計讀後，激發能即逸失，不能保存；(6)用過的熱發光劑量計，經回火（annealing）處理後，可重複使用多次。

(二)感光底片

　　如同單眼照相機遭數位相機取代後，單眼相機所用的膠片市場逐日萎縮。有了重複使用千次的TLD，感光底片亦已遭汰除。感光底片係使用溴化銀乳膠，在游離輻射作用下，感光程度與劑量呈正相關性；曝露完成後拿去沖印，再據以判讀劑量。全球最早體認到游離輻射的存在，就是貝克教授於公元 1896 年將感光底片與天然鈾意外地一同置入暗房中，居然沖洗出鈾礦石的成像。與 TLD 雷同之處，是感光底片不能辨識游離輻射的種類與能量，也不知道是哪一時段曝露了多少劑量，唯底片可永久保存，但也只能用此一次。在複雜輻射場內，感光底片可量測的荷電核粒吸收劑量，在 1 毫戈雷至 10 戈雷間，在早年列強執行大氣核爆的年代，感光底片是度量人員吸收劑量的個人防護裝備之一（註 4-09）。

(三)蝕刻片

　　蝕刻片亦稱為固態徑坑紀錄片（solid-state track recorder, SSTR），係荷電核粒留在偵檢材料上的「彈坑」。常用的蝕刻片有硝酸纖維素（cellulose nitrate, $C_6H_8O_9N_2$），或哥倫比亞樹脂（Columbia resin，CR-39），蝕刻片對質量大於質子的荷電核粒有較高的阻擋本領，不論直射或斜射，都會在蝕刻片上打出成堆的彈坑。曝露過後的蝕刻片，送往實驗室浸泡在強鹼液（如氫氧化鈉）中浸蝕，彈坑處遭腐蝕逐漸擴大，彈坑半徑又與荷電核粒半徑相關。若重複浸泡腐蝕，至彈坑消失的一層（深度為 d），是為荷電核粒的射程，亦即前章式[2-19]的 R。若荷電核粒以 θ 角斜射入蝕刻片，則

R＝d/sinθ，若θ＝90°，R＝d ……………………………… [4-11]

　　運用蝕刻片，不但可依上式解算出入射荷電核粒的射程，進而依式[2-16]至[2-18]反推出入射能量，還可依坑徑去辨識到底是何種荷電核粒，更可計讀彈坑數目反推荷電核粒的通量。蝕刻彈坑的計讀，可用電子顯微鏡目視計算，若彈坑密度超過 10,000 個／平方公分，則需借助自動掃描儀。精確度高的計讀法，是將蝕刻片兩面浸蝕，迄彈坑

表 4.4　度量荷電核粒各種偵測儀器功能評比

荷電核粒游離輻射偵測儀器		辨識荷電核粒能力				
		種類	能量	強度	敏度	劑量
線上操作	游離腔計數器	無	無	中	弱	強
	比例計數器	弱	弱	強	中	中
	蓋革計數器	無	無	弱	強	弱
	閃爍氣體計數器	中	弱	弱	弱	無
	半導體偵檢器	強	強	中	強	弱
	閃爍體計數器	中	中	中	強	無
	透明體偵檢器	中	中	中	中	無
	閃爍液計數器	中	中	中	弱	無
	透明液偵檢器	中	中	中	中	無
離線操作	熱發光劑量計	無	無	弱	強	強
	感光底片	無	無	無	中	中
	蝕刻片	強	中	中	弱	無
	生物劑量計	無	無	無	弱	弱

註：偵測儀器辨識荷電核粒能力，以質化四分法描述：強─中─弱─無。

資料來源：作者製表（2006-01-01）。

蝕透形成「彈孔」，再將蝕刻片置入火花計數器（spark counter）內移動，計數器一遇彈孔強電流通過就迸出火花；量測脈衝電流即可準確計讀荷電核粒的通量。

㈣生物劑量計

　　生物劑量計係指活體遭受超過 1 戈雷游離輻射曝露後，赴醫療機構接受長期血液檢查、生化檢體分析及染色體變異鑑定，以反推曝露劑量的大小。唯此一方式既不能告知何時遭曝露、哪種游離輻射、能量有多大等關鍵資訊。唯生物劑量計（即受害者的體檢）有助於輻傷治療步驟的確定並決定受害者能否繼續合法執行輻射相關工作。不過，受害者遭急性輻射傷害，身體還要被用來當作生物劑量計，真是情何以堪。

　　綜上所述，本節將度量荷電核粒的偵測儀器分成兩類：線上操作及離線操作。其中線上操作再分成固態（三種）、液態（兩種）及氣態（四種）偵檢材質，離線操作的儀具則另有四種。這 13 種偵測儀器辨識荷電核粒的功能，列於表 4.4 做為評比，方便用戶選擇特定的儀器去度量特殊的荷電核粒輻射源。

自我評量 4-1

秋冬季節在露天風呂一面賞楓一面泡湯實乃人生一樂。唯在泡湯時，溫泉水內亦有游離輻射。

⑴湯屋內的溫泉輻射從何而來？

⑵個人池的溫泉水有兩噸，總活度有多強？

⑶溫泉水內的荷電核粒有多少？

解：⑴湯屋內的溫泉水自地下抽取，含有微量鈾元素及其衰變系列的子核種，其中 99.3% 是 U-238，經過 8 個阿伐衰變及 6 個貝他衰變至穩定的子核 Pb-206。

(2)依前章表 3.2，溫泉水的比活度為 1 Bq/ L，故個人池內總活度
A = 2000 L × 1Bq/ L = 2000Bq。

(3)個人湯池內阿伐粒子的活度 A(α) = 2,000 × 8/(8 + 6) = 1,143 α/s，
貝他射線的活度 A(β) = 857β/s。

4-2 荷電核粒度量

在前章表 2.1 列出荷電核粒的種類，其中多半是在非常特殊的場合與地點才有，並不具普及性。如質子與帶電的介子源自於宇宙射線，只有在高空飛行時才會遭遇鉅量的質子與介子；另如分裂碎片僅在核反應器內核分裂過程中釋出，重離子也只有粒子加速器運轉中始射出。人類日常生活天天面對的，是放射性衰變釋出的阿伐粒子、電子與貝他射線。因此，荷電核粒度量分成兩批人馬，一是針對特定且稀有的荷電核粒（如宇宙射線 He-3）於特定的場合（如飛行座艙內）執行量測，一是針對普及性的阿伐射源與貝他射源，執行經常性的度量。學會了經常性度量的方法與技巧，再執行特定且稀有的荷電核粒度量，就能應付自如，因為兩者使用的儀器、方法與步驟，幾乎雷同。

為了方便學習了解，先由簡入繁、由易入難，首先討論如何度量總貝他活性，再研究如何度量貝他射線能譜，最後說明如何量測阿伐能譜。

一、總貝他活性度量

　　總貝他活性（total beta activity）顧名思義，指試樣內所有貝他輻射源釋出貝他射線活性的加總，不問有哪些核種，也不問貝他射線能量有多高，更不問試樣內是否滲雜其他的游離輻射如阿伐粒子或加馬射線。乍聞之下，總貝他活性應屬低階輻射度量，事實上也的確如此，然而，總貝他活性的高低，卻意義非凡。它說明了大氣環境內既有穩定的天然背景輻射場中，是否遭受明顯外加的游離輻射量，如異常的宇宙現象，大氣層遭破壞，核設施輻射外洩，甚至核災與核戰。經年不斷地量測試樣中的總貝他活性，可以完整紀錄下生活週遭環境背景是否有異常變化，若有明顯異常，更可依此紀錄（跨國）興訟。

　　放射性貝他核種的生成有三個來源：一是天然放射性射源（如半衰期 12.8 億年的 K-40，釋出 β^- 及 β^+ 射線），一是宇宙射線生成的射源（如 $^{14}N(n, p)^{14}C$ 生成半衰期為 5,730 年的 C-14，釋出 β^- 射線），一是人為輻射射源（如核爆或核設施釋出輻射落塵中半衰期 30.2 年的分裂產物 Cs-137，釋出 β^- 射線）。

　　正確的取樣製成試樣，與正確的輻射度量同等重要。取樣有四個要點：種類、地點、頻度與保存。

(1) **取樣種類**：以國民生計影響程度為取樣種類的首要考量，包括賴以為生的陸地水（含自來水、地下水、雨水、河、湖泊水）、賴以呼吸的空氣、賴以維生的鮮奶、農漁產品、蔬果及草樣、土壤、海底底泥與岸砂。

(2) **取樣地點**：以人口曝露於輻射逼近的途徑為取樣地點的首要考量，這又與生態（迴游性魚類）、風向（輻射源隨風飄降）、降雨（輻射落塵隨雨沉降）相關，需注意同一類試樣應在固定

地點採集以保持延續性。

(3)**取樣頻度**：可分平時、季節性及異常狀態決定頻度。平時取樣可每月、每季、每半年或每年採集，季節性農漁試樣宜在收穫季節採集，異常狀態如核爆後應密集採集。

(4)**試樣保存**：量測過的試樣必需保存五年，以備重複驗證輻射度量的再現性，驗證新技術或新儀器的可靠性，或與爾後試樣作比對。

例如為了收集大氣核爆輻射落塵，採每月以大水盤整個月收集一次落塵（註 4-10）。取樣後，需注意貝他射線的射程非常短，故試樣的前處理也很重要，避免貝他射線被試樣自我作用吸收出不來。試樣在處理前需先稱重方便爾後計算比活度，前處理包括密閉蒸發、烘乾、高溫灰化等步驟，製成點狀或濾紙上鋪成薄層，送入自動樣品分裝儀，如圖 4.1 下圖所示。試樣經通氣式比例計數氣度量的總貝他比活度之表示方式，水樣為 Bq/L，空氣為 mBq/m^3，地表落塵為 mBq/m^2，農漁產品、蔬菓、草樣為 Bq/kg-鮮重，鮮奶為 Bq/L，土壤、岸砂為 Bq/kg-乾重（註 4-11）。

圖 4.9 是國立清華大學校園水樣長年觀測的總貝他比活度。圖中有六個重點值得提出討論：

(1) 1959～1992 年間每季取樣計測結果，大多落入「背景變動範圍」，此一著色範圍上限，即為「查驗值」。背景變動範圍，係將長年累積數據刪除「異常」值，餘經統計處理求取均值與標準差；均值加上三個標準差，即等於查驗值。若計測數據超過查驗值，量測員應找出原因並列入報告。

(2)查驗值以上有「提報值」，兩者活度比是 3：10，亦即查驗值是提報值的30%。若計測數據超過提報值，量測員應立即向主管機關主動通報示警。

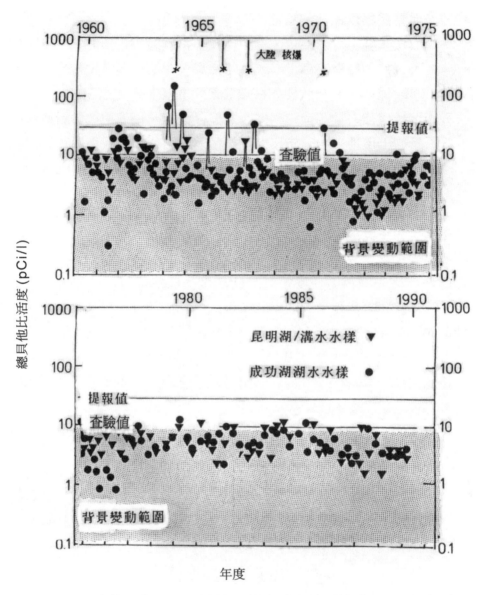

圖 4.9　國立清華大學校園水樣總貝他比活度量測值（1959-1992）（註
4-01）。

⑶水樣總貝他比活度的提報值是 1Bq/l(27pCi/l)，查驗值是 0.3Bq/l (8.1pCi/l)，沒列在圖內是儀器可接受的可測下限值 AMDA＝0.1Bq/l(2.7pCi/l)。

⑷絕大部分的觀測紀錄均在查驗值以下的「背景變動範圍」，部分數據甚至低於 AMDA。

⑸早年（1962～1971 年）部分數據超過查驗值，這與當年列強競相舉行大氣核爆衍生的全球放射落塵有關；中共在 1964～1971 年間在新疆舉行的大氣核爆，衍生的區域放射落塵飄降台灣，總貝他比活度甚至超過提報值，然却未達到警戒值（100Bq/l 或 2,700pCi/l）。

⑹ 1986 年 4 月的蘇聯車諾比核災所造成之全球放射落塵，理應超越提報值，唯在圖中看不出任何異狀，顯示總貝他活性度量有侷限性，無法偵獲微量異常變動（註 4-12）。

二、能譜度量貝他射線能量

前章曾述及貝他衰變釋出的貝他射線，動能呈連續分佈，其最大值依式[1-9]為 $E_{e^-}=E_{\beta^-}$；若從母核貝他衰變「一桿到底」到子核基態，則 $E_{\beta^-}=Q_{\beta^-}$。反之，對正子衰變其最大動能 $E_{e^+}=E_{\beta^+}$，母核衰變至子核基態 $E_{\beta^+}=Q_{\beta^+}$。要度量能量大小不一的貝他射線動能，得使用能譜儀，否則只度量總貝他活性是看不出各個放射性核種的 Q_{β} 值。

運用 LEPS 鍺片半導體偵檢器能譜儀，即可度量貝他射線的動能，如針對半衰期為 0.114s 的 Rb-98，度量其 Q_{β^-} 值（註 4-13）。Rb-98 為分裂產物，以質譜儀在核分裂過程中連續分離送至真空腔內，用一個 10mmLEPS 鍺片偵檢器及一個 HPGe 偵檢進行 Rb-98 放射衰變 βγ 相符量測。加馬能窗開在子核 Sr-98 的 $E_\gamma=2317\pm2keV$ 激階，貝他半導體偵檢器則使用 1,024 頻道的多頻分析儀，將輸出脈高訊號放大倍率

調至 1.16MeV ／伏，βγ 相符量測所獲得的貝他射線動能能譜（頻道720 至 945），示於圖 4.10。此能譜展現了 E_{β^-} 接近終端（end-point）的機率分佈。運用最小平方方法（least-squares fit）的費米-辜里外插法（Fermi-Kurie plot），可解算 E_{β^-}＝10,026±150keV，βγ 相符實驗結果可推定 Q_{β^-} 值如下：

$$Q_{\beta^-} = E_{\beta^-} + E_\gamma = (10,026 \pm 150keV) + (2,317 \pm 2keV)$$
$$= 12,343 \pm 150keV$$

此一實驗結果，相對標準差只有 150/10,026 × 100%＝1.5%，足見能譜儀澈底改變了傳統荷電核粒度量無法精確定量的窘境。事實上，半導體偵檢器對 0.02～12MeV 的貝他射線或電子，均可精確量測其動能。此外，圖 4.10 內 0～700 頻道的計數被「斬」掉，理由之一是它們的計數用不上，理由之二是降低系統無感時間的耗損。

三、能譜儀度量阿伐粒子動能

矽晶或鍺片半導體偵檢器，如表 4.3 所列，可以度量 210MeV 以下的阿伐粒子動能。事實上，阿伐衰變所釋出的阿伐動能沒這麼高，僅在 2～10MeV 間，運用最薄的矽片（0.1 毫米厚），就足以擋下放射衰變所釋出阿伐粒子的全動能。

需注意阿伐粒子走不遠，射程極短。上述的 10MeV 貝他射線在空氣中的射程，依式[2-15]的計算遠達 4 米；而 10MeV 的阿伐粒子，在空氣中只能走 10 公分。故而半導體偵檢器與試樣需置入真空腔。目前商源可籌獲的真空腔，抽氣率可達 0.7L/s，腔內壓力可降至 0.001Pa（約 10^{-7} 標準大氣壓）。

圖 4.11 係運用表面障壁二氧化矽片半導體偵檢器，偵測 ^{232}Th(p, 2n)^{231}Pa 所釋出子核系列的阿伐粒子能譜（註 2-07）。必須提醒的是阿

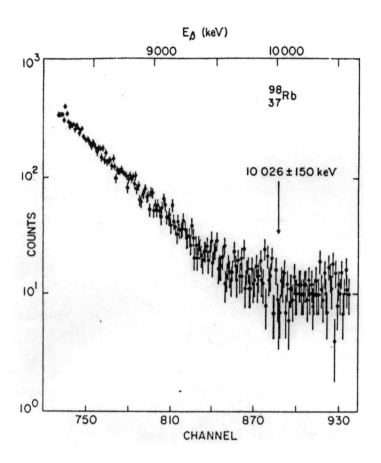

圖 4.10　以LEPS鍺片半導體偵檢器度量Rb-98貝他衰變E_β值（註4-13）。

伐射源都非常「毒」，吸入或攝入體內的阿伐射源均有趨骨性（bone approach characteristics），附著在骨髓上就近恣意破壞造血機構衍生血癌病變，故而在試樣前處理過程中，將其電鍍在鉑基座上要特別留心。

　　圖中的阿伐能譜係使用 0.5mmx × 600mm² 的矽片半導體偵檢器所量測而得。理論上，若入射的阿伐動能被完全作用產生電子-電洞對，則核儀電路輸出的脈高訊號為一恆定值，能譜圖中只會看到一條條瘦

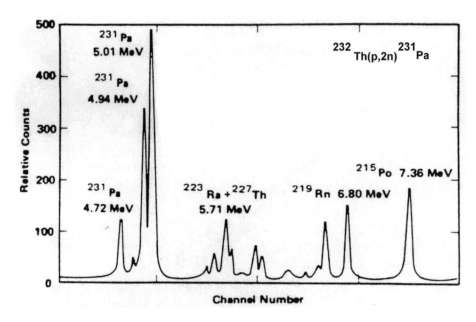

圖 4.11　以面障矽片半導體偵檢器量測 Pa-231 阿伐衰變系列的能譜（註
　　　　　2-07）。

削的譜線，而非量測到高低起伏狀似山巒的譜峰。理想的譜線與現實
的譜峰，其間的落差是因為矽片內產生電子-電洞對的游離能不見得
恆為表 4.2 所列的 3.65eV，有時需多些，偶爾也會少點，反正都超過
價帶-導帶間位能差的 1.11eV 門檻值。

　　表示能譜內譜峰品質的優劣，可用方儂參數（Fano factor）說明：

$$F = \sigma^2 w/E，\sigma = [FE/w]^{1/2}$$ ·· [4-12]

　　式中σ為游離能 w 的標準差（standard deviation），σ² 稱為方差
（variance），E 為游離輻射被擋下的總能量（註 4-14）。F＝σ＝0 意味
著統計上數據沒有誤差，每次游離恆定消耗 3.65eV，能譜上展現的是
一條筆直的譜線，也代表能譜的品質特優。矽與鍺半導體的方儂參數

F 都接近 0.05，充氣式計數器的氣體材質就差到 F＞0.2。

任何輻射度量的結果是成堆的計數，圖 4.11 能譜內各頻道各有計數，高高低低不一而足。射源的強度係依放射性衰變的規律，呈現柏松分佈（Poisson distribution）。由於輻射總計數遠遠超過 20 個，故柏松分佈趨近高斯分佈（Gaussian distribution，或稱常態分佈）。圖 4.11 內的任一譜峰，均可用常態分佈函數（註 4-15）表示：

$$G(X) = \frac{C}{[(2\pi)^{1/2}\sigma]} \exp [-(X - \overline{X})^2/2\sigma^2] , \; G(\overline{X}) = H \quad\cdots\cdots\cdots\cdots \text{[4-13]}$$

決定能譜內各譜峰的優劣，可從另一個角度去審視：譜峰到底有多瘦（胖）？瘦身的極限變成譜線，撐到胖死的譜峰變麵包。運用半波高全寬 FWHM 的表示法，即可決定譜峰的優劣：

$$G(\overline{X} - FWHM/2) = G(\overline{X} + FWHM/2) = 0.5G(\overline{X}) = H/2 ,$$
$$FWHM = 2(2\ln2)^{1/2}\sigma = 2.3548 \, (F \cdot E/w)^{1/2} \quad\cdots\cdots\cdots\cdots\cdots \text{[4-14]}$$

輻射偵檢器的好與壞，評比之一是推算能譜儀內譜峰品質的優劣；直接表示的方法是說明某一標準射源特定能峰的 FWHM，如 Am-241 射源釋出 5.486MeV 阿伐粒子的 FWHM＝0.022MeV。普及性的統計名詞，則使用解析度 R 表示：

$$R = FWHM/\overline{X} \times 100\% \quad\cdots\cdots\cdots\cdots\cdots\cdots\cdots\cdots \text{[4-15]}$$

上述 Am-241 射源的阿伐能譜，解析度為 0.022/5.486 × 100% ＝0.40%。實際度量時，除非核儀系統所有條件（如真空程度）及參數（如供電電壓穩定度）都在最佳狀態，否則，譜峰的半波高全寬或解析度根本無法達致設計規範。如圖 4.11 的能譜內，強度最大的 5.01MeV 譜峰，其實測解析度較差，胖到 R＝1.05%。

此一阿伐能譜圖，總計度量了 t_c 時間，量測到 16 個譜峰；經核

對譜峰的峰能，可辨識為 Pa-231 阿伐射源以及其子核 Th-227、Ra-223、Rn-219 及 Po-215 較次要的阿伐粒子能峰。再經由式[4-13]積分，可得各個譜峰的總計數 C。若已知矽片半導體的絕對偵檢效率ε，則可依前章式[3-20]解算出 Pa-231 射源的強度 S_R 或活性 A。再依前章式[1-14]，還可據以推定（p, 2n）核反應的反應機率σ。同理，圖 4.11 內 0-4MeV 對應的能譜頻道計數也被「斬」掉，以降低系統無感時間損耗。

　　環境試樣內都含有極微量的超鈾元素（如半衰期為 24,131 年的鈽-239），它們源自於大氣核爆及核設施的微量排放。因此，運用阿伐能譜度量環境試樣，可偵測放射落塵內的微量核彈彈心殘渣，或核設施週邊陸地取樣中核燃料破損釋出微量的超鈾核種。

　　能夠熟悉操作阿伐能譜儀與貝他能譜儀之後，可善用半導體偵檢器配合其他荷電核粒計數器或偵檢器，度量荷電核粒的種類、能量、強度與劑量。

自我評量 4-2

前節的自我評量，泡在個人溫泉池先別慌忙急著爬出來，溫泉水的游離輻射可不是什麼嚴重的問題。

(1)若 KE(α)＝5.2MeV，KE(β)＝1.1MeV，且假定每次衰變均釋出一個 E(γ)＝0.5MeV 的加馬射線，它們打入人體（均厚度 30 公分）有多深？

(2)浸泡在湯池的體表面積為 1.5 平方米，泡水人體質量 50 公斤，泡一小時人體遭游離輻射轟擊的通量有多大？

(3)一趟泡湯之旅的輻射劑量有多大？很多嗎？台灣地區天然背景輻射的等效劑量均值為每年 1.62 毫西弗。

解：(1)假設人體組織與水相仿，依式[2-16]至[2-18]解算，阿伐粒子僅射入皮下 0.005 公分處。再依式[2-15]計算，貝他粒子最大射程較深，打入皮膚內 0.5 公分處。加馬射線無射程，依式[2-30]解算，若μ（人體）＝0.09/cm，則 30 公分人體可擋下 93%的加馬

射線。

(2)對阿伐粒子言，只有近人體的溫泉中才能擊中皮膚，這些溫泉水體 $V = 1.5m^2 \times 0.005cm = 75cc$，$m = 75g$，其內有一半轟向人體：故 $1/2 [75g/ 2 噸] \times 1,143Bq = 0.0021\alpha/s$，則阿伐粒子在體膚上的通量為 $f(\alpha) = 0.0021\alpha/s \times 3,600s/1.5m^2 = 0.00051\alpha/cm^2$。同理，貝他輻射的通量為：

$f(\beta) = 1/2[1.5m^2 \times 0.5cm \times 1g/cc/2 噸] \times 857Bq \times 3,600s/1.5m^2$
$= 0.39\beta/ cm^2$

同樣地，加馬射線的通量為：

$f(\gamma) = 1/2[1.5m^2 \times 30cm \times 1g/cc /2 噸] \times 2,000\gamma/ s \times 0.93 \times 3,600s/$
$1.5 m^2 = 50.2\gamma/ cm^2$。

(3)依前章式[2-39]可推定吸收劑量，再依前章表 2.7 可推定等效劑量：

阿伐粒子：$D(\alpha) = f(\alpha)E(\alpha)/\rho d(\alpha) = 0.00051 \times 5.2 / 0.005MeV/g$
$= 0.085nGy$，$H(\alpha) = 0.085 \times 20nSv = 1.7nSv$；

貝他射線：$D(\beta) = f(\beta)E(\beta) /\rho d(\beta) = 0.39 \times 1.1/ 0.5MeV/g$
$= 0.14nGy$，$H(\beta) = 1 \times 0.14nSv = 0.14nSv$；

加馬射線：$D(\gamma) = f(\gamma)E(\gamma) /\rho d(\gamma) = 50.2 \times 0.5/ 30$
$MeV/g = 0.13nGy$，$H(\gamma) = 1 \times 0.13nSv = 0.13nSv$。

故一趟泡湯之旅，額外劑量為 $H(湯旅) = H(\alpha) + H(\beta) + H(\gamma) = 1.97nSv$。台灣地區天然背景輻射的等效劑量平均值是 1.62mSv，一小時則有 185nSv，是泡湯的 185/1.97 = 94 倍！因此，一小時泡湯之旅有 1%額外的鈾衰變阿伐粒子打入人體，但與大環境天然背景輻射相較，偶爾洗個溫泉浴，泡湯安啦！

CHAPTER 5

電磁輻射度量

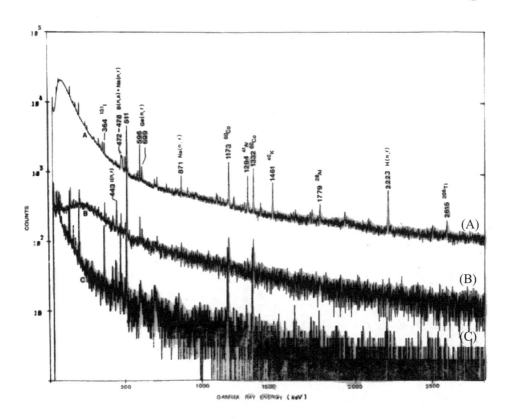

圖 5.1　THOR 核反應器滿載運轉時不同量測條件下的加馬能譜：(A)譜為
　　　　HPGe 沒有加裝輻射屏蔽的度量結果。(B)譜為加裝屏蔽後的度量
　　　　結果，背景雜訊較 A 譜少了 18 倍。(C)譜為γγ康普頓反制能譜，背
　　　　景雜訊又比 B 譜少了 5 倍（註 5-01）。

提要

1. 善用電磁輻射與偵檢材料的作用，可以量測電磁輻射的強度、能量與種類。需要核儀電路操作的偵檢器用以度量電磁輻射者概分為固態、液態、氣態三種，離線操作的電磁輻射偵檢器多為固態及液態。

2. 度量電磁輻射主要是量測其種類、強度、方向及被擋下的能量。這些訊息，有助於分析評估輻射場的源項及衍生的劑量。

3. 量測電磁輻射的核儀有游離腔計數器、比例計數器、蓋革計數器、閃爍氣體計數器、半導體偵檢器、無機閃爍體偵檢器、有機閃爍體計數器、液態氣偵檢器及閃爍液計數器。

4. 量測電磁輻射的離線裝備，有量熱計、化學劑量計、玻璃劑量計、熱發光劑量計、感光底片及生物劑量計。

5. 除了特定的電磁輻射如高空飛行遭遇的宇宙射線或粒子加速器打出的高能電磁輻射，日常生活面對的放射性衰變所釋出的x-射線及加馬射線，才是度量電磁輻射的主流。

6. 能譜儀是當前度量電磁輻射的利器，均以半導體偵檢器聯接核儀電路行精準度量。強穿輻射也是劑量偵測的主要對象，故劑量儀種類繁多，針對電磁輻射行精準量測。

　　電磁輻射，不論是x-射線或加馬射線，不論是單能或連續能量，要確實度量它的種類、強度及能量，都和量測荷電核粒不同。最大的不同，是荷電核粒有射程，無質量的電磁輻射，沒有射程；荷電核粒射程極短，而電磁輻射却是強穿輻射。度量電磁輻射可概分為兩類：初階度量與高階度量。

　　電磁輻射高階度量必需抓得下x-射線及加馬射線的全能量，以能

譜展現度量的計數分佈，據以推定試樣內放射性核種的比活度，以及比活度背後所代表的物理涵義（如半衰期、核反應機率或電磁輻射產率）。

電磁輻射初階度量不必抓下x-射線及加馬射線的全能量，而是量測計數材質單位質量擋下的能量，據以換算成吸收劑量或等效劑量。唯劑量數據並不能辨識游離輻射的種類、配比、源項，而是以攸關輻射防護身體健康效應的人員劑量表示。

電磁輻射初階度量與高階度量的精進，均朝兩極化展延：儘量壓低可測下限值並儘量提升可測上限。可測上下限值與計數器及偵檢器的敏度有關，壓低可測下限值的方法之一是運用康普頓反制系統；提升可測上限值則可用敏度差耐輻射損害的材質量測高劑量的電磁輻射，然而，任何偵檢材質皆難以兩全其美。

電磁輻射劑量的量測與電磁輻射能譜的度量，在游離輻射偵測領域內同等重要，工作量也最大。

5-1 量測電磁輻射偵檢器

量測電磁輻射的計數器與偵檢器，詳列於附錄 2 的附表 2.1 至 2-4。需用到核儀電路的偵檢器，包括：(1)附表 2.1 內 24 種固態偵檢器中的 18 種；(2)附表 2.2 內 9 種液態偵檢器中的 6 種；(3)附表 2.3 內 21 種氣態計數器中的 17 種。不需核儀電路離線操作的材質，包括感光底片（需於照射後沖印），熱發光劑量計（需於曝露後用儀器計讀），玻璃劑量計與化學劑量計（需於變化呈現後計讀）與量熱計（經熱導呈現溫差時當即計讀）。此外，生物體亦可在遭受電磁輻射照射後，依體檢當作輻射度量的工具。因此，量測各類電磁輻射的儀

具，總計有 47 種之多，依次為 22 種固態偵檢器，17 種氣態計數器與八種液態偵檢器。

運用前章式[2-30]可解算出各類電磁輻射在氣態（如空氣）、液態（如水）及固態（如鍺與 BGO）偵檢材料內的半值層，如表 5.1 所列。實用的電磁輻射能量，如 x-光螢光分析（XRF），I-125 的放射免疫分析（radioimmunoassay, RIA），本書封面的正子發射斷層攝影（PET），標準射源的加馬能量，瞬發加馬活化分析（PGAA），腫瘤治療用的 x-光及高空飛行遭遇的高能宇宙電磁輻射，均納入表 5.1 內施以計算。需注意電磁輻射沒有質量，故沒有射程，偵檢器擋下一個算一個，每一個期望都是全能量的吸收；擋掉一半的厚度稱為半值層，較半值層厚十倍的偵檢器可擋掉 99.9% 的入射電磁輻射。故而從表 5.1 可看出，氣態偵檢器可以度量低能電磁輻射，液態偵檢器可度量中能電磁輻射，固態偵檢器的密度大，任何能量的電磁輻射均可度量。若僅從「擋下愈多愈好」的高偵測效率來看，量測電磁輻射儘量選用固態偵檢器。以下就量測電磁輻射偵檢器種類的多寡，分別簡述其度量機制。

一、度量電磁輻射的固態偵檢器

如附表 2.1 所列，度量電磁輻射的固態偵檢器材質有兩大類：閃爍體與半導體；前者又細分為固態有機閃爍體與固態無機閃爍體。固態偵檢器材質的特色與重要諸元，多已在前章 4-1 節內介紹過。現僅就量測電磁輻射與荷電核粒相異之處，提出說明。

表 5.1　電磁輻射在偵檢材料內的半值層

能量	用途	空氣	水	鍺半導體	BGO閃爍體
1keV	XRF	3.9mm	2.8μm	0.15μm	0.12μm
35keV	RIA	54m	7.0cm	0.26mm	15μm
511keV	PET	179m	23cm	4.0cm	0.8mm
1.33MeV	標準射源	185m	25cm	5.7cm	3.0cm
10.8MeV	PGAA	357m	38cm	4.6cm	1.9cm
25MeV	治療 x 光	383m	46cm	3.7cm	1.5cm
100MeV	宇宙射線	335m	43cm	2.7cm	1.0cm

資料來源：作者製表（2006-01-01）。

(一)有機閃爍體計數器

偵測x-射線及加馬射線的有機閃爍體專指含氫的有機塑膠體，如附表 2.1 所示。為提高偵測效率，有機閃爍體可製成桿狀、圓柱狀甚至大圓盤。唯閃爍光在含氫的塑膠有機體內易遭本身吸收衰減，到不了光電倍增管形成訊號，故用戶並不多。

(二)無機閃爍體偵檢器

無機閃爍體通常都是結晶體，也是絕緣體，注入游離輻射於其上根本無法讓價帶內的分子軌道電子游離躍遷至導帶。也因此，必需在無機閃爍晶錠生成的同時，加入 0.1%少量的「活化劑」（activator），促使導帶與價帶間「另立山頭」，形成活化中心激態（excited states of activator center）及基態（ground state of activator center），如圖 5.2 所示。由於活化中心激態的能階較導帶能階低很多，故游離輻射有機會將無機閃爍體的價帶電子激發至活化中心激態，一如圖中電子密度分佈。被激發的電子隨後降激回活化中心基態時會釋出閃爍光，由接合的光電倍管以光電效應產生電子並增殖，輸出脈衝訊號。

　　表 5.2 列出目前常用來度量電磁輻射的固態無機閃爍偵檢器特性
（註 5-2），11 種可商購的偵檢器中，以碘化鈉（鉈）偵檢器最流行，
日漸受重視的是密度最大的鍺酸鉍 BGO 偵檢器。由於 NaI(Tl)偵檢器
一經沾濕當即吸水，鉈活化劑即漂失，偵檢器永久失效，故 NaI(Tl)
偵檢器外殼需防水浸潤。此外 NaI(Tl)偵檢器也不耐震，摔在地上也
會震碎結晶體。

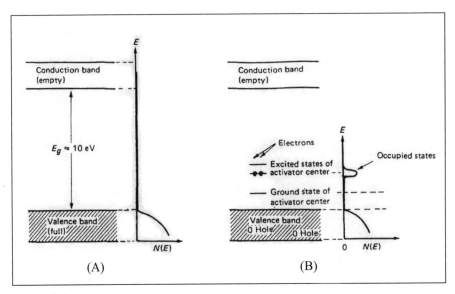

圖 5.2　固態無機閃爍偵檢材料與電子密度：(A)未添加活化劑時為絕緣
　　　　體，(B)添加活化劑與電磁輻射作用生成激態（作者自繪）。

表 5.2 無機閃爍偵檢器度量電磁輻射特性

閃爍體材質	密度（g/cc）	閃爍光波段	偵測效率	相對脈高
BGO	7.13	455～555nm	2.1%	0.13
BaF$_2$	4.89	280～340nm	4.5%	0.13
CaF$_2$(Eu)	3.19	390～480nm	6.7%	0.78
CdWO$_4$	3.49	425～515nm	2.3%	—
CsF	4.11	350～430nm	0.6%	0.05
CsI（Na）	4.51	380～460nm	11.4%	1.11
CsI(Tl)	4.51	485～595nm	11.9%	0.49
Li 玻璃	2.50	355～435nm	1.5%	0.10
LiI(Eu)	4.08	425～515nm	2.8%	0.23
NaI(Tl)	3.67	370～455nm	11.3%	1.00
ZnS(Ag)	4.09	405～495nm	—	—

註：閃爍光波段涵蓋 95%的螢光產率。

資料來源：作者製表（2006-01-01）。

　　所有的固態無機閃爍偵檢材質都有下述五個特色：(1)密度非常高，能夠有效擋下電磁輻射；(2)有效原子序數非常大，與電磁輻射作用的光電效應、康普頓效應與成對發生機率高；(3)閃爍光的波段較寬，表示激發能非恆常值，當作能譜儀使用譜峰的解析度會非常差；(4)九成以上的入射輻射與偵檢材質作用後並未產生閃爍光，而是轉換成熱逸散；(5)相對輸出脈衝訊號大小各有不同，這與閃爍光生成率相關；(6)不需添加活化劑的閃爍效應，是依主要帶價元素受激再降激釋出螢光機制而輸出訊號，如 BGO 內的 Bi^{3+} 及 BaF$_2$ 內的 Ba^{2+}。

　　常用的NaI（Tl）偵檢器標準尺寸是 3" × 3"（直徑 × 厚度），參考表 5.1 即可知至少可擋下一半的入射電磁輻射。NaI（Tl）不能用來偵測低能x-射線及加馬射線，因為防潮的金屬殼足以將低能電磁輻射完全擋掉。不過，NaI（Tl）在高溫製成晶錠過程中，可以疊堆晶體

研磨成大塊，如 30" × 2"圓盤狀偵檢器，圓周邊接合多個光電倍增管傳輸閃爍光。

　　碘化鈉（鉈）偵檢器除了易潮解、易震碎的缺點外，最麻煩的是放射性雜質。表 5.2 列舉的固態無機閃爍偵檢材質，多以元素週期表第一族元素為主體（如鋰、鈉與銫），生長晶錠時免不了有微量的第一族元素鉀殘留其中。有鉀就有天然放射性 K-40 伴隨，目前可將此雜質壓低至 0.5ppm；然而，即便是標準型的 3" × 3"NaI（Tl），其內的放射性K-40 活度，仍高達 0.02Bq。換言之，不論外屏蔽做得多好，只要啟動 NaI（Tl）偵檢器，背景計數當即湧現。雪上加霜的是，固態無機閃爍材質內含有少量燐光物質，與電磁輻射作用後，其閃光衰減常數自微秒遲延至數小時都有，此一燐光釋放（phosphorescence）照樣經 PMT 光電效應變成電子增殖，也輸出脈衝訊號，形成不必要的背景雜訊，完全與輻射度量無關。

　　在半導體偵檢器尚未問世的年代，為了辨識複雜輻射場內短射程的弱穿輻射（如荷電核粒或低能電磁輻射）與強穿輻射（如加馬射線），採用了疊層閃爍偵檢器（phoswich detector）的幾何排序。此一偵檢器的外層為一衰減常數特快的薄片無機閃爍體（如附表 2.1 內 4 奈秒的CsF），擋掉短射程的弱穿輻射並釋出快訊號，同時也讓強穿輻射完全通過，遭內層的衰減常數特慢的厚片無機閃爍體（如附表 2.1 內 1,000 奈秒的 CsI(Tl)），輸出慢訊號。用核儀電路上的時幅鑑別，就可分別抓取弱穿輻射及強穿輻射訊號。不過，半導體偵檢器運用成熟後，可針對荷電核粒及電磁輻射進行高解析度的能譜量測，疊層閃爍偵檢器的功能就此大幅萎縮。

㈢半導體偵檢器

　　半導體偵檢材質與游離輻射作用機制，一如前章 4-1 節所述。與度量荷電核粒最大不同之處，是電磁輻射沒有「射程」，表 5.1 說明

了 5 公分厚的鍺半導體，至少可擋下任何能量電磁輻射的半數以上。在 1970 年代鍺（鋰）半導體問世後，其高解析度能譜特質，令其風光一時，唯高純度鍺 HPGe 半導體（雜質控制在 2×10^{-11}%以下）製成後，可在常溫儲放的優勢，頓將恆常泡在低溫冷却劑的 Ge（Li）偵檢器逼出市場。Ge（Li）半導體亦在 1985 年宣告全面停產，迄今也遭全面汰除。高階電磁輻射度量，現今完全是 HPGe 偵檢器的寡佔市場。

　　鍺半導體偵檢器的探頭，如圖 5.3 所示，通常是標準同軸單口型（standard closed-ended coaxial type）為主流，半徑 3～6 公分，厚度可達 6 公分以上。把鋁殼護套的端窗（end cap window）削薄，就變成高低能皆宜的薄板圓盤型（broad energy cylindrical plating type），此類鍺半導體的半徑寬達 3.7 公分，厚度為 3 公分。另一種為深井倒插型（well type），可將試樣倒插入半徑 0.8 公分，深 4 公分的深井中，增加偵測效率。還有一種是將 N 外 P 內改成 P 外 N 內型的逆電極同軸單口型（reverse electrode closed-ended coaxial type）佈局，並使用薄鈹端窗讓低能電磁輻射進入。若要量測極低能量的 x-射線，就得用到 LEPS 鍺片偵檢器，其特色是端窗使用超薄鈹窗。圖 5.3 也列出前章矽片半導體偵檢器相應的尺寸方便比較，矽片半導體偵檢器同樣可度量 100keV 以下的電磁輻射能譜，其效果不會比鍺偵檢器差，如前章圖 3.12 所示。

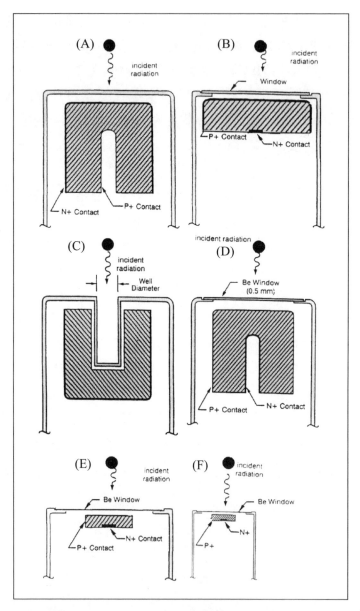

圖 5.3　常用度量電磁輻射的鍺半導體偵檢器內部結構：(A)標準同軸單口型，(B)薄板圓盤型，(C)深井倒插型，(D)逆電極同軸單口型，(E)低能光譜薄片型，與之相較的(F)矽片半導體（作者自繪）。

表 5.3　度量電磁輻射鍺半導體偵檢器特性

鍺半導體類型	護套端窗	測能低限	相對效率
標準同軸單口型	0.5mm 鋁殼	60keV 以上	10～120%
薄板圓盤型	0.1mm 鋁殼	10keV 以上	10～50%
深井倒插型	0.5mm 鋁殼	15keV 以上	10～40%
逆電極同軸單口型	0.5mm 鈹窗	3keV 以上	10～70%
低能光譜薄片型	0.025mm 鈹窗	0.15keV 以上	—

註：(1)測能低限指低能電磁輻射的偵測效率是最高效率的 20%處之能量。
　　(2)相對效率（relative efficiency）指相對於運用 3" × 3"NaI（Tl）偵檢器度
　　　 量 25 公分外 Co-60 點射源 1.33MeV 的偵測效率。

資料來源：作者製表（2006-01-01）。

　　上述的各型鍺半導體偵檢器，其度量電磁輻射特性，列於表 5.3
（註 5-03）。用戶在選取 HPGe 偵檢器時，首先要問的是，待測試樣
的電磁輻射能量有多低？欲執行 x-光螢光分析，就得用 LEPS 鍺片或
矽片偵檢器。再問的是，待測試樣能量有多高？若為高能電磁輻射，
依表 5.3 需選相對效率最高的標準型。最後要問的是，試樣有多小？
若小到能夠置入井中，也可考慮運用深井倒插型以提高偵測效率。

　　半導體偵檢器的主要功能是做為能譜儀以度量入射的電磁輻射。
由於半導體產業日益精進，為了方便人員輻射劑量的及時偵測，像米
粒般的矽二極體（silicon diode）聯接場效電晶體 FET，即成為電子劑
量計（electronic dosimeter），可度量 10μGy 至 1Gy 的強穿輻射。前章
述及的軍規級人員劑量儀，多使用袖珍型的電子劑量計，方便野戰攜
行。

二、度量電磁輻射的液態偵檢器

　　液態偵檢材質較固態的密度低，雖屬同一數量級，但擋下電磁輻射的能力卻較固態材質差一個數量級，如表 5.1 所列。所以液態偵檢材質也可以被考慮作為偵測低能電磁輻射能譜儀，但終究不若半導體偵檢器普及。

(一)液態惰性氣體偵檢器

　　惰性氣體如氬（沸點87K）、氪（沸點120K）及氙（沸點166K），只要冷凍後低於沸點，就成為液態氣體（註 5-04）。液態惰性氣體特別是高原子序數的液態氙，其游離能僅有 15.6eV，較氣態為低（21.5eV）；令人激賞的是，液態氙的方儂參數低到只有 F = 0.059，和半導體一樣好，是非常理想的液態能譜偵檢器。液態氙可在比例區工作電壓操作，製成比例能譜儀（proportional spectrometer），讓輸出的脈衝訊號置入能譜。此外，液態氙也可在飽和區工作電壓下操作，製成游離腔計數器；液態氪與液態氬也可製成游離腔計數器，如附表 2.2 所列。不過，要維持惰性氣體的冷凍低溫操作溫度非常麻煩，這也是為什麼迄今液態惰性氣體偵檢器無法進入高階輻射度量領域的主因。

(二)閃爍液計數器

　　如前章所述，閃爍液材質主要是用來度量荷電核粒；它的附加價值是量測荷電核粒的同時，也對入射的電磁輻射產生激發作用，唯閃爍液計數器的主功能係量測荷電核粒，兼可偵測電磁輻射。數百噸的閃爍液，曾被用於地底實驗涵洞內偵測微中子及基本粒子；運用微中子與閃爍液核作用生成的二次電磁輻射與荷電核粒，試圖度量微中子的特性（註 5-05）。

三、度量電磁輻射的氣態計數器

充氣式的氣態偵檢材質，它們與荷電核粒及與電磁輻射作用機制雷同，在前章 4-1 節已討論過。不過氣態計數器量測具強穿輻射特質的加馬射線與 x-射線最大的優勢，是即時、線上計讀電磁輻射的吸收劑量。前章述及的游離腔計數器與蓋革計數器，都是非常實用的輻射防護劑量儀，尤其是自由空氣游離腔（free air ion chamber），對 0.1MeV 的電磁輻射最為靈敏，常被用作原級標準射源的校正儀具；法規甚至規定強穿輻射的環測，需用高壓游離腔 HPIC 直接度量環境輻射吸收劑量（註 5-06）。

附表 2.3 內所詳列能夠偵測光子的氣態計數器共 15 種，其中大部分可歸類為游離腔計數器與比例計數器，還有四種氣體材質可歸類為蓋革計數器與閃爍氣體計數器用以偵測電磁輻射。唯電磁輻射穿透力強且與氣體作用機率低，蓋革計數器與閃爍氣體計數器既無法分辨電磁輻射的能量與類別，也無從分辨輸出訊號係源自何種游離輻射，故僅用於初階輻射度量。

在核武器剛推出的年代，人員劑量計也用充氣腔作為離線操作的劑量儀；此一充氣腔像鋼筆般大小，內藏兩根石英迴線先行充電，各帶相同的正電荷，同性相斥而張開；充電完成後攜至現場，經強穿輻射作用產生游離電子，中和了石英迴線上的帶電性，石英張開的角度變小。經由目視檢測放大刻度，可計讀 0.1 至 2mGy 的劑量。此一人員劑量儀稱為「直讀式輻射劑量筆」（self-reading exposure meter）。唯在軍規級電子劑量計引進後，早年精準度非常差的直讀劑量筆已遭汰除。

四、度量電磁輻射的離線操作偵檢器

前述的偵檢器與計數器均需聯接核儀電路,執行線上度量電磁輻射的能譜及劑量。離線作業的偵檢材質,就不能像線上操作提供「即時、連續」的輻射場資訊。能夠度量電磁輻射的離線偵檢器,如附表2.4 所列,共有六種,包括物理作用的量熱計(測增溫)、玻璃劑量計(測紫外光)與熱發光劑量計(測熾光),化學作用的化學劑量計(測光譜)與感光底片(測像差),以及生物作用的生物劑量計(體檢)。

(一)量熱計

量熱計(calorimeter)是一種非常古老的儀器,用來量測物質溫度的變化。前章式[2-39]針對游離輻射在物質內的吸收劑量定義如下:每單位質量吸收游離輻射的能量。物質吸收的輻射能遲早轉換成熱能增溫,故任何物質都可視為量熱計,只要吸收游離輻射,轉換成熱能測其溫度變化,即可知輻射劑量的大小(註 5-07)。量熱計有兩種基本量測法,第一種是絕熱量熱法(adiabatic calorimetry),第二種是恆溫量熱法(isothermal calorimetry)。

絕熱量熱法係將量熱計置入絕熱箱內,不得令其逸散熱量(溫度);當強穿游離輻射注入能量 E_{TOT} 予量熱計時,量熱計吸收的劑量 D 為:

$$D = E_{TOT}/m = C_v m \Delta T/m \text{,} \Delta T = D/C_v \quad \cdots\cdots\cdots\cdots\cdots\cdots\cdots\cdots\cdots [5\text{-}1]$$

式中 C_v 為量熱計的比熱係數(specific heat),是輻射對質量 m 注能後溫度ΔT 的變化值,單位是 J/kg°C。

恆溫量熱計指量熱計與週遭達成熱平衡的狀態,熱導材料(如

水）的流量 V_m 及注入量熱計的游離輻射熱能 H 相等：

$$H = V_m \cdot C_v \cdot \Delta T，\Delta T = H/V_m \cdot C_v \cdots\cdots\cdots\cdots\cdots\cdots\cdots\cdots [5\text{-}2]$$

不過，水的比熱係數只有 $C_v = 4,180J/kg°C$，易言之，依式[2-39]推算，對 100 公斤的水體（胖哥的體重）注入 4,180 戈雷的游離輻射劑量，做為絕熱量熱計的水體才增溫 1°C，故而量熱計只對極高劑量度量方奏效。

此外，量熱計在輻射照射下不會瞬間升溫，而是經由熱交換逐漸達致熱平衡，要耐心等候才能正確量測溫差ΔT。因此，量熱計的應用僅限於：(1)針對極高劑量的強穿輻射，(2)絕熱要澈底做好，防止絕熱量熱計溫度逸失，(3)耐心等待升溫至平衡點方能準確度量。

（二）化學劑量計

化學物質與游離輻射的直接作用，不是游離就是激發；若產生化性活潑的游離基，再與週遭母體產生二次化學反應，這些氧化、還原、分解、退化甚至聚合的化學反應，非常可能釋出可偵測的訊號，此一物質就稱為可度量游離輻射的化學劑量計（chemical dosimeter）。

化學物質遭輻射照射時，因而導致的化學變化率稱為 G 值（G-unit）（註 5-08）：

$$G = w/100eV \cdots\cdots\cdots\cdots\cdots\cdots\cdots\cdots\cdots\cdots\cdots\cdots\cdots\cdots\cdots [5\text{-}3]$$

亦即每吸收 100eV 輻射能後，化學物質經游離能 w 生成游離基的數目。作為化學劑量計的化學物質非常多，呈現固態、液態、氣態多樣式，唯迄今為止最成熟可靠的是佛瑞克劑量計（Fricke dosimeter），混合液內含硫酸亞鐵（$FeSO_4$）、氯化鈉（NaCl）及硫酸（H_2SO_4）水溶液。

當游離輻射入射佛瑞克劑量計時，混合液內的亞鐵離子（Fe^{++}），

被輻射化學作用生成的眾多游離基氧化成鉅量的鐵離子（Fe^{3+}）：

$FeSO_4 \rightarrow Fe^{++} + SO_4^{2-}$，

$Fe^{++} + H_2O \rightarrow Fe^{3+} + H + OH^-$，

$Fe^{++} + H + O_2 \rightarrow Fe^{3+} + HO_2^-$，

$Fe^{++} + HO_2^- + H^+ \rightarrow Fe^{3+} + OH^- + OH$ ······························· [5-4]

佛瑞克劑量計的 $G = 15.5$，鐵離子在光學儀器中可直接讀取 304nm（Fe^{++}）及 224nm（Fe^{3+}）譜線的強度，依據 G 值換算成劑量。此一劑量計可讀取 40 至 400 戈雷的吸收劑量，非常準確。不過，使用化學劑量計要注意以下四項特質：(1)佛瑞克劑量計對任何種類的游離輻射都會產生反應，它不能分辨是哪一種游離輻射起作用；(2)實用的化學劑量計為混合液，需有容器盛裝，故多數的荷電核粒根本打不進去；(3)強穿輻射劑量過大時，G 值隨之變值成亂數，也就失去量化計讀的能力；(4)即便沒有輻射照射，混合液很快就分解變質，不能使用。

(三)玻璃劑量計

由銀激化的鹼金屬偏磷酸鹽玻璃桿（silver-activated phosphate glass rod，簡稱螢光玻璃桿），置於強穿輻射場內照射，游離電子遭玻璃內的 Ag^+ 絆住；照射後經螢光計測器射出紫外線入內，將銀離子退激並釋出可見光而予以計讀。劑量愈高則可見光愈強，故稱為輻射致光劑量計（radiophotoluminescent dosimeter，簡稱玻璃劑量計）；它偵測強穿輻射的吸收劑量範圍，自 0.02 至 6 戈雷間。唯玻璃劑量計的曝露、照射與計讀極為麻煩，並不實用。

表 5.4 度量電磁輻射各種偵測儀器功能評比

電磁輻射偵測儀器		辨識電磁輻射能力				
		種類	能量	強度	敏度	劑量
線上操作	有機閃爍體計數器	無	無	中	強	無
	無機閃爍體偵檢器	強	中	中	強	強
	半導體偵檢器	強	強	中	強	中
	液態氣體偵檢器	強	強	中	中	無
	閃爍液計數器	弱	中	中	弱	無
	游離腔計數器	無	無	中	弱	強
	比例計數器	弱	弱	強	中	弱
	蓋革計數器	無	無	弱	強	中
	閃爍氣體偵檢器	弱	弱	弱	弱	無
離線操作	量熱計	無	無	弱	弱	弱
	化學劑量計	無	無	弱	弱	弱
	玻璃劑量計	無	無	弱	弱	弱
	熱發光劑量計	無	無	弱	強	強
	感光底片	無	無	弱	中	中
	生物劑量計	無	無	弱	弱	弱

註：偵測儀器辨識電磁輻射能力，以質化四分法描述：強-中-弱-無。

資料來源：作者製表（2006-01-01）。

　　其它離線操作的電磁輻射偵檢器，還有熱發光劑量計，感光底片及生物劑量計，在前章 4-1 節均有介紹。TLD 的偵測範圍自 10nSv 至 10kGy，橫跨 12 個數量級，甚至由法規律定為環境輻射累積劑量最適合的劑量計。感光底片（吸收劑量範圍在 1mGy 至 10Gy 間）有了 TLD 同台競爭，早經汰除。生物劑量計（吸收劑量範圍 0.5～5 戈雷）為事

後補救安寧的離線作為，非到必要不輕易對受害者強加使用。

　　綜上所述，本節將度量電磁輻射的偵測儀器分成兩類：線上操作及離線操作。其中線上操作再分成固態（三種）、液態（兩種）及氣態（四種）偵檢材質，離線操作的儀具另有 6 種。這 15 種偵測儀器辨識電磁輻射的功能，列於表 5.4 做為評比，方便用戶選擇特定的儀器去度量特殊的電磁輻射源。

───**自我評量 5-1**───

火山爆發噴出熾熱的岩漿，露天風呂泡湯的溫泉，兩者的熱源被認定都來自於天然放射性元素的輻射衰變熱。事實上，地球本身就是一個度量游離輻射的天然恆溫量熱計。

(1)地球在 46 億年前生成時是一團熾熱的火球，均溫高達 2,700°C，如今地幔及地殼早已冷卻，剩下的地核仍保存如此高溫的半徑只剩 1,370 公里，試算冷卻的流量 V_m。地球的質量為 6.0×10^{24}kg，半徑為 6,378 公里，地核的密度為 11,500 kg/m³。

(2)地球主成份是鐵。2,700°C 鐵的高溫比熱係數為 $C_v = 15,000$J/kg°C，計算目前地核維持高溫所需的功率 H，此一功率由誰生生不息提供？

解：(1)地核質量 $m_c = \rho V = 11,500$ kg/m³ $\times 4\pi/3 \times (1,370$ km$)^3 = 1.24 \times 10^{23}$kg，

已遭冷却的地核外層質量 $m_n = m_e - m_c = 6.0 \times 10^{24}$kg $- 1.24 \times 10^{23}$kg $= 5.88 \times 10^{24}$kg，

經過 46 億年逸失熱量而冷卻，故依式[5-2]流量 $V_m = m_n / t$ $= 5.88 \times 10^{24}$kg $/46 \times 10^8$a $= 4.05 \times 10^7$kg/s。

(2) 依式[5-2]，$H = V_m \cdot C_v \cdot \Delta T = 4.05 \times 10^7$kg/s $\times 15,000$J/kg°C $\times 2,700$°C $= 1.64 \times 10^{15}$W。此一熱源，向來都被認定是由天然放射性元素（主要是天然鈾）所提供。

5-2 電磁輻射劑量與環境偵測

　　民眾生活環境中的游離輻射，源頭包括：(1)天然放射性核種（如U-238）、(2)宇宙射線（如高能 x-射線）、(3)宇宙射線衍生的放射性核種（如 Be-7）、(4)核爆落塵內的放射性核種（如 Cs-137）、(5)核設施排放的放射性核種（如 Co-60）及(6)醫療體系使用的放射性核種（如I-125）。這些電磁輻射以及放射性核種衰變所釋出的 x-射線與加馬射線，必然對民眾造成輻射劑量影響健康，故而必須針對環境輻射以及所造成的劑量，執行輻射度量。

　　環境輻射的度量，不是為度量而度量，環境輻射偵測之目的，是度量並確認環境中特定的物質（如輻射源）對民眾所造成的健康效應（如等效劑量）在政府訂定的法規限值以下，以維護民眾的健康與安全（註 5-09）。環境輻射偵測的具體目標有五項：(1)量化環境輻射源累積狀況，(2)提供民眾環境輻射資訊，(3)驗證核設施管制排放未踰越規範，(4)評估環境輻射源對周遭生態之影響，(5)推算民眾接受之輻射劑量。

一、環境中電磁輻射劑量

　　環境中的輻射源項有六項，如上所述，釋出的游離輻射包括荷電核粒（如貝他射線）、電磁輻射（如 x-射線及加馬射線）及中性核粒（如中子）。環境輻射的主流是強穿輻射的 x-射線及加馬射線，為評估強穿輻射對民眾所造成的體外輻射曝露，就得實施環境直接輻射偵測。直接輻射專指電磁輻射，並未包括荷電核粒及中性核粒；唯這並

不代表環境沒有荷電核粒及中性核粒，而是度量強穿輻射的劑量儀：
(1)無法分辨游離輻射的類型，(2)劑量儀的護套足以將阿伐粒子與重離
子完全擋下，反正量也量不到，(3)中子輻射劑量非常低，即使度量了
直接輻射也分辨不出中子所佔的比率。故而環境輻射偵測專指電磁輻射。

　　度量 x-射線及加馬射線的劑量儀具，其偵測範圍列入表 5.5。部
分劑量儀具既可計讀劑量率，也可計讀累積劑量（如蓋革計數器），
部分劑量計僅能提供曝露照射結束後的累積劑量而無從告知曝露期間
劑量率的起伏（如熱發光劑量計）。表中所列的劑量儀具，偵測電磁
輻射劑量率的範圍，從 1nGy/h 至 0.1MGy/h，累積劑量計讀範圍，低
至 1nGy 起，高至 400Gy。用戶可依據表 5.5 的劑量率與累積劑量範
圍，選用適當的劑量儀具度量特定的電磁輻射。

表 5.5　度量強穿輻射的劑量儀具偵測範圍

劑量儀具類型	劑量率範圍	累積劑量範圍
蓋革計數器	1nGy/h～100Gy/h	1nGy～10Gy
電子劑量計	100nSv/h～0.1Sv/h	100nSv～1Sv
游離腔計數器	1μSv/h～100Sv/h	10μSv～100Sv
熱發光劑量計	—	10nSv～10kSv
直讀式劑量筆	—	0.1mGy～2mGy
感光底片	—	1mGy～10Gy
玻璃劑量計	—	20mGy～6Gy
量熱計	—	30mGy 以上
生物劑量計	—	0.5Gy～5Gy
化學劑量計	—	40Gy～400Gy

註：游離腔計數器的劑量率範圍指常壓充氣腔，使用 HPIC 時，加壓愈高，劑
　　量率偵測範圍相應愈寬；核反應器爐心外加裝的 CIC 游離腔儀控計數器，
　　加馬劑量率可量測至 0.1MGy/h。

資料來源：作者製表（2006-01-01）。

環境直接輻射度量，多指 x-射線與加馬射線的空氣吸收劑量戈雷，間或有些劑量儀具的偵檢材質具人體組織等效特性，可將戈雷轉換成西弗。為及時獲知輻射快速的變化，非得量測環境中強穿輻射的劑量率。政府主管機關律定強穿輻射環境偵測可測下限值為 10nSv/h，查驗值為 300nSv/h，提報值為 1μSv/h，警戒值為 100μSv/h；超過 0.5μSv/h時，數據紀錄頻率應適時增加，以了解劑量率起伏的趨勢。

度量環境直接輻射需注意以下七點：(1)距輻射源愈近，劑量愈強，(2)取樣監測點的經度、緯度與海拔需一致，方能比對，(3)能夠聯接自動程控計讀系統，可節約人力減少人為誤差，(4)輻射場的輻射源項非常複雜，絕非單純的點狀或均勻分佈，(5)強穿輻射具非常明顯的能量及方向依存性，(6)強穿輻射源項受大氣穩定度、風速、風向、氣溫、降雨、地形與地貌的影響，(7)需定期定時定點偵測，讓數據有持續性。

除了環境輻射劑量偵測外，部分輻射防護劑量儀具甚至提供人員等效劑量（率）的計讀（如μSv或μSv/h）。不過，劑量儀具的偵檢材質不論如何接近人體「組織等效」，它終究不是活體，更非特定器官（如肝、肺）或特定組織（如骨髓、皮膚），故而輻射場內精準的人員劑量靠量測數據去計算與推定健康效應風險，不能僅靠輻射防護劑量儀的初階度量定奪（註 5-10）。

二、電磁輻射環境偵測

強穿輻射劑量的初階輻射度量不但能提供環境直接輻射逐分逐秒的變動率，也提供用戶輻射強度線上、連續、即時的資訊；但劑量（率）終究只是強穿輻射在空氣中吸收能量的總成效應，它不能分辨輻射源的種類（到底是二次宇宙射線還是天然鈾的放射性衰變），也不能分辨輻射能量（1MeV 的強穿輻射呢？還是 1GeV 的宇宙電磁輻

射），更不能分辨方向性（牆上的K-40或是量測人員體內的K-40）。因此，若要針對複雜的輻射場進行精準的度量，就不能只靠手提式簡易的輻射防護劑量儀，而需針對環境試樣進行強穿輻射能譜分析。

　　政府主管機關對環境偵測，訂定了〈環境輻射偵測規範〉，包括陸地及海域樣品的取樣對象、頻次、取樣數量及量測比活度的單位，都作了建議（註5-06）；環境輻射偵測計畫與強穿輻射能譜分析相關的取樣規範，列於表5.6。例如海域指標生物試樣海藻類，由於放射性核種易於附著、濃縮在海藻上，故應於核設施排放口附近設一固定點每季取樣鮮重一公斤；又如針對輻射空浮微粒，在核設施附近設五個固定抽氣點，每周抽氣一次共抽300立方米，將空浮微粒集收於抽氣口的濾紙上。

　　電磁輻射環境偵測首重品質保證（quality assurace, QA），以保證能譜分析結果的正確性與精確度能維持在應有的範圍，並能在不同機構同類度量或同一機構不同時期同類度量間作比對（intercomparison），且比對會有一致性的結果（註5-11）。從開始取樣到能譜分析報告，需建立一套標準作業程序（standard operating procedures, SOP），它至少應包括確知：(1)能譜儀的品質，(2)能譜儀的定期維護與校正，(3)分析方法的確立，(4)校正射源可溯至原級標準，(5)量測員的教育與相關操作訓練與經驗，(6)相關紀錄、文件、技令、手冊的完整歸檔。電磁輻射環境偵測的品質保證範例，可參考我國法定的〈環境輻射偵測品質保證規範〉（註5-12）。

表 5.6　強穿輻射能譜分析取樣規範

試樣類別	頻次（點）	試樣量	比活度單位
空浮微粒	每周(5)	300m³	mBq/m³
飲用水、河川水、地下水	每季(5)	1L	Bq/L
表土(20 公分)土壤	每半年(4)	0.5kg	Bq/kg-乾重
岸砂及海底底泥、砂	每半年(3)	0.5kg	Bq/kg-乾重
草樣	每半年(4)	0.5kg	Bq/kg-鮮重
葉菜類、根菜類	收穫季(3)	0.5kg	Bq/kg-鮮重
稻米	收穫季(3)	0.5kg	Bq/kg-鮮重
鮮奶	依需求(1)	4L	Bq/L
具附著、濃縮力指標生物	每季(1)	1kg	Bq/kg-鮮重
落塵、雨水	每月累積(1)	取樣水盤	mBq/m²
核設施排水口海水	每季(3)	1L	Bq/L
海產魚類、貝類	每季(1)	1kg	Bq/kg-鮮重
指標海藻類生物	每季(1)	1kg	Bq/kg-鮮重

註：取樣規範可參閱行政院原能會網頁〈環境輻射偵測規範〉
　　http://www.aec.gov.tw/www/service/index03.php

資料來源：作者製表（2006-01-01）。

　　電磁輻射能譜分析環境試樣，主要是分析特定放射性核種在生活環境中的比活度，這些特定的核種在環境偵測試樣中的可測下限值，列於表 5.7。表中放射性核種有些源自於工業用同位素（如 Co-60），醫療用同位素（如 I-131），核爆落塵（如 Ba-140），中子活化產物（如 Cs-134）。表中所列的可測下限值 MDA，其比活度的單位列於表 5.6，例如環境試樣中 Cs-137 的可測下限值 MDA，水樣為 0.4Bq/l，空氣抽氣試樣為 $600\mu Bq/m^3$，生物為 0.3Bq/kg-鮮重，植物為 0.5Bq/kg-

鮮重，鮮奶為 0.4Bq/l，砂土為 3Bq/kg-乾重。

　　度量強穿輻射全能量的偵檢器，在上節中列舉出有四種：無機閃爍體偵檢器、半導體偵檢器、液態氣體偵檢器與閃爍氣體偵檢器。它們都可用來進行強穿輻射的能譜度量。不過，考量到偵檢材質的方儂參數與能譜譜峰解析度，環境試樣的能譜度量以半導體偵檢器最佳；半導體四種材質中，如前章表 4-2 所列，又以鍺偵檢器為首選。

表 5.7　環境試樣強穿輻射源的比活度可測下限值

放射核種	半衰期	衰變輻射	水樣	空氣	生物	植物	鮮奶	砂土
Mn-54	312d	EC, γ	0.4	0.6	0.3	0.5	0.4	3
Fe-59	44.6d	β^-, γ	0.7	1.2	0.5	0.9	0.7	6
Co-58	70.8d	EC, β^+, γ	0.4	0.6	0.6	0.5	0.4	3
Co-60	5.27a	β^-, γ	0.4	0.6	0.3	0.5	0.4	3
Zn-65	244d	EC, β^+, γ	0.9	1.5	0.5	1.0	0.9	7
Sr-89	50.5d	β^-, γ	0.1	1.0	10	1.0	—	—
Sr-90	28.8a	β^-, γ*	0.1	1.0	10	1.0	10	10
Zr-95	64.0d	β^-, γ	0.7	1.0	0.5	0.9	0.7	6
Nb-95	35.0d	β^-, γ	0.7	1.0	0.5	0.9	0.7	6
I-131	8.04d	β^-, γ	0.1	0.5	—	0.4	0.1	3
Cs-134	2.06a	EC, β^-, γ	0.4	0.6	0.3	0.5	0.4	3
Cs-137	30.2a	β^-, γ	0.4	0.6	0.3	0.5	0.4	3
Ba-140	12.8d	β^-, γ	0.4	2.0	1.0	1.0	1.0	10

註：(1)各類試樣可測下限值 MDA 比活度的單位，參閱表 5-6。

　　(2) Sr-90 釋出的加馬射線，來自其子核 64.1h 半衰期的 Y-90 放射性衰變。

　　(3)數據參閱（註 5-06）。

資料來源：作者製表（2006-01-01）。

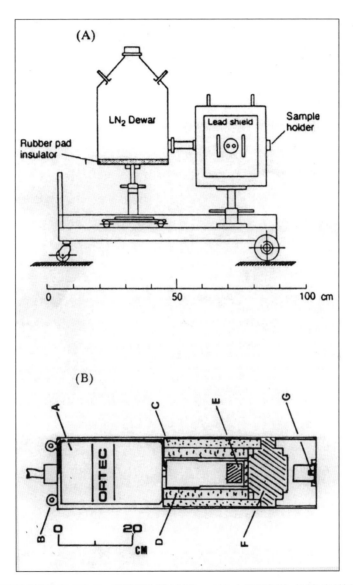

圖 5.4　不同類型的 HPGe 半導體偵檢器：(A)大型移動式鍺半導體偵檢系統，(B)小型液氮桶 A 接合的鍺偵檢器 E，覆以中子屏蔽 C、絕緣墊 D 與鉛屏蔽 F，待測試樣 G 置於焊有懸鉤 B 的水密鋁套前端（註 5-13，5-14）。

　　圖 5.4 為常用的 HPGe 半導體偵檢器，用以度量試樣的光子能譜，鍺半導體偵檢器平時可儲放於室溫，唯使用前需將液氮 LN_2 注入偵檢器聯接的液氮桶內，讓 HPGe 材質迅速冷凍至 77K，方能啟動度量輻射。圖上方為 30 公升裝的液氮桶，長頸型的 HPGe 偵檢器已伸入移動式滾輪鉛箱屏蔽內，環境試樣由鉛箱前端開口置入，注意液氮桶下鋪橡皮襯墊，既可絕緣（不需接地）又可防微量振動損及能譜解析度（註 5-13）。圖下方為迷你型 HPGe 偵檢器，液氮桶為 5 公升裝，可供半導體 24 小時冷凍運作；此一輕巧偵檢器置入防水鋁套內，HPGe 偵檢材質周遭覆以輻射屏蔽，試樣置於鋁套前端（註 5-14）。此一鋁套偵檢系統可懸吊至現場洞穴或水中，主動趨近待測試樣，而不需赴難以接近之處取樣攜回實驗室。

　　輻射度量實驗室內，高階加馬能譜儀所使用的鍺偵檢器，相對效率從迷你型的 10%至巨型的 120%大小不等，如表 5-3 所列；矽片半導體低能電磁輻射偵檢器的體積僅有 0.0006～13cc，專司量測 keV 級的 x-射線。早年主管機關建議使用 25%相對效率的 Ge（Li）偵檢器度量兩萬秒，作為環境試樣能譜分析的標準儀器，從今天的科技水準看，不但需更新，且需另訂標準。Ge（Li）已停產 20 年以上，早已汰除；HPGe 偵檢器相對效率超過 100%者非常普遍，度量能譜的時間，可較老舊的 25%Ge（Li）能譜儀省四倍的時間，就可達致相同的統計結果。

自我評量 5-2

地球的熱源若僅由天然鈾的輻射衰變熱所提供，試解算地球球心的天然鈾含量。

(1)天然鈾有兩個同位素，U-238 的輻射衰變熱為 4.27MeV ／衰變，U-235 為 4.68MeV ／衰變，當前在熱平衡態的地球應有多少天然鈾

提供熱源？

(2)反推回 46 億年前地球生成時，整個地球是一團高溫液態溶岩；密度高達 18,900 kg/m³ 的天然鈾會往地心沉降，計算盤古開天時，在地心的天然鈾球半徑有多大？

解：(1)依前章表 1-2 的數據，可推定每公斤的天然鈾輻射衰變所生成的熱功率為：

$h/m(U) = h/m(U-238) + h/m(U-235)$，

$h/m(U-238) = 99.275\% \times 1kg/238g/mol \times 6 \times 10^{23}/mol$
$\qquad\qquad\qquad \times 0.693/4.468 \times 10^9 a \times 4.27 MeV/decay \cdot kg$
$\qquad\qquad = 5.28 \times 10^7 MeV/s \cdot kg = 8.46 \times 10^{-6} W/kg$

$h/m(U-235) = 0.72\% \times 1kg/235g/mol \times 6 \times 10^{23}/mol$
$\qquad\qquad\qquad \times 0.693/7.038 \times 10^8 a \times 4.68 MeV/decay \cdot kg$
$\qquad\qquad = 2.70 \times 10^6 MeV/s \cdot kg = 4.3 \times 10^{-7} W/kg$

$M = H/[h/m(U)] = 1.64 \times 10^{15} W/8.89 \times 10^{-6} W/kg = 1.84 \times 10^{20}$ kg

(2) 46 億年前 $M_o = M_o(U-238) + M_o(U-235)$

$M_o(U-238) = 0.99275 \times 1.84 \times 10^{20} kg \times \exp(0.693 \times 46/44.68)$
$\qquad\qquad = 3.73 \times 10^{20} kg$

$M_o(U-238) = 0.0072 \times 1.84 \times 10^{20} kg \times \exp(0.693 \times 46/7.038)$
$\qquad\qquad = 1.22 \times 10^{20} kg$

$M_o = M_o(U-238) + M_o(U-235) = 4.95 \times 10^{20} kg$，比 今 天 多 了 4.95/1.84 = 2.69 倍。

$\rho = M_o / V = 3M_o/4\pi R_o(U)^3$，故 $R_o(U) = 184km$

換言之，太陽系誕生時，地球球心的鈾球半徑有 184km。

5-3　定性定量電磁輻射能譜

　　讓讀者虛擬一個理想的加馬能譜：假設試樣僅釋出一個單能加馬射線，且置於能譜儀偵檢材質內的正中央，材質的厚度是無限大，無限大的偵檢器外圍包覆著無限多的輻射屏蔽。試想，這個虛擬的能譜會是什麼樣的風貌？答案非常單純，只有一條譜峰，除了譜峰連背景計數都沒有！能譜內只有一條乾淨的譜峰，只能算是期許，現實的輻射度量條件是：(1)試樣釋出的輻射非常複雜，有荷電核粒（如貝他射線）也有電磁輻射（如特性x-射線及放射性衰變加馬，而且是多元多樣化）；(2)能譜儀偵檢器材質內不容許挖個洞將試樣深埋入內，最多只是將試樣倒插入乾井型偵檢器，如圖 5.2 所示，或將體積試樣包覆著偵檢器，如前章圖 3.14，以增加偵測效率；(3)能譜儀偵檢器不可能無限厚、無限大；(4)實驗室的輻射屏蔽也不可能無窮無盡地堆在外面，最多只能做到像前章圖 3.9 的超低背景要求，背景雜訊不可能完全免除。所以，可以預想電磁輻射能譜會「非常複雜」。

一、半導體加馬能譜儀

　　HPGe 偵檢器的典型加馬能譜，如圖 5.5 所示，試樣為半衰期 15 小時的 Na-24，能譜中的主要譜峰是貝他衰變時釋出兩條 1,368keV 及 2,754keV 的加馬射線；唯圖上方的 HPGe 能譜却量到至少五條以上的譜峰，加上似山又似谷的譜背，其上又有成堆像樹又像草的次要譜峰（註 5-01），為什麼單純的放射性試樣會造成如此複雜的能譜？

　　任何電磁輻射擊中鍺偵檢材質後，均會產生機率大小不等的康普

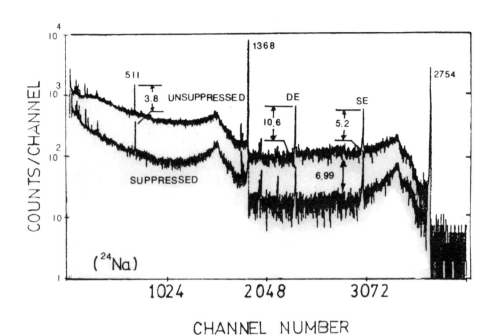

圖 5.5 康普頓反制能譜儀度量的 Na-24 能譜，上譜未反制，下譜有反制（註 5-01）。

頓效應；理想的狀況是撞出電子與康普頓折射光子均被鍺偵檢材質完全擋下吸收，輸出脈衝就會出現在譜峰頻道內被正確計讀。不過，折射光子非常可能竄出鍺材質，未被偵獲，留下「半套」的撞出電子被鍺吸收，輸出脈衝承接「半套」原始能量，在譜峰左方的頻道上留下計讀，譜峰也就失掉一個該有的計讀。因此，Na-24 兩條高能加馬譜峰左方都有個相應的「康普頓台地」（Compton continuum, CC）。

　　由於鍺的密度高，入射的加馬射線非常可能撞上鍺半導體就產生康普頓效應，且以 $\theta = 180°$ 反向將折射光子循入射軸線回彈，輕易地逸出鍺偵檢器。依照前章式[2-23]的計算，入射加馬射線的能量少算了折射光子的 E_γ，輸出的脈衝訊號當然不會落在譜峰頻道，而是落在左方少了 E_γ 能量相應的頻道上。這種 180° 折射逸出的光子非常多，

疊堆起來就形成康普頓台地的邊緣突出處，稱為「康普頓崖緣」（Compton plateau edge）。按照式[2-23]的解算，入射加馬的能量愈高，反向折射光子的能量愈趨近於 $E'_\gamma = mc^2/2 = 256\text{keV}$；換言之，高能加馬譜峰所屬的康普頓崖緣，就在譜峰左方 256keV 處的頻道上。

　　當入射加馬射線能量超過 1,022keV 時，就會與鍺元素遂行成對發生作用；入射加馬射線能量愈高，成對發生機率愈大。成對發生的正子最終在鍺半導體內經互熄質能互換，產生兩個能量各為 511keV 的互熄加馬，以相反方向釋出。若互熄的地點恰好在鍺半導體的邊緣，非常可能有一個互熄加馬逃逸未被偵獲，也有可能兩個互熄加馬都雙雙出走，通通都未被偵獲。一個互熄加馬逃逸，入射加馬輸出訊號就會在 E_γ-511keV 處（即譜峰左方 511keV 處）出現一個單逃峰（SE），兩個互熄加馬都逃逸，就出現另一個雙逃峰（DE），如圖中能譜所示。需注意只有 2,754keV 的入射加馬擁有自己的單逃峰，E_γ(SE) $= 2,754 - 511 = 2,243\text{keV}$ 及 雙 逃 峰 E_γ(DE) $= 2,754 - 511 \times 2 = 1,732\text{keV}$，另一個入射加馬射線，由於能量（1,368keV）剛過成對發生的門檻值，機率低微，故而在能譜圖中看不出有專屬的單逃峰（在857keV 處）或雙逃峰（在 346keV 處）。

　　任何電磁輻射能譜圖上，都有一非常突出的互熄加馬譜峰，位於511keV 頻道，圖 5.5 也不例外。它源自於試樣或環境背景，入射的高能加馬沒有直接轟擊鍺偵檢器，却歪打誤撞到週邊材料（如屏蔽）產生互熄加馬，逃逸出該材料却又飛向鍺半導體而被偵獲。

　　鍺偵檢器的體積愈小，偵測全能量譜峰的效率當然也小，這已經夠「衰」了，唯小體積的鍺半導體擋不住折射光子，逃逸的機率又非常高，故康普頓台地、康普頓崖緣都會非常明顯，單逃峰及雙逃峰等垃圾譜峰又高又大，整個能譜被「擺爛」掉。反觀大體積的鍺半導體偵檢器，相對效率高，康普頓擺爛效應及逃逸峰不太會發生，能譜品質超好，簡直是雙贏。因此，高階輻射度量的加馬能譜儀都是愈買愈

大，小體積低效率的HPGe偵檢器，特別是相對效率低於10%者，已無此產品在市場上。

　　若運用前章圖 3.1 的γγ康普頓反制加馬能譜電路，就可獲得圖 5.5 下方的反制能譜圖，非常明顯地，康普頓垃圾在下譜較在上譜大幅減少。表示康普頓垃圾的方法有二，一是譜峰頂比對康普頓台地的P/C值（peak to Compton ratio）：

$$P/C = G\,(\bar{x})/G(CC) = H/G(CC) \quad\cdots\cdots\cdots\cdots\cdots\cdots\cdots\cdots\cdots\cdots [5\text{-}5]$$

式中 G（$\bar{x}$）為全能量加馬譜峰頂計數，如前章式[4-13]所示，G（CC）為康普頓台地最凹處的頻道計數。商售的HPGe偵檢器，相對效率為10%的鍺半導體 P/C＝38，100%的 P/C＝80。圖 5.5 的 25%HPGe 能譜儀，度量Na-24 的反制能譜中，P/C(2,754keV)＝322！換言之，康普頓反制能譜將康普頓台地壓掉 7 倍，大幅改善加馬能譜品質。另一表示方法，是譜峰積分淨計數比對康普頓台地總計數，唯台地上有成堆的次要譜峰，不太能清楚表示康普頓反制的效果。故一般均沿用式[5-5]的 P/C 來表示。

　　圖 5.6 是運用HPGe-NaI（Tl）康普頓反制能譜執行環境試樣偵測的結果（註 5-15）；此一低背景加馬偵檢系統的佈局如前章圖 3.8 所示，HPGe主偵檢器插入 9" × 10"NaI（Tl）反制偵檢器內。圖 5.6(A)為反制能譜，環境試樣中超微量的Cs-137 加馬射線（E_γ＝662keV）清晰可見；而圖 5.6(B)的一般加馬能譜圖中，Cs-137 譜峰淹沒在背景雜訊中無從分辨。這些環境水樣是在蘇聯車諾比核災後一個月，於中台灣所取樣；運用康普頓反制能譜，測得輻射落塵 Cs-137 核種在水樣中的比活度，在 0.032～0.104Bq/l 範圍中，較政府規定的可測下限值（MDA=0.4Bq/l，見表 5-7），還要低 4～12 倍！足見康普頓反制加馬能譜超強的偵測能力。有了反制系統，環境試樣就不再需超額取樣和混合加總試樣量，去增加待測核種的活度。

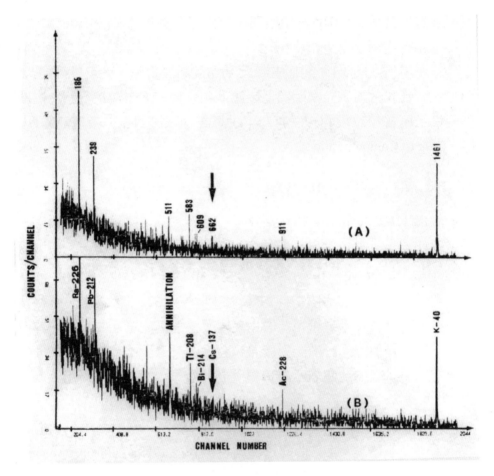

圖 5.6　運用 HPGe-NaI（Tl）康普頓反制能譜系統度量環境試樣：(A)有反
制，(B)無反制（註 5-15）。

　　環境試樣終究是低背景度量，試樣中即便有游離輻射釋出，也都
是微量甚至超微量。然在運轉中的核設施內就非同小可，屬高背景輻
射度量。圖 5.6 的低背景度量，耗掉兩萬秒所收錄到的加馬能譜，看
起來非常「乾淨清爽」；而本章章頭圖 5.1 的加馬能譜圖，採用相同
的偵檢系統且只耗掉兩千秒，所收錄到的高背景加馬能譜，却非常

「雜亂骯髒」。所幸在THOR核反應器滿載運轉中，康普頓反制系統將背景壓掉 $18 \times 5 = 90$ 倍，讓圖 5.1 內的反制加馬能譜（C 譜），變回「乾淨清爽」多了，這是康普頓反制能譜效果超越一般加馬能譜儀的另一明證。此外，能譜圖內低能頻道計數被「斬」掉，目的無它，降低度量系統的無感時間以及能譜計測不必要的損耗。

　　環境試樣內的強穿輻射，多源自於較長半衰期的放射性核種或平衡態的宇宙射線通率，其它的實驗試樣就複雜得多，內含半衰期長短不一的核種。圖 5.7 是胃癌細胞試樣經 THOR 核反應器中子活化後用 HPGe 能譜儀所量測得的不同能譜（註 5-16）。致癌因子的微量元素鉀，可從 A 圖短時段計測能譜內針對 12.4 小時半衰期 K-42 釋出的 1,524.7keV 譜峰標定；致癌因子另有微量元素鐵與硒，可從 B 圖長時段計測能譜內分別自 44.6 日半衰期的 Fe-59 釋出的 1,291.6keV 譜峰及 118.5 日半衰期的 Se-75 釋出的 136keV 譜峰標定。因此，對於含有半衰期長短不一的複雜試樣，可用短計測能譜抓短捨長，用長時段等待短消長留再計測能譜，去抓長半衰核種的比活度。

二、無機閃爍體加馬能譜儀

　　與半導體加馬能譜儀的能譜相較，無機閃爍體加馬能譜儀的能譜實在「不能看」。圖 5.8 內的(A)圖是運用 BGO 無機閃爍體偵檢器去度量 THOR 核反應器滿載運轉時爐水試樣的加馬能譜（註 5-17）。爐水試樣內經 $^{16}O(n,p)^{16}N$ 中子活化、半衰期為 7.1 秒的N-16 釋出 6.13MeV 的譜峰固然在圖中清晰可見，唯譜峰的解析度非常差，$R = 13\%$，以致於全能峰（6.13MeV）、單逃峰（5.62MeV）及雙逃峰（5.11MeV）幾乎連成一體，變成「三指山」。爐水試樣內 $^{23}Na(n,\gamma)^{24}Na$ 釋出的加馬射線也不遑多讓，與圖 5.5 內 Na-24 在 HPGe 能譜儀度量像桿狀的譜峰相較，BGO能譜內的譜峰解析度差，譜峰形狀只能用「麵包」

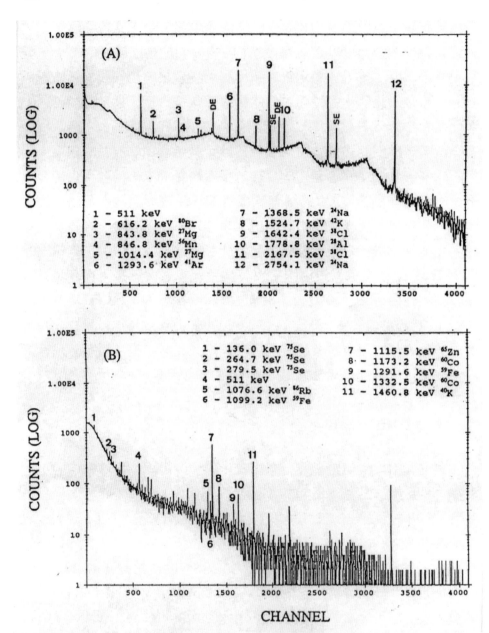

圖 5.7　胃癌細胞試樣經中子活化後的加馬能譜，(A)照射後冷却 2 分鐘，
度量 5 分鐘；(B)照射後冷却 50 日，度量 2 小時（註 5-16）。

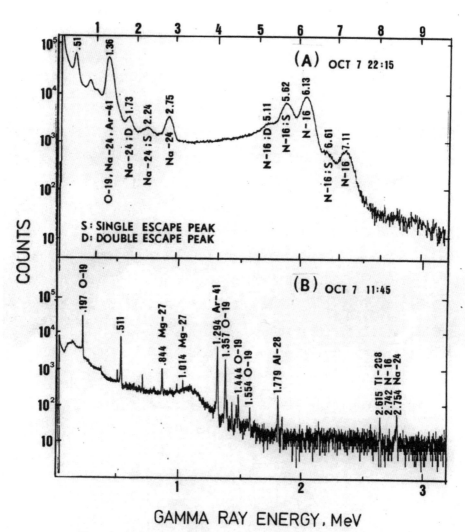

圖 5.8　THOR 爐水試樣的加馬能譜：(A)使用 BGO 偵檢器度量，(B)使用 HPGe 偵檢器度量（註 5-17，5-18）。

來形容。

　　任何無機閃爍體偵檢器，其偵測效率遠超過同體積的半導體偵檢

器，如前章圖 3.13 所示。不過，無機閃爍體偵檢器的解析度差，加馬能譜內只要有「大樹」級的主要譜峰，就別想在能譜內去找尋微量「小草」級的次要譜峰。像圖5.8的爐水試樣內，有非常微量的$^{18}O(n, \gamma)^{19}O$在內；26.8秒半衰期的 O-19，釋出 1.44MeV 與 1.55MeV 的加馬射線，圖 5.8 上方的 BGO 能譜內，有大樹臨風（N-16 的 6.13MeV 譜峰及 Na-24 的 2.75MeV 譜峰），就別想找到飄搖的小草（O-19 的 1.44MeV譜峰）。使用HPGe能譜儀，微量的O-19加馬射線，在同一批爐水試樣中，如圖5.8的下方HPGe加馬能譜，就清晰可辨（註 5-18）。

　　在半導體偵檢器尚未問世前，加馬能譜仍靠閃爍體偵檢器度量，例如人體體內遭超鈾元素（transuranium elements）污染，向來都使用高效率大型 NaI（Tl）偵檢器執行全身計測（whole body counting），企圖量測 Pu-239 及 Pu-240 的體內污染。要量測超微量的鈽同位素，不論是加馬射線或 x-射線譜峰計數率，即便運用超大型的 NaI（Tl）偵檢器，譜峰計數率僅在cpm級，幾遭背景雜訊淹沒。有了高效率、大型低溫HPGe半導體偵檢器以及高密度常溫操作的HgI_2半導體偵檢器後，高解析度高效的加馬能譜，解決了核能（武）工業人員體內污染全身計測的問題（註 5-19）。再如核醫PET斷層攝影能譜偵檢器，由高密度的BGO取代NaI（Tl），現在BGO又要被常溫高密度的CdTe半導體所取代（註 5-20）。

　　無機閃爍體偵檢器的解析度超爛是事實，但不必過份悲觀；它的電磁輻射偵測效率卻超好，但也別過份樂觀。在高效大型半導體偵檢器強勢競爭下，無機閃爍體偵檢器能夠贏的地方，只有在高能加馬的偵測上展現其獨一無二的偵測高效能。圖 5.9 是運用BGO偵檢器偵測瞬發高能加馬的能譜圖。當中子轟擊試靶時，部分核種遭中子活化成放射性核種，部分僅遂行中子捕獲核反應，反應產物生成時處於激態，瞬間降激釋出高能加馬射線，量測瞬發加馬射線的分析術，就稱為瞬發加馬活化分析PGAA（註 5-21）。例如圖 5.9 上方的PGAA核反

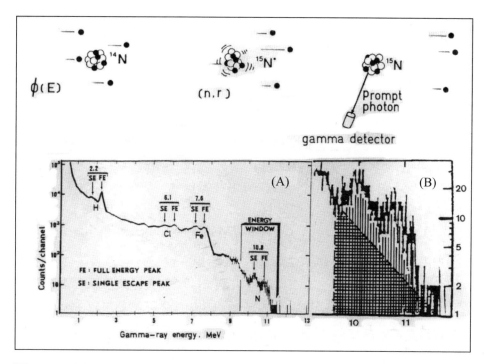

圖 5.9　瞬發加馬活化分析機制及 BGO 量測：(A)瞬發加馬能譜與(B)
$^{14}N(n, \gamma)^{15}N$ 譜峰積分分析炸藥成份（註 5-21，5-22）。

應機制，試靶內的氮元素經$^{14}N(n, \gamma)^{15}N^*$核反應，釋出瞬發加馬再降
激回穩定的 N-15 基態。釋出 10,829.18keV 的高能瞬發加馬射線，產
率是每百個中子捕獲核反應釋出 14.12 個瞬發高能加馬。

　　炸藥試樣內含濃度不一的氮原子，因此，偵測炸藥最先進的方式
之一即為使用 2"×2"BGO 偵檢器量測軍用炸藥試樣的瞬發加馬能譜
（註 5-22）。圖 5.9(A)為 BGO 的瞬發加馬能譜，炸藥試樣內的氮、
鐵、氯、氫元素的瞬發高能加馬譜峰，以及它們互相重疊的單逃峰，
均清晰可辨。圖 5.9(B)為 10.829MeV 高能瞬發加馬譜峰（含全能峰、
單逃峰與雙逃峰）積分的淨計數，由於它的偵測效率極高，故可在極
短時間內測出行李物品內藏的炸藥。

　　強穿輻射的能譜計測，可讓環境試樣及特定試樣內複雜的核種濃度獲得定性定量的精準分析結果。

自我評量 5-3

地球的天然鈾含量，岩盤內濃度為 4 ppm，砂土是 0.4 ppm，海水是 0.003 ppm，地殼平均約 1 ppm。

(1)若把地心鈾球的天然鈾，均勻分佈在地球內，它的濃度是多少?推算結果合理嗎?

(2)如果天然鈾在地球生成時是均勻分佈，到今天也一樣達致 1 ppm，那地心的鈾球縮小到半徑是多大?

(3)顯然這麼小的地心鈾球不足以提供足夠的輻射衰變熱，讓火山噴出熾熱的熔漿並提供好康的溫泉泡湯。那又有什麼機制可從天然鈾提供足量的熱給地心?2004 年地質學家首度發現火山爆發會噴出半衰期只有 12 年的氣態氚（H-3），且地磁南北極每 20 萬年顛倒一次，為什麼?

解：(1)若地熱僅源自於天然鈾的輻射衰變熱，達致熱平衡的地球天然鈾濃度當前應有：

　　　C=1.84×10^{20} kg / 6×10^{24} kg=31 ppm，與地球表面天然鈾濃度 1 ppm 相較，意即 96.8%的地熱源，需由天然鈾核衰變以外的熱源供應。

(2)當前地心鈾球應有的半徑勢將縮減為：

　　Rn(U)=[3 Mn / 4πρ]$^{1/3}$=[3×1.84×10^{20} kg / 31 / (4π×18,900 kg / m^3)]$^{1/3}$= 42 km

(3)核分裂!地心的鈾球自盤古開天以來就是一個天然超大原子爐!火山噴出 12 年半衰期的H-3，是第 1 章述及三分裂的第三粒產物，證明當前地心鈾球的原子爐還在運轉，且U-235 的分裂輻射能（195 MeV）是輻射衰變能（4.68 MeV）的 42 倍，這

可以解釋為什麼縮小的地心鈾球仍可提供足量的熱源形成地熱。地心鈾球的可裂材料（U-235）因核分裂鏈反應，燒了 46 億年日漸耗光，而另一種可裂材料（Pu-239）却從可孕材料（U-238）吸收中子經衰變後生成，半衰期為 2.41 萬年。足量的 Pu-239 又取代 U-235 加入核分裂鏈反應，每 20 萬年增減可裂材料達顛峰值，導致地心溫度變化也在增減顛峰，驅使鐵漿在地心外反轉流向，故地磁南北極跟著鐵漿順逆流而每 20 萬年倒轉磁軸。

CHAPTER 6

中子輻射度量

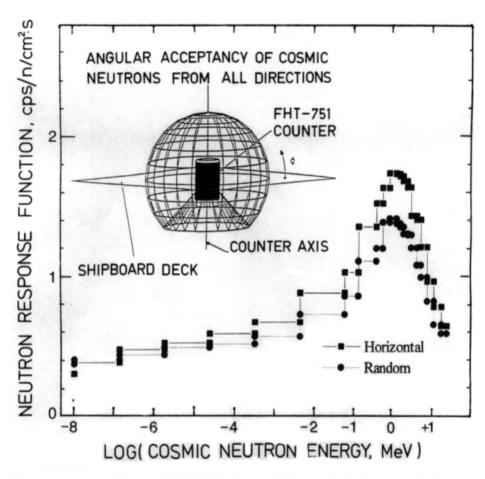

圖 6.1　FHT-751 型中子劑量儀對水平入射及亂向入射單能中子的相對回應
　　　偵檢效率（註 3-28）。

提要

1. 中子輻射度量，主要係量測中子與偵檢器作用衍生的二次輻射如荷電核粒與電磁輻射，據以推定中子輻射的動能及該動能的中子強度。

2. 度量中子輻射主要係量測其方向、動能與強度，這些訊息，有助於分析中子場的源項及衍生的劑量。

3. 量測中子輻射的線上操作核儀有 He-3，B-10 的充氣式計數器、鍍銀的蓋革計數器、核分裂游離腔計數器、HPGe 純鍺偵檢器、Si（Li）矽（鋰）二極體偵檢器、閃爍偵檢器與自流式中子偵檢器。

4. 度量中子輻射的離線操作核儀有氣泡式中子能譜計、活化箔片、熱發光劑量計、感光底片、徑跡蝕刻片與生物劑量計。

5. 度量中性核粒特別是中子輻射，需用到核儀電路操作的偵檢器可分為固態及氣態兩種，離線操作的中子偵檢器多為固態及液狀。

　　中性核粒包括極短壽期的中性基本粒子與中子，學會如何度量中子輻射，就知曉如何量測中性基本粒子。不過，中子輻射場「非常麻煩」。首先，即便中子源僅釋出單能中子，到你跟前時因與物質產生核反應，中子動能高高低低可橫跨多個數量級。其次，中子輻射抵達跟前時，早已與路徑上的物質產生核反應，釋出大量的瞬發加馬與活化核種衰變加馬。第三，中子不但會消耗偵檢材質，打壞偵檢器，甚至活化偵檢系統使之成為輻射源。故而偵測中子是輻射度量難度最高的挑戰。

　　不要誤以為只有核設施、同位素中子源或核爆瞬間才會釋出中子

輻射，自天頂下噴的宇宙射線中子輻射，打到海平面民眾的頭與肩上，每秒鐘約有一個快中子。海拔愈高，頭頂上的空氣愈稀薄，宇宙射線中子輻射就愈難以擋下。在 3.7 萬呎的民航機巡航高度，打在乘客頭和肩膀上的快中子每秒就多達 700 個以上。

中子輻射的初階度量，限制在運用中子劑量儀作簡單且快速的劑量（率）偵測。中子輻射的高階度量，就得針對中子能譜，以及特定動能的中子通率予以度量，而且還要明辨計讀是源自中子輻射，還是源自於混合輻射場內荷電核粒及電磁輻射。中子劑量與中子能譜的精準度量，過程繁雜瑣碎，在游離輻射偵測領域內非常重要，為初習者必學的高難度偵測工作。

6-1　量測中子輻射偵檢器

中性核粒如第 2 章所述，包含中性基本粒子與中子，中性基本粒子的壽命非常短，唯有中子在十餘分鐘的平均壽期內，有機會「恣意橫行」。因此，量測中性核粒，多指量測中子；學會量測中子的機制，同樣的儀器，拿去量測輕子、介子、重子等中性基本粒子的道理完全雷同。

量測中子的計數器與偵檢器，詳列於附錄 2 的附表 2.1 至 2.4。需用到核儀電路的偵檢器，包括：(1)附表 2.1 內 24 種固態偵檢器中的 8 種，(2)附表 2.3 內 21 種氣態計數器中的 6 種。不需核儀電路操作的材質，包括感光底片（需於照射後沖印）、熱發光劑量計（需於曝露後用儀器計讀）、徑跡蝕刻片（需於核反應生成後蝕刻成坑計讀）、活化箔片（儀器中子活化分析）及氣泡式能譜計（可當場目視判讀）。此外，生物體亦可在中子照射後，採檢體量測活化核種當作度量中子

的工具。因此,量測中子的儀具,共有 20 種,其中線上操作有 14 種,餘為離線操作(註 6-01)。

量測中子或中性基本粒子,都不是直接量測中性核粒本身,而是度量中子與偵檢器材質產生核反應的反應產物或(及)二次輻射。中子與前述的荷電核粒與電磁輻射最大的不同,是中子:(1)不帶電,(2)有質量,(3)動能與劑量間的依存性及變動性鉅大,如前章表 2.7 所列,(4)與物質作用後的動能高低不一。圖 6.2 是宇宙中子輻射在大氣層內不同海拔高度的中子動能與微分中子通率(differential neutron flux)的能譜計算結果(註 6-02)。由圖中可看出,自天頂灑下的宇宙中子輻射,在民航機的巡航高度(距地 11.28 公里高)平均中子動能為 1.0MeV 的快中子。到了直升機的實用升限(距地 4.88 公里高),平均中子動能遭空氣減速為 0.6MeV 的快中子。到了海平面,宇宙中子輻射的平均動能再減速至 0.2MeV。中子能譜計算橫跨九個數量級,不同動能的宇宙中子所造成的劑量都非常不一樣:飛得愈高,宇宙中子通率愈強,所承受的輻射傷害愈嚴重。

若要正確評估中子劑量,一定要準確度量中子輻射的動能,以及該動能中子的通率。以下就氣態中子計數器、固態中子偵檢器與離線操作中子偵檢器分別簡述其度量機制。

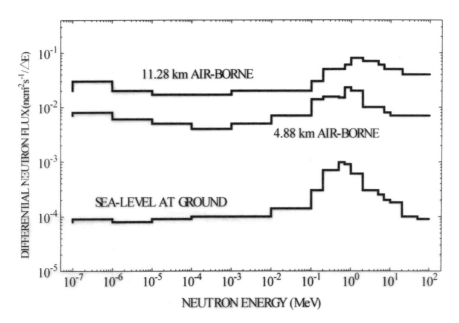

圖 6.2 宇宙中子輻射於不同海拔的大氣層內中子動能與微分中子通率的
能譜計算結果（註 6-02）。

表 6.1 中子核反應釋出大量荷電核粒的靶核

靶核	核反應	產物	σ(th)	σ(HE)	可測荷電核粒
He-3	(n, p)	T	5,400b	1.0b	p^+，T^+
Li-6	(n, α)	T	937b	1.2b	T^+，$^4He^{++}$
B-10	(n, α)	Li-7	3840b	0.2b	$^4He^{++}$，$^7Li^{3+}$
Ag-107	(n, γ)	Ag-108	37b	0.1b	$144s\beta^+$，β^-
Ag-109	(n, γ)	Ag-110	88b	0.06b	$24s\beta^-$
U-235	(n, f)	FF	580b	1.2b	FF

註：數據摘自（註 2-28），Li-6 靶核多用於固態中子偵檢器。

資料來源：作者製表（2006-01-01）。

一、度量中子輻射的氣態計數器

在第 2 章內簡述了自由中子與偵檢材質的 6 種核反應型態，如表 2.6 所列。其中核反應機率較大的靶核，都可以拿來製作中子計數材料。充氣式計數器與荷電核粒的作用效率高，在第 4 章內早已簡述；中子輻射在充氣式計數器內可產生(n, cp)核反應，若具非常高的反應截面（機率），則反應產物cp（即荷電核粒）當即與充氣腔內的氣體產生游離作用，釋出訊號。

這種間接度量(n, cp)核反應產物的方式，使用到的高反應截面靶核，列於表 6.1。這些靶核以塗料型態鍍膜於充氣腔的內壁，一旦中子入射擊中氣腔壁時，與鍍膜靶核產生核反應，釋出反跳荷電核粒進入充氣腔衍生游離作用，輸出訊號。產生(n, cp)核反應鍍膜靶核，如表 6.1 所列，有He-3、Li-6 及 B-10；其中 He-3 本身就是氣態核種。此外，鍍銀的充氣腔壁，會與中子遂行(n, γ)捕獲反應，反應產物是放射性銀同位素，半衰期都非常短，釋出可測的貝他射線，如表所列。U-235 靶核也被用來當作鍍膜塗料，中子擊中後產生核分裂反應，分裂碎片為荷電高能核粒，極易在充氣式計數器內游離填充氣體輸出訊號。

需注意的是高動能的快中子入射充氣式計數器內，與鍍膜靶核產生核反應的機率不大（僅相當於靶核的幾何截面）；這與熱中子核反應機率相較，差了百倍至萬倍以上。易言之，用表 6.1 的鍍膜靶核製成充氣腔的內壁，直接量測快中子的效率，遠不如偵測熱中子。欲量測快中子而不想度量熱中子，可以將充氣式計數器包覆：(1)熱中子屏蔽材料為外襯及(2)中子減速材料為內襯。這樣一來，輻射場內的熱中子遭充氣式計數器的外襯攔截進不來，快中子則穿越內襯變成熱中子進入充氣腔遭偵獲。

(一)填充 He-3 的充氣式計數器

氦氣內穩定同位素 He-3 的豐度僅有 I_a=0.000138%，故而大多數量測中子的充氣腔充填高濃縮度的 He-3；它可以製成中子游離腔計數器、中子比例計數器與中子蓋革計數器。由於氦氣內 He-3 含量非常稀少，若填充一般氦氣入充氣腔，一定要用電荷放大比值高的比例式充氣腔，如附表 2.3 所列。填充 He-3 氣體量測中子的計數器稱為 He-3 計數器（He-3 counter）沒有特定指明是游離腔、比例或蓋革計數器，唯市場多為 He-3 高壓游離腔計數器（4～10 標準大氣壓）作為偵測快中子的主流產品。不過，He-3 與中子核反應釋出的反應產物動能都很小：

$$_2^3\text{He} + _0^1\text{n} \rightarrow _1^1\text{H} + _1^3\text{H} + 0.765\text{MeV} \text{，}^3\text{He(n, p)T} \quad\cdots\cdots\cdots\cdots\cdots \text{[6-1]}$$

式中的反跳質子動能只有 0.574 MeV，氚更少到只有 0.191 MeV，不太容易與輻射場內高能加馬射線造成的輸出訊號區隔。

(二)填充 B-10 的充氣式計數器

穩定性同位素 B-10 在硼元素內的豐度高達 I_a=19.9%，不必濃縮，用一般的硼做為充氣腔壁的鍍膜材料即可，非常方便。而且，B-10 與中子核反應釋出的能量相對言也非常大：

$$_5^{10}\text{B} + _0^1\text{n} \rightarrow _2^4\text{He} + _3^7\text{Li} + 2.78\text{MeV} \text{，}^{10}\text{B(n, α)}^7\text{Li} \quad\cdots\cdots\cdots\cdots \text{[6-2]}$$

式中的反跳阿伐粒子動能，就有 1.95 MeV，是式[6-1]反跳質子的 3.4 倍。因此，含硼的充氣式中子計數器，較充氦氣的中子計數器要普遍得多。本章章首圖 6.1 內，即為含 BF$_3$ 的中子比例計數器，包覆著安德生-布饒中子減速體，專司量測快中子，可測下限值低到僅有 0.001n$_f$/cm^2·s 或 0.15nSv/h（註 6-03）。常用的中子劑量儀（REM counter），實用的快中子劑量率偵測範圍約為 0.1μSv/h～0.5 mSv/h。

(三)鍍銀的蓋革計數器

如表 6.1 所列，鍍銀的充氬氣蓋革計數器，依前章式[2-37]計算，在中子輻射長期照射下，放射性銀同位素釋出的貝他射線數目，約為 0.34β/s/(n/cm² · s)。為了防止混合輻射場內貝他射線的干擾，蓋革計數器的端窗需厚到足以擋下外來的荷電核粒，也因此限縮了量測熱中子蓋革管的敏度。鍍銀的蓋革計數器，實用的熱中子劑量率偵測範圍約為 1μSv/h～10 mSv/h。

(四)核分裂游離腔計數器

將高濃縮度（I_a=90%以上）的 U-235 塗料鍍膜在充氬氣的游離腔壁，就成為核分裂游離腔計數器（fission chamber）。它的主要用途，係置入高通率的熱中子輻射場內（達致 10^{10} n_{th}/cm² · s，如核反應器的爐心或核爆場爆心外）量測熱中子量。然而，有中子的輻射場必然伴隨著電磁輻射，故而為分辨加馬射線與中子輻射，在更強的輻射場內，會另備妥一隻同樣的充氬氣游離腔專司偵測高通率中子場內的加馬射線，雙聯裝游離腔輸出訊號的相減，就是熱中子輻射強度的計讀。這就是前章述及的補償游離腔 CIC。

常用的 CIC 計數器，呈圓筒狀，半徑約為 1.5 毫米，可量測高通率熱中子至 10^{14} n/cm² · s（或 4.5 MGy/h）。不過，含 90%U-235 鍍膜的 CIC 只能偵測熱中子，要量測高通率快中子輻射，需更換為乏鈾 U-238 鍍膜，運用快中子核分裂反應（反應機率為σ_{nf} =1.3b）偵測快中子而不度量熱中子通率。因為，熱中子不能誘發 U-238 核分裂（註 6-04）。

必須提醒的是，充氣式中子計數器不能度量中子動能，也難以精確分辨輻射場內其他游離輻射；它最大的功能是粗略地偵獲中子輻射

強度，進而概估中子造成的等效劑量（率）。

二、度量中子輻射的固態偵檢器

如附表 2.1 所示，可以用來偵測中子輻射的固態偵檢器有半導體材料、閃爍材料與自流體；半導體材料有純鍺與矽（鋰），閃爍材料再分含鋰及硼的無機閃爍體與含鋰的有機閃爍體，自流體有兩種特殊材料：釩與鉈。

(一) HPGe 純鍺偵檢器

前章曾揭示高階輻射度量 x-射線與加馬射線最常用的核儀就是 HPGe 純鍺偵檢器。它的主要用途是度量入射電磁輻射的能量與強度，唯鍺同位素也和入射的中子產生核反應。圖 6.3 的上圖加馬能譜是 HPGe 偵檢器置於 THMER 核反應器實驗區量測到的加馬能譜（註 6-05），譜中可清晰辨識 $Ge(n_{th}, \gamma)$ 捕獲反應釋出的瞬發加馬譜峰。圖 6.3 的下圖加馬能譜，是運用 HPGe 偵檢器置於同位素快中子源外，所量測到的$(n, n'\gamma)$核反應釋出的瞬發加馬譜峰（註 6-06）。

表 6.2　HPGe 偵檢器與中子輻射核反應釋出之瞬發加馬射線特性

鍺同位素	豐度	$E_\gamma(n_{th}, \gamma)$	相對強度	$E_\gamma(n_f, n'\gamma)$	相對強度
Ge-70	20.5%	175.1 keV	306	1,039.6 keV	30
Ge-72	27.4%	500.2 keV	154	691.2 keV	1,000
Ge-73	7.8%	596.4 keV	1,000	500.2 keV	4
Ge-74	36.5%	253.5 keV	177	596.4 keV	104
Ge-76	7.8%	159.5 keV	4	562.8 keV	29

相對強度指圖 6.3 加馬能譜內相應譜峰計數率的比值，數據整理自（註 6-05）及（註 6-06）。

資料來源：作者製表（2006-01-01）。

　　圖 6.3 下方的 Ge(n, n'γ)譜峰，明顯地在右方（能量稍大的一邊）有個「肩膀」（upper tail），如 691.4 keV 譜峰，這是因為鍺元素與快中子遂行非彈性散射核反應後，不但處於激態，瞬間降激釋出瞬發加馬射線，同時也獲得動能讓鍺元素反跳開；鍺元素的動能也在瞬間耗盡，動能轉換成游離電子-電洞對，加入瞬發加馬譜峰的計讀。因此，在 HPGe 加馬能譜中，只要觀測到右邊長肩膀的譜峰，就可判定有快中子入射，產生(n, n'γ)非彈性散射核反應。

　　鍺元素有五個穩定同位素，每個同位素均會與熱中子及快中子產生核反應釋出可辨識的瞬發加馬射線，可作為定性定量偵測中子輻射的指標譜峰。這些鍺元素瞬發加馬射線的特性列於表 6.2。運用這些指標瞬發加馬譜峰計數率，當可反推熱中子及快中子的入射通率。以 10%相對效率的 HPGe 偵檢器為例，在低通率中子輻射場內可度量熱中子的範圍是 $2\sim3000\,n_{th}/cm^2\cdot s$，同時也可度量快中子通率，範圍稍窄，為 $4\sim70\,n_f/cm^2\cdot s$。

　　不過，HPGe 偵檢器的主要用途為度量電磁輻射，它的附加價值是在量測加馬射線或 x-射線的同時，可兼具量測中子輻射的功能。千萬不要本末倒置，將 HPGe 偵檢器置入高通率的中子輻射場，會把純鍺偵檢器輕易地打壞永久失效（註 6-07）。

(二) Si（Li）矽（鋰）二極體偵檢器

　　前章曾述及矽（鋰）半導體偵檢器是非常實用的度量荷電核粒能譜儀。而 Si（Li）半導體內的鋰元素，如表 6.1 所列，對入射熱中子產生 $^6Li(n, \alpha)T$ 的反應機率非常高，反應產物的高能阿伐粒子與氚且都帶正電荷，就在半導體內遭偵獲輸出脈衝訊號：

$$^6_3Li + ^1_0n \rightarrow ^4_2He + ^3_1H + 4.78MeV \text{，} ^6Li(n, \alpha)T \quad\cdots\cdots\cdots\cdots\cdots\cdots [6\text{-}3]$$

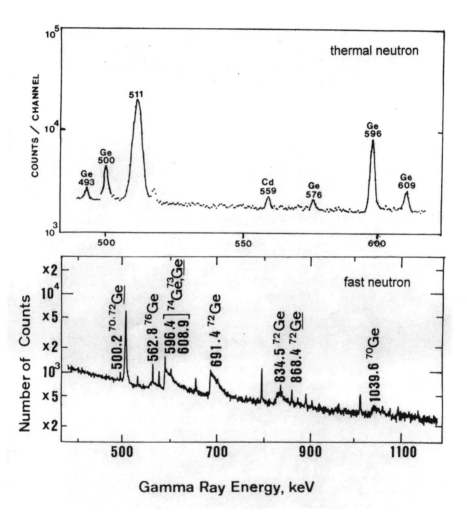

圖 6.3　HPGe偵檢器度量中子輻射的加馬能譜，上圖為入射熱中子，下圖
　　　　為入射快中子（註 6-05，6-06）

　　因此，矽（鋰）二極體理所當然地就成為度量中子輻射的另一種
半導體偵檢器。

　　鋰元素的熱中子(n, α)核反應機率是鍺元素熱中子(n_{th}, γ)核反應機
率的六倍，可是，純鍺偵檢器的體積很大，矽（鋰）偵檢器的體積很

小,純鍺半導體內都是鍺,矽(鋰)半導體內的鋰重量比只有 10^{-13}。因此,即便是拿最小的 HPGe 偵檢器(10%相對效率約 370g)和最大的 Si(Li)偵檢器(半徑 4 cm,厚度 0.6 cm,約 18 g),鋰的質量只有 1^{-14}g,與中子核反應的機率較鍺偵檢器少了 10^{-12} 倍。因此,Si(Li)二極體偵檢器,只能用來偵測極高通量中子輻射。此外,鋰元素在矽二極體內扮演關鍵性的角色,少一個鋰元素,二極體的半導體特質就少一分;當中子耗損鋰元素過多時,矽的半導體偵檢特性就此消失。

前章述及的軍規級野戰用的輕巧劑量儀,用以度量核爆瞬間中子通量的偵檢器即為矽(鋰)二極體,它的偵測範圍是 $0.1\sim10$ Gy 的熱中子吸收劑量,相當於 $4\times10^{10}\sim4\times10^{12}$ n_{th}/cm 的熱中子通量。

(三)閃爍偵檢器

如附表 2.1 所列,能夠偵測中子的閃爍材料,其內都含本章表 6.1 所列出的靶核,如 LiI(Eu)、硫化鋅加 LiF 或加 B_2O_3 等無機閃爍偵檢器,以及含鋰的有機玻璃閃爍偵檢器。它們主要的用途,是偵測熱中子通率,若要量測非熱中子以上不同動能的中子輻射,就得外加一個半徑 $50\sim300$ cm 不等的波那球(Bonner sphere)作為減速體,一方面攔下輻射場內的熱中子,一方面將高動能的中子減速,進入閃爍體偵檢器時,剛好成為熱中子產生核反應輸出閃爍光訊號。閃爍材料多製成中子劑量儀,偵測中子劑量率的範圍在 $1\sim50,000\mu$Sv/h 間。

(四)自流式中子偵檢器

若靶核:(1)對中子的捕獲反應機率大,(2)生成反應產物的半衰期短,(3)釋出高能貝他射線,且(4)高溫高壓惡劣環境下物性及化性均十分穩定,這種靶核即可作為量測高通率中子輻射場內偵測中子之自流式中子計數器(self-powered neutron detector)。它的原理是中子核反

應自釩或銠靶核釋出貝他射線，形成電流輸出，核儀電路上甚至不需提供電源即可偵獲中子。

上述的半導體、閃爍體或自流體中子偵檢器，在中子輻射場內使用時，必須注意三點：(1)它們都不能度量中子動能，只能偵測特定核反應的中子強度。(2)半導體與閃爍體偵檢器在中子通率超過 10^4 n$_{th}$/cm^2·s時，偵檢器本體會遭中子活化成為輻射源。(3)置入高通率中子輻射場內，任何固態偵檢器不是遭打壞，就是耗盡靶材。

三、度量中子能譜的離線操作偵檢器

需要核儀電路的中子輻射偵檢器，可以量測中子強度，甚至可轉換成劑量（率）計讀；不過，它們都不能度量中子能譜，更不能精確偵獲每一粒入射中子的動能。其實，要精確度量中子能譜並不簡單，即使離線操作的偵檢器可以量測中子動能，但過程非常繁複瑣碎。六種度量中子輻射的離線操作偵檢器：氣泡式能譜計、活化箔片、熱發光劑量計、感光底片、徑跡蝕刻片與生物劑量計，只有前兩種能完整地度量中子能譜。

㈠氣泡式中子能譜計

氣泡式中子能譜計（bubble neutron spectrometer），是運用中子與超熱液滴作用產生可目視判讀的氣泡，其數目與入射中子的動能與通量有正相關性，據以即時計讀出中子能譜及強度。超熱液滴指特製的凝膠體在沸點上仍處於液狀，一旦接受額外能量即形成氣泡，不斷膨脹至可目視判讀大小（氣泡半徑 0.5 mm 以上）。

在凝膠體內要形成一個等溫氣泡，必須對凝膠體提供中子輻射彈性碰撞移轉的能量 E（註 6-08）：

$$E= 4\pi r^2 S_F - 4\pi r^3 \Delta p/3 \quad\text{……………………………… [6-4]}$$

r=氣泡的半徑（cm），
S_F=氣泡表面張力（MeV/cm²），
Δp=氣泡內外壓力差（MeV/cm³）

　　式[6-4]等號右邊的第一項，是表面能量（surface energy），代表氣泡膨脹；第二項是體積能量（volume energy），代表擠碎氣泡。若無外加能量就可形成氣泡，則表面張力克服凝膠體的內爆壓力（implosion pressure），形成最起碼的氣泡，其半徑稱為臨界半徑 r_c：

$$r_c=3\, S_F /\Delta p，E=0 \quad\text{………………………………………… [6-5]}$$

　　不同的凝膠體材質，r_c 值約在 10～100 nm 間。不過，臨界半徑的氣泡在熱力學上屬不穩定平衡態，要永久形成氣泡，結合式[6-4]及內爆氣化能量 H，就需要最小能量 E_{min}：

$$E_{min}=E+H \quad\text{……………………………………………………… [6-6]}$$

　　因此，產生一個可目視計讀的氣泡，就與凝膠體超熱液滴的：(1)表面張力、(2)氣泡內外壓力差及(3)氣化能量 H 有關。意即，不同的凝膠體，入射中子動能一定要大於特定的閾值動能（threshold energy），才能產生氣泡（註 6-09）。圖 6.4(A)是氣泡式中子劑量計受中子輻射照射後，形成目視可計讀的照片。形成氣泡的超熱液滴，也可由外加壓力將氣泡擠碎還原，繼續使用，如圖 6.4(B)所示。

　　超熱液滴凝膠體對入射的快中子，每μSv（2,400n$_f$/cm²）可形成 0.03 至 3.3 個可計讀氣泡，快中子通量的可測範圍，約在μSv 至 10 mSv 間。氣泡式中子劑量計受中子照射到氣泡形成可目視判讀，需時約一分鐘，雖然是離線操作，但與核儀楨檢器的線上計讀相差無幾。

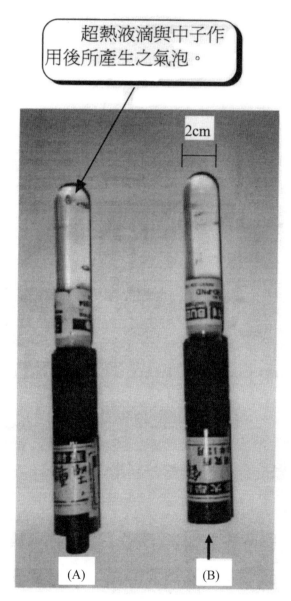

超熱液滴與中子作用後所產生之氣泡。

2cm

(A)　　　(B)

圖 6.4　氣泡式中子劑量計偵測中子輻射：(A)0.6μSv 中子等效劑量照射下的成形氣泡，目視可辨，(B)反旋頂蓋加壓使氣泡消失可重複使用（作者攝影提供）。

　　不同的凝膠體，就有不同的入射中子閾值動能始形成氣泡。換言之，低於閾值動能的中子，是無法在特定的凝膠體內形成氣泡。這提供了中子能譜偵測一線曙光。目前可商購的氣泡式中子能譜計，包括六種不同閾值動能的超熱液滴凝膠體：0.01，0.1，0.6，1，2.5 和 10 MeV，敏度約為每 10μSv 形成一個氣泡，可測範圍是 0.05～10 mSv（註 6-10）。

　　圖 6.5 是核能電廠內中子輻射經氣泡式中子能譜計度量到 0.01～15 MeV 的能譜圖。由圖中可判讀快中子的成份為主流，高能中子及中能中子僅佔少數。六隻能譜計量測如圖 6.11 的能譜，需時不到一小時，是十分方便輕巧且可重覆使用的離線操作儀具。

　　式[6-4]內超熱液滴的氣泡表面張力 S_F，隨溫度的增減而有劇大的變化。因此，離線操作的氣泡式中子能譜計，操作溫度限縮在 10～37℃

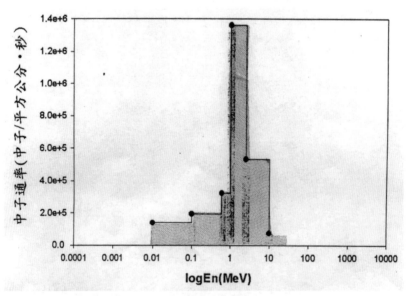

圖 6.5　氣泡式中子能譜計度量核能電廠外中子能譜（註 6-11）。

間，過冷或過熱，氣泡數目與中子輻射動能、強度不再成正相關性（註 6-11）。

使用氣泡式中子能譜計，有三點必須注意：(1)在高通量中子場內，氣泡數目超過 100 個／立方公分時，目視極不易判定，需靠自動掃描機具分辨高密度的氣泡數目。(2)任何化合物都會劣化甚至分解，氣泡式能譜計亦不可久置不用，保存期限為一年。(3)高通量的中子輻射也會致使超熱液滴凝膠體崩解，重複使用累積氣泡至 400 個時，就不能繼續使用。

㈡活化箔片量測中子能譜

需要核儀電路的中子偵檢器固然可以線上操作，但不能提供中子能譜數據；離線操作的氣泡式中子能譜計，雖然提供了六群中子動能的能譜，如圖 6.5 所示，然對 100 keV 以下的超熱中子與慢中子能譜，却無法提供任何度量數據，即使中子動能在 100 keV 以上，氣泡式中子能譜計也只能切割成六個譜區，還不夠精緻。因此，度量中子能譜還是要回到耗時費日的傳統方法：中子活化箔片以量測中子能譜。

幾乎所有的核種與中子核反應機率的走勢，都十分類似前章圖 2-5(A)的 Hg（n,x）核反應截面對中子動能的關係圖；幾乎所有的核種與熱中子捕獲反應機率，都遠高於其它動能的中子核反應。因此，度量中子輻射場內的熱中子通率不難，任何高反應截面的箔片，均可依前章式[2-37]在熱中子照射下度量活性反推熱中子通率。難就難在非熱中子動能以上的中子通率要如何量測？我們可以將熱中子以外的中子分成兩個能區，來探討如何獲致它們的通率，一是超熱中子區（中子動能在 0.4 eV 至 10 keV 間），一是中能以上中子區（中子動能超過 10 keV）。

超熱中子能區內，一旦中子與靶核結合，正好落在複合核的特定量子態能階上，會有非常高的共振吸收反應截面；此一截面甚至比熱

中子捕獲反應截面還大，問題是你怎麼知道度量到的活化箔片，是肇因於熱中子，抑或是超熱中子？還是兩種中子都有？所幸有了「鎘熱中子過濾盒」（thermal neutron filter cadmium capsule），可作為分辨熱中子與非熱中子的實驗工具。

鎘的熱中子捕獲反應截面非常大，高達 2450 b，是鎘本身幾何截面的兩千倍，在固態穩定性同位素間無出其右，且易加工製造。鎘甚至被用來作為核反應器爐心擋下中子控制棒的基材。另一方面，鎘與非熱中子核反應的機率很小，即便是共振吸收反應截面，也只有 100b 以下，因此，鎘可以擋掉熱中子，却讓非熱中子穿過。置入鎘熱中子過濾盒內的箔片，只能與非熱中子產生核反應，無緣與熱中子作用。圖 6.6 是 THOR 核反應器內的中子能譜，加裝 2 毫米厚鎘熱中子過濾盒的箔片，已看不到 0.4 eV 以下的熱中子，僅與非熱中子遂行核反應（註 6-12）。

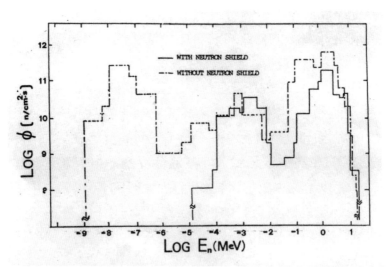

圖 6.6　使用鎘熱中子過濾盒的 THOR 核反應器非熱中子能譜（實線）與原有的中子能譜（虛線）（註 6-12）。

　　量測超熱中子區的通率，就得找共振吸收(n, γ)反應截面非常大的靶核作為箔片，行中子活化分析。表 6.3 列舉了超熱中子區所使用的靶核(n, γ)共振吸收的中子能量與反應產物，以及被中子活化的產物半衰期與釋出的可量測游離輻射特性。

表 6.3　以活化箔片量測中子能譜的閾值動能與重要諸元

	能量	箔片靶核	核反應	產物	半衰期	衰變輻射
超熱區	1.46 eV	In-115	(n, γ)共振	In-116 m	0.902 h	β^-,γ
	4.9 eV	Au-197	(n, γ)共振	Au-198	2.70 d	β^-,γ
	337 eV	Mn-55	(n, γ)共振	Mn-56	2.58 h	β^-,γ
	580 eV	Cu-63	(n, γ)共振	Cu-64	12.7 h	$\beta^+,\beta^-,EC,\gamma$
	2.85 keV	Na-23	(n, γ)共振	Na-24	15.02 h	β^-,γ
快區	0.7 MeV	Rh-103	(n, n')	Rh-103 m	0.935 h	IT,γ
	1.4 MeV	In-115	(n, n')	In-115 m	4.49 h	β^-, IT,γ
高能區	2.4 MeV	P-31	(n, p)	Si-31	2.62 h	β^-,γ
	2.7 MeV	S-32	(n, p)	P-32	14.28 d	β^-
	2.8 MeV	Ni-58	(n, p)	Co-58	70.8 d	β^+,EC,γ
	3.8 MeV	Li-7	(n, αn')	H-3	12.33 a	β^-
	5.2 MeV	Co-59	(n, α)	Mn-56	2.58 h	β^-,γ
	6.1 MeV	Fe-56	(n, p)	Mn-56	2.58 h	β^-,γ
	7.1 MeV	Mg-24	(n, p)	Na-24	15.02 h	β^-,γ
	8.6 MeV	Au-197	(n, 2n)	Au-196	6.183 d	$\beta^+,\beta^-,EC,\gamma$
	9.3 MeV	I-127	(n, 2n)	I-126	13.03 d	β^+,β^-,γ
	11.6 MeV	F-19	(n, 2n)	F-18	1.83 h	β^+,EC
	11.9 MeV	Cu-63	(n, 2n)	Cu-62	0.162 h	β^+,EC,γ
	13.0 MeV	Ni-58	(n, 2n)	Ni-57	1.50 d	β^+,EC,γ

註：數據摘錄自（註 2-28），所有箔片均為固態，超熱區量測需加裝鎘熱中子過濾盒。

資料來源：作者製表（2006-01-01）。

　　中子動能超過特定核反應的閾值動能後，就會與箔片靶核產生特定的核反應。換言之，箔片內的靶核若顯示特定核反應的活化產物，即可反推相應閾值動能以上的中子通率。如表 6.3 所列，在箔片 Ni-58 靶核內觀測到活化的 Ni-57 放射性同位素，可確定係由動能為 13 MeV 以上的中子引發(n, 2n)增殖反應的產物；量測 Ni-57 的放射活度，即可反推 13 MeV 以上高能中子的通率。表 6.3 列出 19 種箔片，對應 19 種中子動能，意即中子能譜的度量，運用活化箔片法可量測 20 個能區（外加熱中子活化箔片），較氣泡式中子能譜計更形精緻。

　　活化箔片受限於鎘熱中子過濾盒的容量，通常只有平方公分大小，量測高通率中子當無問題，要量測極低通率中子，其活化產物的放射活度會低於可測下限值而量不到。因此，為了量測極低通率中子輻射，可選用大片活化箔板。如度量高空飛行座艙內的宇宙中子輻射，可使用厚度 0.75 毫米重量達 260 克（千足金七兩）的純金板，宇宙中子通率的可測下限值，熱中子為 0.008 n_{th}/ $cm^2 \cdot s$，快中子為 1.6 n_f/ $cm^2 \cdot s$（註 6-13）。

　　必須提醒的是，活化箔片從靶核準備、照射、放射活度度量以迄於分析數據，一個箔片完整的量測與分析，少則一日，多則一週。不同的箔片與不同的靶核，如表 6.3 所示，若要全都做完，一個週全的中子能譜分析，少則需時一個月以上。換言之，圖 2.5 及圖 6.6 的中子能譜，若用活化箔片分析法度量，的確是冗長複雜繁瑣的實驗。若中子輻射場不具穩定性，時多時少，忽有忽無，活化箔片法就不能用來度量變化急遽的中子能譜，需用前述的氣泡式中子能譜計快速譜出中子動能的分佈。

四、其他離線操作的中子劑量計

　　離線操作的中子偵檢系統，除了氣泡式中子能譜計與活化箔片兩

種均能度量中子能譜外，還有熱發光劑量計、感光底片、徑跡蝕刻片與生物劑量計四種。不過，剩下這四種劑量計不能量測中子能譜，也不能量測劑量率，僅能度量中子的強度與累積劑量。

(一)熱發光劑量計

將高濃縮度的 Li-6 製成 ^{6}LiF 熱發光中子劑量計（商購型號通稱TLD-600），即可度量熱中子累積劑量，可測範圍約為 $100\mu Sv \sim 10\,Sv$ 間。為剔除加馬射線造成計讀，可另搭配 ^{7}LiF 熱發光劑量計（商購型號為TLD-700）專司量測加馬分量比對。為模仿人體既能減速中子又可反射中子的效應，在佩帶熱發光中子劑量計時加裝度量源自人體的反射熱中子的反照瞻孔，這種三合一裝置則稱為反照率熱發光中子劑量計（TLD-600/700 Albedo neutron dosimeter）。不過，熱發光中子劑量計不能提供中子能譜及特定動能的中子通率等相關資訊，更不能告訴使用者曝露期間任一關鍵時刻的劑量率。

(二)感光底片

感光底片基材不會與中子輻射作用，因此，必需在感光底片與入射中子間置一高捕獲反應機率的材質（如銪），釋出(n, γ)的瞬發加馬射線讓底片感光。感光底片偵測中子累積劑量的範圍約在 $0.2 \sim 20\,mSv$ 間，唯：(1)感光底片無從分辨中子核反應釋出的瞬發加馬與輻射衰變加馬，(2)感光底片不能提供何時受照射的確切時間，(3)感光底片也無法提供劑量率，(4)感光底片不能分辨中子動能。也因此，離線操作的感光底片偵測中子劑量的有限功能，已遭熱發光中子劑量計完全取代。

(三)徑跡蝕刻片

若在兩張蝕刻片間夾上一層可裂材質，入射中子引發核分裂反應，兩個分裂碎片將分別鑽入「土司」蝕刻片內，造成徑跡。如第 4 章所述，照射後送往實驗室浸泡在強鹼液浸蝕，彈坑遭腐蝕逐漸擴

大，至目視可辨即予計讀。這種分裂碎片蝕刻片（fission track etch detector）與一般蝕刻片受分裂碎片轟擊形成彈坑的機制雷同，然：(1)分裂碎片彈坑半徑較阿伐粒子為大，(2)分裂碎片彈坑深度僅為阿伐粒子的 5%，(3)分裂碎片彈坑太淺，故無法兩面浸蝕形成彈孔。徑跡蝕刻片最大的特色，是目視計讀彈坑深度與半徑當可確認為分裂碎片所造成，據以推定係在中子輻射場內受照射。徑跡蝕刻片偵測中子累積劑量範圍，約在 0.05～500 mSv 間。

㈣生物劑量計

人體受中子輻射照射後，必遭中子活化，如前章「自我評量」1-3 的案例。表 6.4 列舉出受害者的身軀遭高通量中子照射後從軀體抽取檢體如血液、骨骼或毛髮，偵測特定活化核種的輻射衰變，就可反推軀體受中子輻射照射的累積劑量，可測範圍約在 1.5～80 Sv 間。不過，生物劑量計：(1)不能提供中子動能，(2)不能提供中子強度，(3)不能提供生物受中子照射的確切時間，(4)不能提供生物受中子照射時的劑量率。唯軀體內偵測到表 6.4 所列的放射性同位素 Na-24，Cl-38，Ca-49 及 P-32，可確認生物體在生前曾受高通量的中子照射。

表 6.4 生物劑量計偵測體內中子活化檢體特性

檢體	靶核	核反應	產物	半衰期	衰變輻射
血液	Na-23	(n, γ)	Na-24	15.02 h	β^-, γ
血液	Cl-37	(n, γ)	Cl-38	0.622 h	β^-, γ
骨骼	Ca-48	(n, γ)	Ca-49	0.145 h	β^-, γ
毛髮	S-32	(n, p)	P-32	14.28 d	β^-

註：數據摘錄自（註 2-28）。

資料來源：作者製表（2006-01-01）。

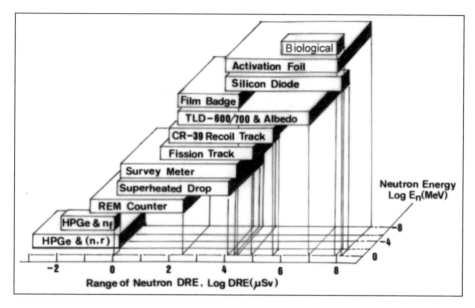

圖 6.7 各類中子輻射偵檢器度量中子累積劑量與能量範圍（註 6-06）。

　　綜上所述，本節將度量中子輻射的偵測儀器分成兩類：線上操作及離線操作。其中線上操作再分為固態及氣態偵檢材質，離線操作的儀具另有六種。各類儀具僅有離線操作的氣泡式中子能譜計與活化箔片可度量中子能譜（前者可跨讀中子動能三個數量級，後者達九個數量級）。這些中子輻射偵檢器均可度量中子劑量，可測累積劑量範圍，示於圖 6.7 內，方便用戶選擇特定的儀器去度量特定劑量範圍的中子輻射。

自我評量 6-1

全民一齊來反恐。你是輻射度量專家，使用加馬能譜儀是否能在 10cm 厚的鋁套外，快速檢測出內藏以 U-235 為彈心的原子彈或以 Pu-239 為彈心的核彈？假設恐怖份子所攜帶的是內爆彈，彈心均為 1 公斤的次臨界質量。

基本數據：

彈心材料	U-235	Pu-239
阿伐衰變半衰期(a)	7.04×10^8	2.41×10^4
自發分裂半衰期(a)	3.5×10^{17}	5.5×10^{15}
產率最高的加馬射線能量（keV）	186	52
電磁輻射產率（數目／衰變）	0.54	0.00021
在彈心內的線性衰減係數（1/cm）	34	225
鋁套的線性衰減係數（1/cm）	0.076	0.41
彈心密度（g/cm³）	18.9	19.5

加馬能譜儀能否快速偵獲鈾（鈽）彈心釋出的指標電磁輻射，視彈心自我吸收 x(γ)射線後還有多少逸出可被偵測。次臨界球狀鈾彈半徑 R(U)=2.33 cm，密度更高的鈽彈半徑，則為 R(Pu)=2.30 cm。

解：依前章式[3-27]解算鈾（鈽）彈表面加馬射線通率：

$S_R(U) = 4\pi(2.33)^3 \times 18.9 \times 6 \times 10^{23} \times 0.693 \times 0.54 / (3 \times 235 \times 7.04 \times 10^8 \times 365 \times 86,400)\gamma/s = 4.31 \times 10^7 \gamma/s$ ；

$S_R(Pu) = 4\pi(2.30)^3 \times 19.5 \times 6 \times 10^{23} \times 0.693 \times 0.00021/(3 \times 239 \times 24,100 \times 365 \times 86,400)\gamma/s = 4.78 \times 10^8 \gamma/s$ ；

μR(U)=34 × 2.33=79.2 ；　F(U) = 0.037

μR(Pu)=225 × 2.30 = 518 ；　F(Pu)= 0.0058

依前式[3-27]解算，故：

鈾彈心表面ψ=23,375γ/cm² · s

鈽彈心表面 $\psi=41{,}705\gamma/cm^2 \cdot s$

然而，鈾（鈽）彈藏在 10 cm 厚的鋁套內，上述的通量推算就可視為點射源，故而鋁套外的加馬射線通率，可運用下式推算：

$$\psi(r) = S_R \exp(-\mu r)/4\pi r^2$$

$$\psi(U)=23{,}375\gamma/s \times \exp(-0.076 \times 10)/4\pi(10+2.33)^2$$

$$=5.72\gamma/cm^2 \cdot s$$

$$\psi(Pu)=41{,}705\gamma/s \times \exp(-0.41 \times 10)/4\pi(10+2.3)^2$$

$$=0.36\gamma/cm^2 \cdot s$$

很明顯地，用加馬能譜儀勉強可在鋁套外測出內藏鈾彈釋出的 186 keV 加馬射線；而鈽彈所釋出的低能 52 keV 加馬射線，少了 16 倍幾乎無法測出。反恐行動現場快速偵測是否走私原子彈，用加馬能譜儀無法偵獲鈽彈，最多只能勉強偵測鈾彈。

所以，反恐專家另外得備妥中子偵檢器，因為鈾(鈽)彈心都遂行自發分裂衰變，釋出中子輻射。

6-2　中子輻射度量

中子輻射度量，較偵測荷電核粒或電磁輻射難度高出許多。特別是中子輻射場內都混雜著等量的荷電核粒及電磁輻射，甚至中子輻射會活化偵檢器，使之受到輻射損害。本節將度量中子輻射分為兩部分，一是偵測高通率的中子輻射與劑量，一是偵測微通率的中子輻射與劑量。

一、高通率中子輻射度量

核反應器全功率運轉時，爐心的中子通率非常高，除了儀控用的

中子計數器，其它線上操作的中子偵檢器置入核反應器內都會被中子活化，造成永久性的損害。要度量核反應器爐心、爐外與圍阻體外的中子通率與能譜，最保守的首選儀具非活化箔片莫屬。

圖 6.8 是 THOR 爐心側通管內熱中子通率量測的結果（註 6-14）。熱中子通率的量測，是藉助「鎘差法」（cadmium difference method）完成。在前節曾述及鎘元素可以完全擋掉動能在 0.4 eV 以下的中子，因此，圖 6.8 每一筆量測數據，是由一片金箔與另一片藏在鎘熱中子過濾盒內的金箔同時照射，前者活性反推的中子通率ϕ（bare），與後者活性反推的中子通率ϕ(Cd)之比值，稱為「鎘比」（cadmium ratio, R(Cd)）：

$$R(Cd) = \phi(bare) / \phi(Cd) \quad\cdots\cdots\cdots\cdots\cdots\cdots\cdots\cdots\cdots\cdots\cdots\cdots [6\text{-}7]$$

曝露在中子輻射場的金箔，被熱中子與非熱中子活化；包藏在鎘熱中子過濾盒內的金箔，只被非熱中子活化；故而動能在 0.4 eV 以下的熱中子通率ϕ_{th} 為：

$$\phi_{th} = \phi(bare) - \phi(Cd) = \phi(bare)[R(Cd) - 1] / R(Cd) \quad\cdots\cdots\cdots\cdots\cdots [6\text{-}8]$$

THOR 核反應器滿載運轉時，爐心外的側通管中心位置，R(Cd)=11，意即 91%(11 − 1/11)的中子為熱化的慢中子，熱中子通率經金箔活化與式[6-7]及[6-8]解算，推定為ϕ_{th} =1.0×10^{11} n$_{th}$/cm^2 · s。在THOR 爐心外試樣站位置的 R(Cd)=26.4，亦即 96.2%的中子在爐外側通管出口處為熱化的慢中子；如圖 6.8(B)所示，爐外熱中子通率僅剩1.3×10^6 n$_{th}$/cm^2 · s。在側通管的遠端，層層疊堆的重水泥塊將爐心引出的中子擋下，週遭的熱中子逸散通率，如圖 6.8(A)所示，僅餘 100 n$_{th}$/cm^2 · s。此外，遭試樣折射 90°，鑽入 HPGe 純鍺半導體加馬能譜儀的散射熱中子，金箔量到的通率只有 10 n$_{th}$/cm^2 · s，如圖 6.8(B)所示。

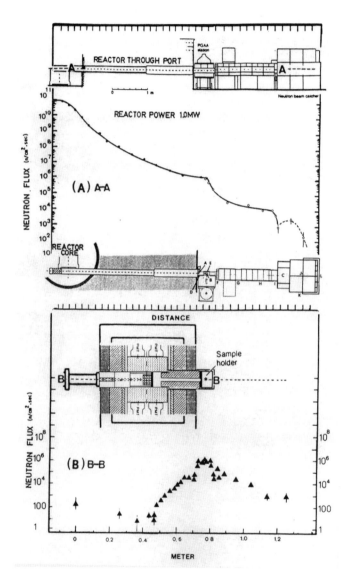

圖6.8 運用活化箔片度量THOR核反應器：(A)側通管及(B)試樣站的熱中子通率（註6-14）。

除了THOR核反應器外，同位素中子源亦釋出大量的中子。由於反恐制變的需求，國內曾設計先導型的線上 PGAA（on-line PGAA, OLPGAA）炸藥偵檢儀，使用兩個 100μg 的同位素中子源，一上一下置於通關行李轉盤之兩端，照射通關行李內藏的炸藥，運用 $^{14}N(n, \gamma)$ ^{15}N 釋出的 10.829 MeV 瞬發加馬射線，以兩側的 BGO 能譜儀據以偵獲行李的內藏炸藥（註 6-15）。然而，中子打入行李後，中子通率要高到足以在快速通關下能偵獲公斤級的內藏炸藥，唯中子通率又要低到不會活化行李內個人日常用品。圖 6.9 是國內先導設計炸藥偵檢儀，在行李週邊以金箔活化量測到的熱中子通率等高分佈。

圖 6.9 內的通關行李週邊熱中子通率度量，係運用金箔活化分析法多點偵測。炸藥偵檢儀使用的兩個同位素中子源，加總的中子強度為 4×10^9 n/s，上下包夾轟擊受檢行李；金箔測出行李中心的通率超過 $25,000\,n_{th}/cm^2 \cdot s$，行李邊緣亦有 $5,000\,n_{th}/cm^2 \cdot s$。炸藥偵檢儀外側的 BGO 能譜儀，經散射、折射入內的中子，通率也有 $250\,n_{th}/cm^2 \cdot s$，造成相當程度的核儀中子損害。不過，圖 6.9 的行李中子通率分佈，倒可在 5 秒鐘的快速通關下，偵獲行李內藏兩公斤的軍用高爆炸藥（high explosive TNX, $C_8H_7O_6N_3$）；20 公斤重的托運行李，短短 5 秒內被中子活化的總活度，不到 0.03 Bq/kg（註 5-22）。

二、微通率中子輻射度量

除了運轉中的核設施、核爆的瞬間或啟動同位素中子源以外，日常生活似乎與中子輻射絕了緣。事實上，天然輻射內就有中子，它是原始宇宙射線的一部分，更是宇宙射線衍生二次輻射的主成份，只不過自天頂下灑的中子輻射，打到民眾身上，通率非常低，只有 0.001 $n/cm^2 \cdot s$ 的數量級。

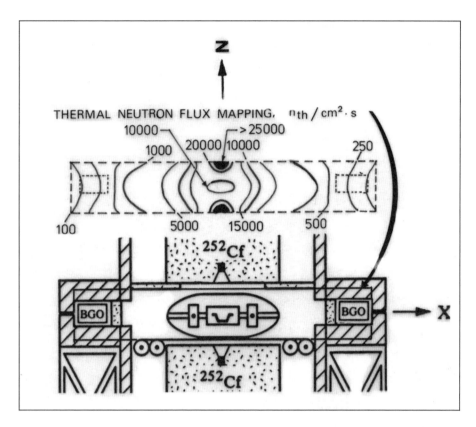

圖 6.9　國內先導型炸藥偵檢儀在通關行李週邊的熱中子通率等高分佈（註 5-22）

　　如此低通率的中子輻射，對應的劑量率僅有 1.5 nSv/h；前節述及的各類型偵檢器，能夠度量這麼低通率的中子輻射，選項十分有限，大概只有線上操作的大型 BF_3 比例計數器。地表面僅有如此低通率的中子輻射，乃因大氣層內的空氣分子將下噴的宇宙中子大都擋掉。可以想見，海拔愈高、氣壓愈低，頭頂上的空氣愈少，換言之，下噴的宇宙中子就愈多。因此，在民航機巡弋高度的飛行座艙內，快中子通率可達 0.5 n/cm² · s（相當於 0.75μSv/h）；這時，氣泡式中子能譜計、

鍺半導體偵檢器甚至大張箔片活化，均可加入度量宇宙中子的行列。

如前章所述，原始宇宙射線內的太陽中子，在抵達地表面時，衰變到只剩原有的 4%，因此，宇宙中子輻射的主流，是荷電高能核粒（質子，佔原始宇宙射線的93%）與空氣主要核種的核反應所產生的：

$$^{14}_{7}N + ^{1}_{1}H \rightarrow ^{1}_{0}n + ^{14}_{8}O \text{，} ^{14}N(p, n)^{14}O$$

$$^{14}_{8}O \rightarrow ^{14}_{7}N + \beta^{+} + v \cdots\cdots\cdots\cdots\cdots\cdots\cdots\cdots\cdots\cdots\cdots [6\text{-}9]$$

式中的 ^{14}N 核種，經(p, n)核反應釋出二次宇宙中子輻射後，生成 ^{14}O，經 70 秒半衰期的貝他衰變，又變回 ^{14}N。故而大氣層內氮元素恆古以來均處於平衡態，不會因質子的(p, n)核反應而耗損。也可以這麼說，入射大氣層的原始宇宙射線荷電高能質子，只是藉空氣核種「變身」為中子輻射，繼續對地表洋面下噴。

距地表洋面愈高，宇宙中子輻射愈強。由地面往上，經對流層、平流層，中子強度愈來愈高；進入距地 50 公里以上的電離層後，空氣愈來愈稀薄（氣壓為 10^{-5} 個標準大氣壓以下），原始宇宙射線經(p, n)產生中子輻射的機率愈來愈小，到了大氣層外的高軌道外太空（距地高度 3.6 萬公里），幾乎已無宇宙二次中子（註 6-16）。

颱風經常肆虐台灣。颱風是由熱帶洋面的大氣擾動，進而形成熱帶低壓，再衍生出颱風。颱風中心的氣壓非常低，可以預見在颱風眼下的地表面，宇宙中子輻射的強度較平日高。民國 85 年的賀伯強烈颱風（編號 9608）直撲台灣，在宜蘭登陸新竹出海。國立清華大學研究團隊展開「追風行動」，連續 80 小時追逐颱風眼，量測眼中的宇宙中子輻射強度（註 6-17）。圖 6.10(A)是賀伯颱風過境時在測站以 FHT-751 BF_3 比例計數器度量到的宇宙中子劑量率，颱風眼抵達測站時，中子劑量率激增至平日的五倍!圖 6.10(B)為颱風過境測站前後逐時氣壓計的數據，反映出颱風眼抵達時，大氣壓陡降至 965 hPa，僅為標準大氣壓的 95%。

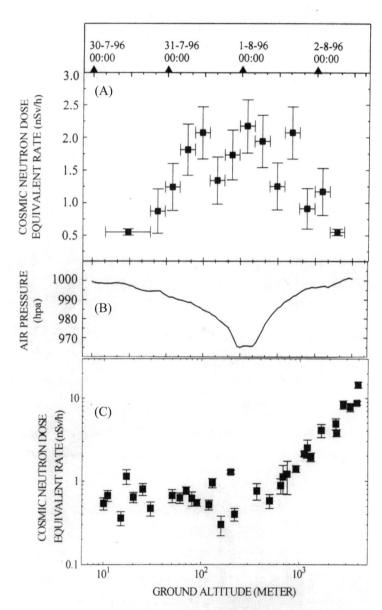

圖 6.10　(A)賀伯颱風過境宇宙中子輻射劑量率變化，(B)測站逐時氣壓變
化及(C)平日地表面宇宙中子劑量率隨海拔高度變化（註 1-01）。

　　圖 6.10(C)則展現地表面平日量測到的宇宙中子輻射劑量率，自瀕海沿台灣地形迄玉山頂峰，在海拔 800 米以下的海岸平原與淺山地區，宇宙中子輻射劑量率低於 1 nSv/h；到了山區，因氣壓變低故中子劑量率變大，如圖內數據顯示。到了玉山頂峰（海拔 3,952 米），中子劑量率高達 14.5 nSv/h。從圖 6.10 的數據可看出，大氣層是個天然的輻射屏蔽，替民眾擋掉大部分的宇宙射線。

　　在地表面量測，宇宙中子下噴等同於撞上一個無限厚的高密度介質，因腳下的介質（土壤、岩磐）吸收掉下噴的中子，故而在介面表面（即地表面）量測到的中子強度較高空中同一海拔高度者要少很多。為驗證無地效（ground effect）的空中輻射，國立清華大學研究團隊由軍方支援空運機便載，在台灣防空識別區（Air Defense Identification Zone, ADIZ-Taiwan）內執行空域宇宙中子輻射度量。

　　圖 6.11 為運用 FHT-751 BF$_3$ 比例計數器，置於 C-130H 空運機艉門跳板上，量測低空（沿海偵巡，松山至屏北，巡航高度 1.8 千呎）、中空（跨洋人員運輸，屏北至東沙，巡航高度 7 千呎）及高空（跨洋物資運補，東沙至松山）輻射（註 6-18）。飛行座艙內量測到的宇宙中子強度，沒有地效，劑量率為同一海拔高度地面數據的 5～8 倍。如東沙飛返台北途中，航高萬呎的飛行座艙內，宇宙中子劑量率為 40 nSv/h，相當於 0.03 n$_f$/cm^2·s 的快中子通率，亦與圖 6-2 的高空宇宙中子能譜計算結果吻合。

　　宇宙中子隨距地高度增加而逐漸變強，那不同的緯度又會有什麼影響？宇宙中子的源項既然是原始宇宙射線荷電高能質子與空氣(p, n)核反應的產物，大氣層內宇宙質子的多寡，決定了地面中子劑量的大小。在第 1 章章首圖內，可看出地磁偏轉入射宇宙質子的效應：海平面宇宙射線的強度，地磁南北極最強，地磁赤道最弱，地磁赤道又以菲律賓海迄阿拉伯海橫跨兩洋（太平洋與印度洋）間的區域最微弱。換言之，海平面宇宙中子最弱的區域，包括台灣以南的南中國

海，事實上，地磁赤道（geomagnetic equator）正好通過南沙群島太平島附近海域，理論上太平島附近海域的宇宙中子劑量率應為全球最低。

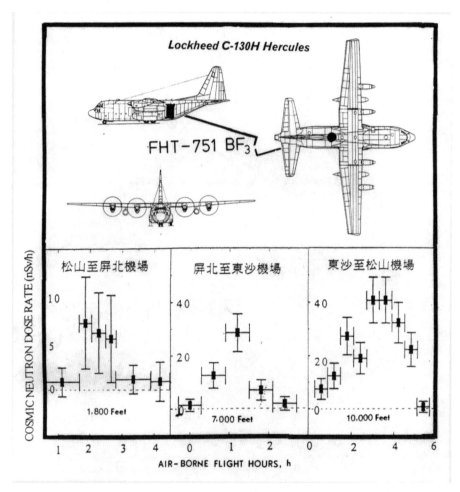

圖 6.11 台灣空域飛行座艙內宇宙中子輻射劑量率與飛行高度的關係（註 6-18）。

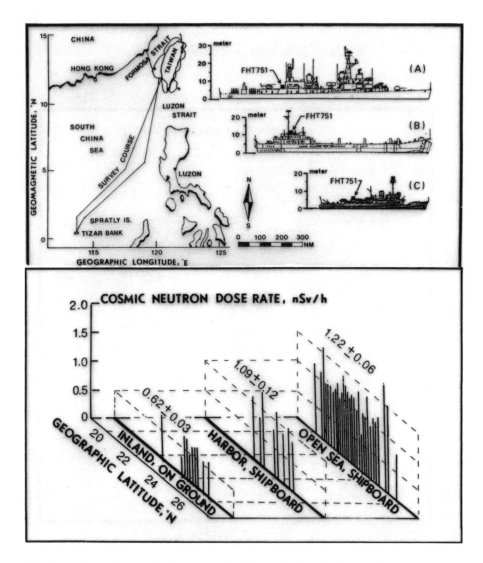

圖 6.12　由戰艦與緝私艦便載儀器於地磁赤道海面量測宇宙中子航線（上
　　　　圖）及海-陸交界與公海海面量測結果（下圖）（註6-19，6-20）。

　　國立清華大學的研究團隊，由國防部及財政部支援戰艦及緝私
艦，便載全面量測海面宇宙中子輻射強度（註6-19）。航程涵蓋台灣

本島週邊海域，及地磁赤道 0°至地磁北緯 16°間的南中國海，往返於左營及南沙太平島間。三艘便載 FHT-751 BF$_3$ 比例計數器的戰艦與緝私艦，如圖 6.12 上圖所示，共量測獲得 84×12 小時的數據庫。在太平島上三日的平均劑量率，僅有 0.84 nSv/h，與前述台灣本島瀕海地區的量測值相近。

　　海面的地效與地面的地效不盡相同。地面量測宇宙中子輻射，因地效影響，劑量率為同一海拔高空中的 1/5 至 1/8，如前所述。地面下的土壤、岩磐密度約為 2.35 g/cm^3，海水僅有 1.02 g/cm^3，可以想見海平面的地效要比地表面的地效要弱，換言之，海面量測到的宇宙中子劑量率，肯定比附近島上要高。在太平島五千碼外的泊地，戰艦飛行甲板上量測到的宇宙中子劑量率，為 1.13 nSv/h，一水之隔，是島上的135%。

　　地磁場將入射赤道的荷電高能質子偏轉向地磁北極，因此可預期自南沙太平島往台灣沿途量測海面中子強度，會愈來愈高；事實上也是如此，台海沿岸外的中子劑量率，微升到 1.22 nSv/h。為了探討公海海面、海陸交界及內陸地效對量測宇宙中子輻射的影響，將台灣本島內陸平原（距海岸 4～50 公里遠，海拔百米以下）、軍、商港港池內及公海上所量測到的數據彙整，針對地效作一比對（註 6-20）。如圖 6.12 下方所示，台灣本島內陸平原的地效效應最大，地表宇宙中子輻射的劑量率僅有 0.62 nSv/h；台灣環島八個海港碼頭上介於海陸交界處，地效效應較弱，劑量率略升至 1.09 nSv/h；台灣沿岸外的公海上，海面地效最差，劑量率微升至 1.22 nSv/h，如上所述。

　　中子輻射的度量，難度最高，耗時也最久；能夠輕鬆上手量測微通率的宇宙中子輻射劑量率與強度，則高通率的中子能譜就可得心應手，耐心地譜出中子動能的分佈與強度。

自我評量 6-2

全民作夥齊反恐。這回反恐小組攜帶了本章首頁的FHT-751中子劑量儀。鈾（鈽）的自發分裂衰變特性如下表，在 10 cm 厚的鋁套外，可否快速偵獲內藏的鈾（鈽）彈？。

彈心材料	U-235	Pu-239
核分裂中子產率（中子／分裂）	2.18	2.74
分裂中子平均動能 KE。（MeV）	1.82	1.80
彈心的 λ_{sct}（cm）	2.52	2.09
彈心的 Σ_{nr}（1/cm）	0.37	51.1
鋁套的 λ_{sct}（cm）	11.9	同左
鋁套的 Σ_{nr}（1/cm）	0.015	同左

解：首先，得依前章式[2-38]計算分裂中子是否能穿越彈心，亦即鈾彈心內的中子遷移距 R_n 是否大於鈾彈半徑 2.33 cm：

$\xi(U)=1+(234)^2\ln(234/236) / (2\times235)=0.0085$

$\tau(U)=[2.52 \times \ln(1.82/ 2.5 \times 10^{-8}) / 0.0085]^2=2.7\times10^7$ cm^2

$L_n(U)=1/ [3 \times 0.37/ 2.52]^{1/2} =1.51$ cm，故 $R_n(U)=5,367$ cm，所以鈾彈心擋不住中子，同理，R(Pu)=4531 cm，也擋不住中子。

其次，鋁套是否能擋下鈾（鈽）彈釋出的中子？

$\xi=1+(26)^2\ln(26/28)/ (2\times27)=0.0723$

$\tau=[11.9\times\ln(1.82/2.5\times10^{-8})/0.0723]^2= 8.88\times10^6$ cm^2

$L_n=1/ [3\times0.015/11.9]^{1/2}=16.3$ cm，故 $R_n(Al)=2,981$ cm

所以鋁套也擋不住鈾（鈽）彈釋出的中子。

因此，彈心自發分裂中子通率在鋁套外可簡化為：$\phi_n=S_n/4\pi r^2$

$S_n(U) =0.693\times1,000 \times 6 \times10^{23} \times 2.18/ (235 \times3.5 \times10^{17} \times 365 \times 86,400)$ n/s $= 0.35$ n/s；

$S_n(Pu) = 0.693 \times1,000 \times 6 \times10^{23} \times 2.74/(239 \times 5.5\times10^{15} \times 365 \times$

86,400) n/s = 27.5 n/s；

$\phi_n(U)=0.35/4\pi(10+2.33)^2=1.83\times10^{-4}$ n/cm^2・s

$\phi_n(Pu)=27.5/4\pi(10+2.30)^2=1.44\times10^{-2}$ n/cm^2・s

FHT-751 中子劑量儀在第 2 章 2-3 節經校正後 1 cps 的計數率為相當於 0.53 n/cm^2・s。故偵測鈽彈的計數率為 0.027 cps（或兩分鐘 3 個計數），偵測鈾彈的計數率就非常差，只有 3.45×10^{-4} cps（或每小時 1.2 個計數）。

結論：全民有效反恐，攜加馬能譜儀可偵測鈾彈，難以偵測鈽彈；攜中子劑量儀可以偵測鈽彈，但難以偵測鈾彈。故反恐小組執勤時，兩種偵檢器均得攜往現場。

CHAPTER 7

輻射度量數據處理

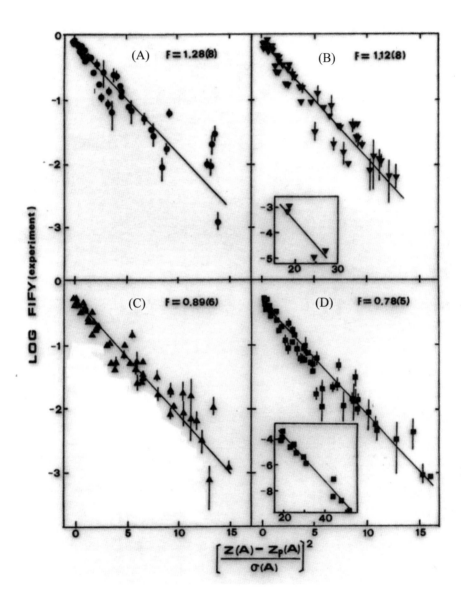

圖 7.1　最小平方迴歸分析熱中子鈾-235 核分裂產物產率數據：(A)偶 Z 偶
A 產物，(B)偶 Z 奇 A 產物，(C)奇 Z 偶 A 產物，(D)奇 Z 奇 A 產物
（註 7-01）。

提要

1. 有單位的數值與無單位的數目，都需具備有效數位的規範，才有意義；不論數值或數目龐大到需用數量級呈現時，可用數碼的位元（如四碼有效數位）表示，否則可用最後一碼的位置（如有效數位至個位數）表示。

2. 依照古典算術法則，數值或數目需進位時，四捨五入的五，得遵循「逢雙不入逢單入，前奇五入前偶捨」的規範；而數值間執行加減乘除基本運算前，先要齊一單位，遵循「先對齊、再加減」及「先乘除、再對齊」的規範。

3. 有量測就有誤差，誤差有隨機誤差與系統誤差兩種；量測數據集中，稱為精確，量測數據接近期望值，稱為準確，與期望值的差，稱為誤差。

4. 獨立量測數據的平均值稱為量測均值，標準差定義成方差的平方根；均值加減若干個標準差的範圍稱為信度，指量測值落入其中的機率。

5. 輻射度量需將相對標準差壓縮到40%以下方有意義，且不輕易將任何量測值剔除，維持輻射度量的高道德標準。

6. 數據統計中的誤差傳播基本運算，必須遵守加減乘除及指數運算的法則，權重的運用與壓低誤差的量測技巧，目的都在於提升量測值的信度。

7. 輻射度量的數據庫，可轉換解算為具物理意義的結果；可測下限值的最適化，可用降低背景、提升偵檢效率與延長量測時段達成。

科學指「有系統、有組織且可經重複驗證的知識」，輻射度量學

是科學，故而度量的游離輻射必定遵循特定的規律，量測的數據，必然有相當程度的再現性。輻射度量學要成為科學的次學門，必需在數理上合乎邏輯，統計分析上合乎規律。

任何量測都有誤差，若提報的量測數據沒附帶提報誤差，它不能算是嚴謹的度量。不過，輻射度量所量到的數據，得先弄清楚量測值與誤差值的有效數位。了解有效數位的規則與四捨五入及基本運算法則後，才能正確展示量測值與誤差值。

當前的掌上型計算器及個人電腦計算程式都非常方便，輕鬆鍵入叫它運算，彈指間就呈現結果在螢光屏幕上。先別忙著抄錄運算值，先問自己該有的有效數位是多少？最後一位是否該四捨五入？如何正確地四捨五入？本章一開始就引導讀者學習認識有效數位以及有效數位相關的基本運算法則。

每逢選舉，必有選前民調，最常聽到的是「在 95% 信度範圍內，標準差 3.3%，有效樣本 1,034 份，支持 X 候選人的有 50%…」。什麼是信度？什麼是標準差？這些統計學的名詞，用在輻射度量學，又代表何種意義？誤差要如何傳播，很多博士班研究生甚至不會計算（20 ± 4）－（10 ± 3）=$10 \pm$ ？（答案是$[4^2+3^2]^{1/2}=5$）。

「這間房子內沒有輻射」是外行話，頂多只能說「我量不出來房子的輻射強度」；正確合乎邏輯的詮釋，是「這間房子內的輻射強度，在核儀可測下限值之下，測不出來，並非沒有輻射…」。如何定義某特定核儀系統的可測下限值？無限制地投注資金改善核儀偵檢系統，可測下限值可不斷向下修正。當投資與效益不成比例時，得另定「可接受的可測下限值」，去規範輻射度量必要的投資及投資上限。

輻射度量，所有量測到的數據，以及數據庫求得的量測均值與標準差，均須從實提報，絕不可為了展現工整漂亮的數據而任意剔除難看的數據。從實提報量測數據，是輻射度量唯一的高道德標準。

7-1　數理邏輯與量測誤差

　　輻射度量最終展現的是成堆的量測數據，數據需先經處理，方能呈現出其代表的涵義。本節先就數理邏輯與量測誤差入門，將前章各節運用核儀度量游離輻射的結果，正確運算、統計與整理、呈現。

一、認識有效數位

　　有效數位（significant figures）是算術最基本的認知，惜在資訊時代快速輪動的衝擊下，大多數的用戶只顧著在鍵盤上鍵入，完全忘了每一筆數目都有嚴謹的呈現規範；主要的規範，當屬「有效數位」（註 7-02）。舉個與日常生活息息相關的例子：我國的貨幣是新台幣，基本單位是新台幣元，元等於 10 角，角等於 10 分，這種有單位的數目，稱為數值（numeral）。由於相對於強勢貨幣，我國的新台幣屬弱勢，故角與分鮮少使用。一張兩元伍角的明信片，價值寫成 2.50 元，其有效數位以新台幣元計價，到小數點第二位（相當於新台幣分）。例如民國 93 年我國國民年均所得為新台幣 504,387.74 元，有效數位到小數點第二位（註 7-03）。唯財富鉅大多到數不清時，可用數碼方式來展示有效數位；如我國某位首富總資產約為 2.5×10^{12} 元等值新台幣，有效數位是兩碼。

　　附錄 1 內附表 1.1 的常數摩爾值屬於有單位的數值，是 N_a $=0.6022045 \times 10^{24}$ 個原子每一個摩爾，它的有效數位顯然與小數點無關，它也可以用 6.022045×10^{23} 來表示。故而它的有效數位為七碼或七位數，再多已無意義。若你是全球首富，財富以新台幣元計價多達

10^{23} 個數量級，恐怕在清點財富時，只能用 6.02×10^{23} 元來表示，沒那個精力去錙銖計較。

再如前章曾述及 He-3 同位素的豐度為 0.000138%，它也是有單位的數值，它的有效數位與小數點無關，因為它可以寫成 1.38×10^{-6}，甚至是 138×10^{-8}。所以，He-3 同位素豐度的有效數位是三碼或三位數。

常用的核醫藥物放射性核種 Tc-99m 的半衰期數值為 6.007 小時，它的有效數位與小數點也沒有關係，因為半衰期可改寫成 360.4 分鐘，甚至 2.162×10^{4} 秒。正確的解讀，是半衰期的有效數位是四碼，或是以小時為單位到小數點第三位。

因此，除了基準單位（如幣值）的數字以「小數點第二位、個位、百位…」定點確認其有效數位外，其餘有單位的數值使用到數量級，有效數位可改用幾個數碼來表示。

二、有效數位的四捨五入

數值或數目要進位時，四就捨五就入嗎？四捨可以理解，它不過半，那恰恰好折半的五呢？前例的 6.007 小時的半衰期，換算成 $6.007 \times 3,600 = 2.1625 \times 10^{4}$ 秒；原始有效數位只有四碼，換算成秒也只允許四碼，21,625 秒的 5 尾碼，是否該「五入」？按照古典算術法則，是「逢雙不入逢單入，前奇五入前偶捨」（註 7-04）。亦即 5 字前為 2，故「逢雙不入，前偶捨」，半衰期需換算成 2.162×10^{4} 秒。同理，若量測半衰期的另一結果是 6.0075 小時卻又得維持四碼有效數位，則 5 字前逢 7，「逢單入，前奇五入」變成 6.008 小時。

三、有效數位的加減乘除

附錄 1 內附表 1.4 列舉了七種基本單位，包括長度、質量、時間、

電流、溫度、光度與摩爾數值。它們在現代化的儀器度量下，可以非常精準。例如時間，在核儀模組內均以石英振盪器來計時，讀出的 1 秒不是只有一碼有效數位，而是 1.000000000 秒十碼有效數位。因此，若 60 秒內有 5,979 個計數，計數率是 5,979/60 cps，四碼有效數位除以兩碼有效數位，答案從小，只剩兩碼 5,979/60=100 cps？錯了，核儀模組預設的 60 秒，小數點後隱藏了九個零，其實是 11 碼有效數位，故答案從小，沒有錯，只是變成 5,979/60.000000000=99.65 cps 四碼有效數位。

　　現在我們再面對稍為複雜的數理邏輯運算。假設量測 Tc-99m 的總計數率為 5,979 cpm，而背景輻射量測值為 1.7 cps，兩者相減 Tc-99m 的淨計數率為何？要記得運算之前單位齊一才能加減，故：

總計數率=5,979 cpm=5,979/60 cps=99.65 cps

　　其次，記住古典算術「先對齊，再加減」的法則，總計數率用 cps 為單位，有效數位到小數點第二位，背景計數率用 cps 為單位，有效數位只到小數點第一位，故：

99.65 cps － 1.7 cps = 99.6 cps － 1.7 cps = 97.9 cps

　　為什麼要先四捨五入進位對齊後才相減？道理很簡單，因為 99.65 的 5，找不到背景計數率相應的位元相減。故逢加減記得要先對齊。

　　那乘除呢？記住古典算術「先乘除，再對齊」的法則。例如一摩爾的 Tc-99m，其活性為：

$A=\lambda N_a=\ln 2 \cdot N_a/T_{1/2}=(\ln 2) \times 6.022045 \times 10^{23}/6.007$ h
　　$=1.930 \times 10^{19}$ Bq

　　注意此一運算諸元有效數位最小者為半衰期（6.007 四碼），其

次為摩爾數（6.022045 七碼），最多者常數（ln2=0.693147181⋯無限多碼），乘除運算後再對齊從小，砍到四碼有效數位，以數量級呈現得活性為 1.930×10^{19} Bq。

四、誤差的認知

百發百中的狙擊手，揣起突擊步槍對百碼外的人頭靶作標定射擊；彈著點都密集靶紙上某處，狙擊手打得夠精確（precision），若標定好的突擊步槍交由狙擊手，則彈著點不但密集，且都落在人頭靶的眉心上，狙擊手打得既精確又準確（accuracy）。

輻射度量可不像打靶。首先，根本沒有固定不動的人頭靶，其次，也沒有一彈一命的神槍手。即便是活性 1 微居里的試樣，每秒就有 3.7 萬次輻射衰變，秒秒如此？試樣活性是否真的是 1 微居里，不多也不少？輻射度量是否能不漏接，該量的都有量到且都量對，不該量的，都有剔除？輻射度量有兩種誤差，一為隨機誤差（random error），一為系統誤差（system error）；隨機誤差指游離輻射強度的時多時少、時有時無，系統誤差指量測條件的變化影響到度量效率，如溫度變化致使半導體特性漂移。任何輻射度量都會遇上隨機誤差與系統誤差。你不能消弭誤差，你只能壓低誤差。

游離輻射源項不論是輻射衰變或是核反應生生不息地釋出輻射，都遵循「粒子」特質，一粒一粒地自射源四向射出。輻射偵檢系統，也是一粒一粒依序作用、計測。游離輻射不但數目龐大（如核反應器爐心中子通率每秒每平方公分可高達 10^{14} 個），且釋出率依循機率分佈規則。荷包內有多少錢，總有一個正確值（true value）；估算值與正確值的差，稱為誤差（error）。游離輻射數目龐大且時多時少，故而沒有正確值，只有期望值（expectation value）。輻射度量到的量測值與期望值的差，也稱為誤差。

　　輻射偵檢器在預設時段內，不論是線上操作或離線操作，度量的是一個接一個的計數，加總後就成為一個量測值，如 MCA 內某一特定頻道有 5,979 個計數或氣泡式中子能譜計內有 25 個氣泡。假設對特定試樣獨立量測 N 次，第 i 次量測值為 y_i，則期望值 $\overline{m}$ 與量測均值 $\overline{y}$ 間的關係為：

$$\overline{y} = \sum_{i=1}^{N} y_i/N \,,\; \sigma_y^2 = \sum_{i=1}^{N} (y_i - \overline{m})^2/N = \sum_{i=1}^{N} (y_i - \overline{y})^2/(N-1) \quad \cdots\cdots\cdots\cdots [7\text{-}1]$$

　　式[7-1]的期望值 $\overline{m}$，除非你量測百萬次以上，否則永遠不會揭曉；能夠掌握的，是量測均值 $\overline{y}$。式[7-1]內的N-1指量測的「自由度」（degree of freedom），比N少一次的原因是解算 $\overline{y}$ 值用掉一次。σ_y 即前章述及的標準差，σ_y^2 稱為方差。

　　式[7-1]的物理涵義是：輻射度量不可以只量一次（N=1），否則式[7-1]右邊的方差變無限大，任何輻射度量要量兩次以上。式[7-1]另一個涵義，指 $0.683 \times N$ 次的量測值，落在 $\overline{y} - \sigma_y$ 及 $\overline{y} + \sigma_y$ 間，$0.317 \times N$ 次的量測值，落在上述範圍之外。以 Tc-99m 的半衰期為例，量測均值為 6.007 h，σ_y=0.002 h（註 7-05），意即針對 Tc-99m 的半衰期量測 1,000 次，有683次落在 6.005～6.009 h間，317次落在 6.005～6.009 h之外；換言之，量測均值 6.007 h 非常接近實驗的期望值。

　　一般的輻射度量量測值，必須提報量測均值，附帶需提報一個標準差。以 Tc-99m 的半衰期為例，有單位的數值表示方式有以下四種：

$$T_{1/2}(\text{Tc-99m}) = 6.007 \pm 0.002 \text{ h} \,,$$
$$= (6.007 \pm 0.03\%) \text{ h} \,,$$
$$= 6.007(2) \text{ h} \,,$$
$$= 6.007_2 \text{ h}$$

表 7.1　量測值落在均值加減誤差範圍內的信度

誤差範圍	量測值落入信度內	量測值落入信度外	最低量測次數
$\overline{y} \pm 0.675\sigma_y$	50.0%	50.0%	2
$\overline{y} \pm 1.000\sigma_y$	68.3%	31.7%	3
$\overline{y} \pm 1.500\sigma_y$	86.6%	13.4%	5
$\overline{y} \pm 1.645\sigma_y$	90.0%	10.0%	5
$\overline{y} \pm 2.000\sigma_y$	95.5%	4.5%	13
$\overline{y} \pm 2.580\sigma_y$	99.0%	1.0%	47
$\overline{y} \pm 3.000\sigma_y$	99.74%	0.26%	203
$\overline{y} \pm 4.000\sigma_y$	99.993%	0.007%	7,793
$\overline{y} \pm 5.000\sigma_y$	99.99994%	0.00006%	909,251
$\overline{y} \pm 6.000\sigma_y$	99.9999998%	0.0000002%	2.8×10^8

資料來源：作者製表（2006-01-01）。

　　第一種是最普遍的表示法，科技專題報告與科技論文均採用此種提報方式。第二種用標準差除以均值的百分比表示，亦稱為相對標準差（relative standard deviation, SD_R）。第三種算是「懶人表示法」，將量測均值與標準差的最後一個位元對齊，把標準差的有效數位寫入括弧內，這樣可以規避書寫一串不必要的零虛位元，省時省事。第四種表示法是第三種的變體，將對齊的標準差有效數位書寫於均值的右下。

　　依前章式[4-14]常態分佈的公式積分，尚可推導出量測值落在均值加減若干個標準差內的機率，稱為信度（degree of confidence, CD），如表 7.1 所列。表中首先排序的是 $\overline{y} \pm 0.675\sigma_y$，量測值落在此信度內及信度外的機率概等，各為 50%；$0.675\sigma_y$ 另稱公算誤差（probable error），指有 50%的機率量測值會落在公算誤差範圍內。表中亦列出 $\overline{y} \pm 2\sigma_y$ 兩個標準差的信度，量測 1,000 次有 955 次落入此信度內；$\overline{y} \pm 3\sigma_y$ 三個標準的信度涵蓋面更廣，量測 1,000 次有超過 997 次落入此信度內。企管業界流行的暢銷書《六個標準差》（註 7-06），意味著生

產線的品質保證制度要落實，大量生產的產品良率要高達八個9，即99.9999998%，或剔退率要低於億分之一。

　　量測值用圖示，一定要標出量測均值與標準差。如圖 7.2 所示，慢性甲狀腺炎病患腮腺在靜脈注射 Tc-99m 後 1 分鐘吸收核醫藥物的比例。圖中第一筆數據是 20 位慢性病患右腮線吸收比例的量測值，均值為 1.9 用「+」號列於圖中，標準差為±0.4 長框列於圖中，兩個標準差±0.8 的範圍用線桿示於圖中。它的物理意義，是 0.683×20=14 位患者的吸收比例，落在 1.9-0.4=1.5 及 1.9+0.4=2.3 間，0.955×20=19 位患者的吸收比例，落在 1.9-0.8=1.1 與 1.9+0.8=2.7 間。

　　圖 7.2 的實驗量測值，縱軸列舉的是接受核醫檢查群體的腮腺吸收比例，橫軸提列的是左腮腺、右腮腺、病患組、控制組的交叉群體，沒有誤差問題。唯橫軸提列的參數，某些特定的量測值會有誤差，如圖 7.3 所示。圖中的橫軸（x-軸），是每根氣泡式劑量計校準出廠的換算參數，單位為每個氣泡等值的等效劑量；縱軸（y-軸）則為每根劑量計量測氣泡總數的最高等效劑量，兩者都有誤差，圖 7.3 以一個標準差展示於實心圓的量測均值上、下、左、右，成十字型信度範圍。

　　在運用信度概念展示實驗量測結果的精確度時，顯然與量測次數的多寡有關。如六個標準差的企業生產品質保證概念，生產線要執行六個標準差的良率，如表 7.1 所列，最低的生產件數需有 2.8 億件才能檢測出如此高標準的良率。式[7-1]列出量測次數 $N \geq 2$，意即任何實驗不可以只量一次，至少要有兩次；次數只能是整數，表 7.1 的最後一欄，列舉了運用特定誤差範圍的最小量測次數，例如前章圖 4.9 總貝他活性環境輻射偵測度量，使用三個標準差，信度達 99.74%，則至少需 203 個獨立量測值。

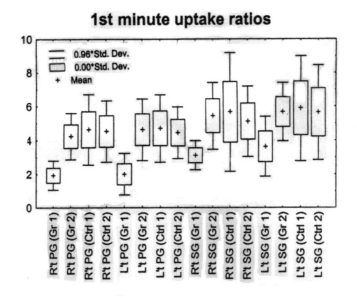

圖 7.2 慢性甲狀腺炎病患腮腺吸收核醫藥物比例量測值（註 7-05）。

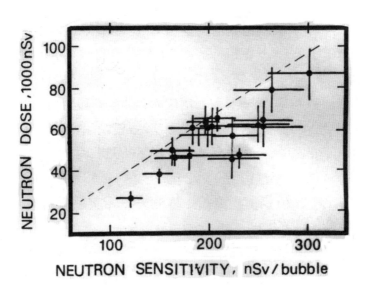

圖 7.3 氣泡式劑量計量測中子輻射敏度與最高累積劑量（註 2-25）。

　　量測次數愈多，愈能突顯數值的柏松分佈；當量測次數在 20 以上（即信度超過 95.5%），量測值的分佈接近常態分佈。那只做兩次獨立量測呢？當然看不出量測值的常態分佈，但是你放心，這兩個量測值一定會落在常態分佈曲線上，只是你不知道是哪兩個落點。

　　輻射度量之標的，不見得是恒定值，時高時低並不奇怪，但一定符合特定的自然規律與法則。圖 7.4 是運用現場瞬發加馬活化量測淡水河口潮差河水鹽度的結果（註 7-07）。(A)圖是高低潮間鹽度的量測值，高低可差到三個數量級，且低於可測下限，(B)圖是出海口東西向高潮期跨河的鹽度量測值。(A)圖的量測值，以高潮（黑三角點）至低潮（實心點）的範圍表示。圖 7.4 立即衍生另一個問題：若一個標準差信度範圍觸及可測下限值該怎麼辦，代表什麼涵義？

　　假設量測值的一個標準差等同於均值：1 ± 1，它代表 68.3%的量測值在 0～2 間，另其他的 31.7%呢？小於零的量測值不具物理意義，因此，有關標準差第一個規範，是相對標準差不可大於 100%。可是，問題依舊存在：就算量測均值的精確度改善，成為 1 ± 0.5，假設量測次數是 20 次，兩個標準差的信度是 0.955，意即有 19 次量測值是落在 $1-0.5 \times 2 = 0$ 至 $1+0.5 \times 2 = 2$ 間，那第 20 次呢？非常可能小於零，不具意義。因此，有關標準差第二個規範，是相對標準差的量測公差（measuring tolerance），與量測次數對應表 7.1 誤差的範圍有關。意即獨立量測 20 次，依表 7.1 先找到對應量測次數的高低限值，分別是 47 次與 13 次，相應的誤差範圍，是 $2.58\sigma_y$ 至 $2.0\sigma_y$ 間，故而 14～46 次獨立量測的相對誤差，應在 1/2=50%以下甚至在 1/2.58=39%以下。輻射度量採認的有單位數值相對標準差，量測公差不宜超過 40%。

　　量測值最後一個議題，是成堆的量測數據，既不精也不準，是否可以將「擺爛」的量測值剔除？有什麼規範可循？例如圖 7.5 是 ^{239}Pu (n$_{th}$, f)核分裂反應 144 個獨立分裂產物產率（independent fission-product yield, IFY）理論值與量測值比例的分佈（註 7-08）。圖中很明顯地在

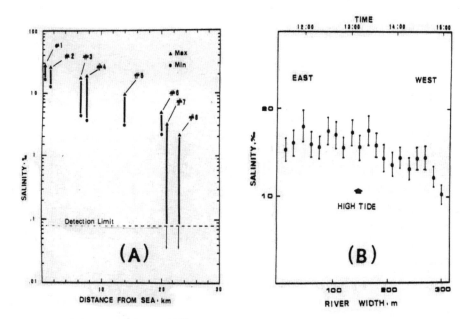

圖 7.4 運用現場瞬發加馬活化量測淡水河：(A)河口潮差河水鹽度及(B)高潮時跨河河水鹽度（註 7-07）。

虛線範圍以外（比值 0.5 以下或 2.0 以上），有五個數據落單「擺爛」，甚至有一個數數乘以 10 倍後，才勉強置入圖中的範圍內。

首先要問的是：量測值偏離期望值太多，是否合理？獨立量測次數愈多，量測值愈接近常態分佈，偏離期望值太多，並不奇怪。例如期望值的一個標準差為 1±0.4，則量測 144 次會有 144×0.045=6 次落在 1−0.4×2=0.2 至 1+0.4×2=1.8 以外。其次，量測次數愈多，「擺爛」的數據跟著也多，例如上述的 IFY 值若像前章圖 1.5，582 個 IFY值都量到了，其中必有 582×0.045=26 個擺爛，掉在兩個標準差信度以外。

目前有多種「數據剔除法則」（criterion for data reduction），輻射度量學較常用的是曹芬妮法則（Chauvenet's criterion）（註 7-09），若

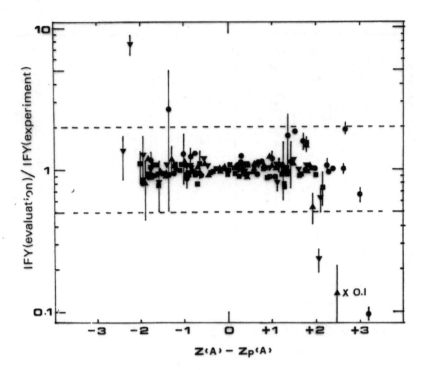

圖 7.5　Pu-239 慢中子核分裂反應產物獨立產率的理論值與實驗值比（註 7-08）。

數據落在以下信度 CD 範圍之外，則建議將之剔除：

$$CD = 1 - (1/2N) \quad \cdots\cdots\cdots\cdots\cdots\cdots\cdots\cdots\cdots\cdots\cdots\cdots\cdots\cdots\cdots\cdots\cdots\cdots\cdots\cdots\cdots [7\text{-}2]$$

　　式中的 N，與式[7-1]同，專指獨立量測的次數。以圖 7.5 為例，N=144，則 CD=1−(1/2×144)=99.65%，意即相應的誤差範圍，查閱表 7.1 約在 2.94 個標準差，則圖中可剔退的數據，還不到一個。

　　唯需注意，獨立量測次數愈多，剔不剔退擺爛的數據無足輕重。唯獨立量測次數過少，任何剔退都會造成數據庫嚴重的偏差。因此，曹芬妮法則的數據剔退規範，可綜整如下：

(1)獨立量測次數低（等）於 13 次，相當於兩個標準差的信度，任何數值均不准剔除；

(2)可依式[7-2]剔除落在信度以外的數值，剩餘的數據庫再依式[7-1]重算均值與標準差；

(3)獨立量測次數大（等）於 203 次，剔不剔除量測值無足輕重。

　　不過，為了保持原味，建議讀者不要任意剔除數據，求真求實是輻射度量的「道德」標準，量測值該提報時就不應隱瞞不報，量測結果不論有多難看，均應從實提報。

　自我評量 **7-1**

宇宙射線恆常轟擊地球大氣層內的空氣分子，產生半衰期為 5,730 年的碳-14，釋出最大能量為 0.155 MeV 的貝他射線，億萬年來大氣層內碳-14 的濃度可視為恆常不變。

(1)碳-14 生成的核反應機制？

(2)$^{14}C/C$ 的平衡濃度為 230 ± 3 Bq/kg，人體組織的碳元素重量比例為 $21.0 \pm 2.1\%$，則 60 ± 6 kg 人體攝入 ^{14}C 活度在平衡態會有多少？

(3)^{14}C 的貝他射線在人體內的射程？

解：(1)宇宙射線中子與空氣的氮-14 核反應為 $^{14}N(n, p)\,^{14}C$。

　　(2)$^{14}C/C \times (60 \pm 6)kg \times (21.0 \pm 2.1)\% = 230 \pm 23$ Bq/kg $\times (60 \pm 6)kg \times (21.0 \pm 2.1)\% = 2,900 \pm 502$ Bq，此放射活度為 60.0 kg 活體吸入達平衡態的 ^{14}C 含量。

　　(3)依前章式[2-15]，最大能量為 0.155 MeV 的貝他射線，在人體之內的射程為 R=0.028 cm，約為毛髮的外徑。

7-2 數據統計與分析

在輻射度量領域內，量測均值與方差（標準差的平方）可依式[7-1]推定。不過，標準差σ_y與均值$\bar{y}$的關聯性，也可從柏松分佈談起。獨立量測次數無限多次、期望值為$\bar{m}$的柏松分佈機率P_i為：

$$\sum_i P_i = \sum_i [\bar{m}^i \exp(-\bar{m})]/i! = 1 \qquad\qquad\qquad [7\text{-}3]$$

P_i為第i筆獨立量測值y_i佔量測數據庫內的機率。若獨立量測次數為無限多次，則

$$\sum_i y_i P_i = \bar{m} = \bar{y} \qquad\qquad\qquad\qquad [7\text{-}4]$$

此時方差σ_y^2變成：

$$\sigma_y^2 = \sum_i [y_i - \bar{m})^2 P_i \qquad\qquad\qquad\qquad [7\text{-}5]$$

將式[7-3]、[7-4]、[7-5]整合，可得：

$$\sigma_y^2 = \bar{m} \,,\; \sigma_y = \sqrt{\bar{m}} = \sqrt{\bar{y}} \qquad\qquad\qquad [7\text{-}6]$$

意即當無限多次量測的結果，均值$\bar{y}$等於期望值$\bar{m}$，標準差為$\sqrt{\bar{y}}$；例如提報的均值為 100，標準差為$\sqrt{100}=10$，或相對標準差為10/100=10%。需注意式[7-6]的前提是獨立量測次數為無限多次，致使$\bar{y}=\bar{m}$；唯實際從事量測時，沒有充裕的時間讓你量測無限多次，不過，當 m 大於 20 時，柏松分佈已非常接近常態分佈，量測均值也趨

近期望值。因此當量測次數高於 20 以上時，$\sigma_y = \sqrt{\bar{y}}$。例如 $\bar{y}$=20，σ_y=4.5 或相對標準差為 22%。

一、數據統計：誤差傳播

除了初階輻射度量的核儀可直接將量測值當成訊號輸出方便計讀外，一般輻射度量，特別是高階輻射度量，輸出的訊號只是一串串的計數，要轉換成有單位、有涵意的結果（如比活度、劑量率、微量濃度），帶有標準差的量測均值相互間需經連串的基本運算才能推定出結果。基本運算可分為加減、乘除、指數運算三類：

㈠加減運算傳播誤差

假設兩組數據 $\bar{y}_1 \pm \sigma_{y_1}$ 及 $\bar{y}_2 \pm \sigma_{y_2}$，兩者間的加減運算為：

$$[\bar{y}_1 \pm \sigma_{y_1}] + [\bar{y}_2 \pm \sigma_{y_2}] = [\bar{y}_1 + \bar{y}_2] \pm [\sigma_{y_1}^2 + \sigma_{y_2}^2]^{1/2}$$
$$[\bar{y}_1 \pm \sigma_{y_1}] - [\bar{y}_2 \pm \sigma_{y_2}] = [\bar{y}_1 - \bar{y}_2] \pm [\sigma_{y_1}^2 + \sigma_{y_2}^2]^{1/2} \quad \cdots\cdots\cdots\cdots\cdots [7\text{-}7]$$

舉例來說，總計數 $\bar{y}_1 \pm \sigma_{y_1}$=16.0±4.0，背景計數 $\bar{y}_2 \pm \sigma_{y_2}$=9.0±3.0，則淨計數為兩者的相減，[16.0 − 9.0] ± [4.0²+3.0²]=7.0±5.0。需注意相減時，被減數的相對標準差為 25%，則結果的相對標準差變大了，成為 71%。另如獨立量測值 227 ± 40 及 303 ± 30 的數學平均為[(227 ± 40)+(303 ± 30)]/2=265 ± 25。需注意相對標準差從被加數的 40/227=17.6%，成為 25/265=9.4%，大幅變小了。

㈡乘除運算傳播誤差

假設兩組數據據 $\bar{y}_1 \pm \sigma_{y_1}$ 及 $\bar{y}_2 \pm \sigma_{y_2}$，兩者間的乘除運算為：

$$[\bar{y}_1 \pm \sigma_{y_1}] \times [\bar{y}_2 \pm \sigma_{y_2}] = [\bar{y}_1 \bar{y}_2][1 \pm [(\sigma_{y_1}/\bar{y}_1)^2 + (\sigma_{y_2}/\bar{y}_2)^2]^{1/2}]$$
$$[\bar{y}_1 \pm \sigma_{y_1}] \div [\bar{y}_2 \pm \sigma_{y_2}] = [\bar{y}_1/\bar{y}_2][1 \pm [(\sigma_{y_1}/\bar{y}_1)^2 + (\sigma_{y_2}/\bar{y}_2)^2]^{1/2}] \quad \cdots\cdots [7\text{-}8]$$

　　舉例來說，淨計數為 10 ± 5 計數，偵檢器的絕對效率為 0.5 ± 0.1 計數/試樣釋出輻射數，則兩者相除，依式[7-8]為試樣釋出的輻射數：$10/0.5[1 \pm [(5/10)^2+(0.1/0.5)^2]^{1/2}]=20 \pm 10.8$ 或 20 ± 11。同樣地，相除的結果，相對標準差變大了。再如飛行座艙內中子通率為 (0.5 ± 0.1) n/cm^2·s，金靶的中子捕獲核反應機率為 $(0.020 \pm 0.005) \times 10^{-24}$ cm^2，則兩者相乘，就是金靶內核反應率：$(0.5 \times 0.020)[1 \pm [(0.1/0.5)^2+(0.005/0.020)^2]^{1/2}]$ 10^{-24}/s= $[1.00 \pm 0.32] \times 10^{-26}$/s。需注意，相乘的結果，也將相對標準差變大了。此外，加減運算的誤差傳播，是標準差平方和的開方，而乘除運算的誤差傳播相對標準差，等於相對標準差平方和的開方。

(三)指數運算傳播誤差

　　輻射度量學內，幾乎所有的運算都含有指數運算，例如前章式[2-16]的質子射程。假設量測值 $\bar{y} \pm \sigma_y$ 指數運算 n 次，n 又不是單純的 0,1,2…而是分數：

$$f(y) = (\bar{y} \pm \sigma_y)^n, \ \sigma_f= df(y)/dy \times \sigma_y = n(\bar{y})^{n-1}\sigma_y \quad\cdots\cdots\cdots\cdots\cdots\cdots [7-9]$$

　　例如動能為 2.0 ± 0.2 MeV 的質子，在鋁板內的射程依式[2-16]及[7-9]推定為：

$$\rho R=0.00384(2.0 \pm 0.2)^{1.5874}=0.00384(3.01 \pm 0.48)$$
$$=0.0116 \pm 0.0018 \ g/cm^2$$

　　輻射度量的另一種指數運算，為自然對數的運算，如前章式[2-37]：

$$f(y) =exp[-\mu(\bar{y} \pm \sigma_y)], \ \sigma_f= df/dy\sigma_y =-\mu\sigma_y exp[-\mu\bar{y}] \quad\cdots\cdots\cdots\cdots [7-10]$$

　　例如電磁輻射在線性衰減係數為 34/cm，厚度為 0.10 ± 0.01cm 的材質內，電磁輻射穿透率依式[7-10]計算為 0.033 ± 0.011。需注意式

[7-9]及[7-10]的指數運算結果，相對標準差都變大了。

㈣權重運算傳播誤差

若度量輻射的核儀系統重複量測不同的試樣，量測數據庫的均值，可用數學平均，即每一筆量測值的份量雷同，權重一致。國內各機構的輻射度量核儀系統，大多只使用同一套系統去度量同一類的試樣，直到核儀系統達致使用壽限遭淘汰除帳為止。若不同的核儀系統量測同一類的試樣，各自提報量測均值與標準差，要如何推定這些數據庫的平均值與平均標準差？

假設兩筆獨立量測值，分別自不同的實驗室（如兩間一流大學）提報同一類試樣量測值（如指標植物內的輻射強度），一為 100 ± 11，另一為 300 ± 100；依式[7-7]，兩者相加的平均值為 200 ± 101，真是一粒老鼠屎（300 ± 100）壞了一鍋粥（100 ± 11），但是你還是得容忍老鼠屎，納入求取全國的均值。因此，權重（weighting）的理念應運而生：

$$w_i = [1/\sigma_{y_i}]^2 / [\sum_i (1/\sigma_{y_i}^2)] , \; \sum_i w_i = 1 \quad\cdots\cdots\cdots\cdots\cdots\cdots\cdots \text{[7-11]}$$

式中 w_i 指第 i 筆量測值 $\overline{y_i} \pm \sigma_{y_i}$ 的權重，所有權重的加總為 100%。上述一鍋粥的例子，100 ± 11 的權重依式[7-11]解算，為 98.8%，老鼠屎相對標準差太爛，300 ± 100 的權重只有 1.2%。準此，權重平均值與權重平均標準差為：

$$\overline{y}(w) = \sum_i y_i w_i , \; \overline{\sigma}_y(w) = 1/ [\sum_i (1/\sigma_{y_i}^2)]^{1/2} \cdots\cdots\cdots\cdots\cdots\cdots \text{[7-12]}$$

上述的一鍋粥案例，權重平均值依式[7-12]解算，為 102.4 ± 10.9 或 102 ± 11。因此，權重數據庫的數據，相對標準差，從 11/100=11% 及 100/300=33.3%，轉換為較小的 10.9/102.4=10.6%。

(五)計數與計數率的運算

　　輻射度量核儀最常見的運算，是計數除以時段變成計數率。時段的設定均由核儀模組內的石英振盪器決定，它的有效數位多達小數點後九位元，故而在計數率的運算過程，通常將預設計數的時段視為常數。另一方面，核儀脈衝輸出訊號是一個接一個的計數，故而計數率的運算，誤差傳播係傳遞計數的誤差，而非計數率的誤差。假設量測值 $y_1 \pm \sqrt{y_1}$ 的計數時段為 t_1，量測值 $y_2 \pm \sqrt{y_2}$ 的計數時段為 t_2，則計數率 Y_1 與 Y_2 之差為：

$$Y_1 = y_1/t_1 \pm \sqrt{y_1}/t_1 ， Y_2 = y_2/t_2 \pm \sqrt{y_2}/t_2 ，$$
$$Y_1 - Y_2 = (y_1/t_1 - y_2/t_2) \pm [(\sqrt{y_1}/t_1)^2 + (\sqrt{y_2}/t_2)^2]^{1/2}$$
$$= (y_1/t_1 - y_2/t_2) \pm [(y_1/t_1^2) + (y_2/t_2^2)]^{1/2} \quad\cdots\cdots\cdots\cdots\cdots \text{[7-13]}$$

　　再如前例，總計數 16.0 ± 4.0 共花了 1 分鐘，而背景計數 9.0 ± 3.0，共花了 2 分鐘，則淨計數率成為：

$$(16.0 \pm 4.0)/1 \text{ cpm} - (9.0 \pm 3.0)/2 \text{ cpm}$$
$$= (16.0 - 4.5) \text{ cpm} \pm [(16.0/1 \times 1) + (9.0/2 \times 2)]^{1/2}$$
$$= 11.5 \pm 4.3 \text{ cpm} = (11.5 \pm 37.4\%) \text{ cpm}$$

　　若將計數時段各拉長百倍，即總計數時段為 100 分鐘，背景計數時段為 200 分鐘，則淨計數率成為：

$$(16.0 \times 100 \pm \sqrt{1{,}600})/100 \text{ cpm} - (9.0 \times 100 \pm \sqrt{900})/200 \text{ cpm}$$
$$= (16.0 - 4.5) \pm [(1{,}600/100 \times 100) + (900/200 \times 200)]^{1/2} \text{ cpm}$$
$$= 11.5 \pm 0.4 \text{ cpm} = (11.5 \pm 3.5\%) \text{ cpm}$$

　　由此可見，增加計數時段百倍，可將淨計數率的相對標準差大幅降低十倍。

㈥如何壓低標準差

每一筆完整的輻射度量，誤差處處可見：試樣質量的稱重有誤差、偵檢系統效率校正有誤差、校準射源本身就有誤差、計數當然有誤差，甚至連半衰期也有誤差。這麼多的誤差經過加減乘除指數運算後，誤差傳播至最後總成的結果（如劑量率）展示出最後算總帳的誤差。上述的誤差，各自均包括系統誤差與隨機誤差，唯改善系統誤差需投注大筆資金更新核儀設備，緩不濟急；隨機誤差的改善，對試樣稱重、效率校正效果有限，校準射源與半衰期的誤差，受制於源項無從改善。真正能「大刀闊斧」大幅改善者，乃為輻射度量計數數目。如前例所述，延長計讀時段百倍，相對標準差大幅降低十倍。因此，輻射度量唯一可大幅改善的誤差項，當屬計數誤差。

假設有非常充裕的時間執行輻射度量，則相對標準差 $SD_R(y)$ 與累積計數 y 的關係為：

$$SD_R(y) = \sigma_y / y = \sqrt{y} / y = 1/\sqrt{y} \quad \cdots\cdots\cdots\cdots\cdots\cdots\cdots\cdots\cdots \text{[7-14]}$$

計數愈多，相對標準差就可壓得愈小，例如 y=25，SD_R =20%，y=250,000，SD_R =0.2%。不過，長時間的輻射度量理論上可以依式[7-14]降低相對標準差，唯斷電、頻道漂移的風險大增，非常可能輕易毀掉計讀。正確的思維，應該是反過來規劃輻射度量佈局，你希望計數誤差壓到多小？這可預先設定相對標準差的期望值，再反推量測時段，亦即式[7-13]與[7-14]整合成：

$$SD_R(y) = [(y_1/t_1^2) + (y_2/t_2^2)]^{1/2} / [(y_1/t_1 - y_2/t_2)]$$
$$\qquad = [Y_1/t_1 + Y_2/t_2]^{1/2} / [Y_1 - Y_2],$$
$$t_1 = Y_1 / [(Y_1 - Y_2)^2 SD_R(y)^2 - Y_2/t_2]$$
$$t_2 > Y_2 / [(Y_1 - Y_2) SD_R(y)]^2 \cdots\cdots\cdots\cdots\cdots\cdots\cdots \text{[7-15]}$$

　　再如前例，Y_1=16.0±4.0 cpm，Y_2=4.5±1.5 cpm，預先設定 SD_R(y)=10%且 t_2=10 分鐘，高於式[7-15]的門檻值 3.4 分鐘，則依式[7-15]可解得 t_1=16.0/[$(16.0-4.5)^2×0.1^2-4.5/10$]=18.34 分鐘。若 SD_R 設定為 1%且 t_2=500 分鐘，高於式[7-15]的門檻值 340 分鐘，則可解得 t_1=16.0/[$(16.0-4.5)^2×0.1^2-4.5/500$]=3,787 分鐘。運用式[7-15]求取預設相對標準差的量測時段，需先試行量測總計數率 Y_1 及背景計數率 Y_2，方能據以推定總計數時段 t_1 及背景計數時段 t_2。

　　假設量測時段受客觀環場條件的限制，不容許你有充裕的時間度量，如颱風來襲時量測颱風眼內的宇宙中子輻射強度，颱風不會等你，你必須追著颱風量測，有限的量測時段 T，如何分配總計數時段 t_1 與背景計數時段 t_2，同時又可使 SD_R(y)壓到最低？換言之，也就是式[7-15]的微分解：

$$d/dt SD_R(y) = d/dt[Y_1/t_1 + Y_2/t_2] = -Y_1/t_1^2 - Y_2/t_2^2 = 0，$$

$$t_1/t_2 = [Y_1/Y_2]^{1/2}，\quad T = t_1 + t_2 \quad\cdots\cdots\cdots\cdots\cdots\cdots\cdots\cdots \quad [7\text{-}16]$$

　　再例如總計數率為 16.0±4.0 cpm，背景計數率為 4.5±1.5 cpm，且只有 T=5 分鐘可以量測，依式[7-16]解算，t_1=3.27 分鐘，t_2=1.73 分鐘，依式[7-15]解算，SD_R(y)=23.8%，顯然要比原先設定的，t_1=1 分鐘及，t_2=2 分鐘的 SD_R(y)=37.4%好很多。

二、數據分析

　　圖 7.6 是輻射度量量測數據對時間的變化，圖 7.6(A)是 THOR 核反應器滿載運轉時爐水內 $^{16}O(n, p)^{16}N$ 活化產物半衰期的量測值（註 7-10），加馬能譜儀度量 7.115 及 6.129 MeV 加馬射線，隨著時間衰變的比活度服從下列公式：

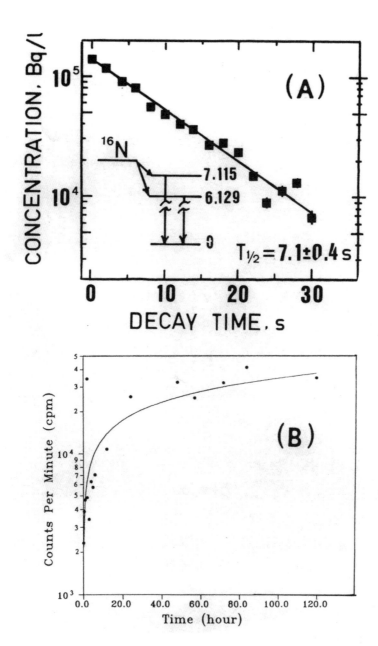

圖 7.6 數據分析：(A)N-16 半衰期量測值（註 7-10）及(B)肝癌細胞留滯活化碘罌粟油的留滯能力（註 7-11）。

$$Y=\log\left[\frac{A(t)}{V}\right]=\log\left[\frac{R(t)}{V\in I_\gamma}\exp(-\lambda t)\right]=\frac{0.301}{T_{1/2}}+\log\left[\frac{R(t)}{V\in I_\gamma}\right],$$

$$Y=aX+b，a=0.301/T_{1/2}，b=\log\left[\frac{R(0)}{V\in I_\gamma}\right] \quad\cdots\cdots\cdots\cdots\cdots\cdots \text{[7-17]}$$

　　圖 7.6(A)是半對數座標，即Y-軸為對數座標，X-軸為線性座標，式[7-17]為線性函數，運用最小平方法作線性迴歸分析（linear regression analysis），可解出斜率 a 與截距 b，各有標準差 σ_a 與 σ_b，斜率的倒數，即為 N-16 的半衰期，數據分析解得 $T_{1/2}(N-16)=7.1(4)$秒。本章章首圖 7.1，則是最小平方線性迴歸分析輻射度量數據庫的另一實例。

　　圖 7.6(B)為量測 HepG2 肝癌細胞對活化碘（I-128 的 443 keV 衰變加馬射線）罌粟油（lipiodol）留滯能力的量測值（註 7-11）。留滯能力（retention ability, K_{RA}）可用下列公式表示：

$$\log R(t)=K_{RA}[1-\exp(-\lambda t)]=Y，X=t$$

$$Y=\log K_{RA}+\log[1-\exp(-\lambda t)]，\lambda=0.693/T_h \quad\cdots\cdots\cdots\cdots\cdots \text{[7-18]}$$

　　式[7-18]內的 T_h，為留滯倍增時間（doubling time），圖 7.6(B)也是半對數座標，運用最小平方法作迴歸分析，可解得倍增時間為 T_h =48±6 h。

　　由上可知，所有量測值彙整後，均可作迴歸分析，解析出數據庫轉換解算出的涵意。

　　最後一個也是最重要的議題，是輻射度量的可測下限值如何標定？圖 7.7 是體內瞬發加馬活化分析試樣內氮的含量（註 7-12）。其中校準用的圖 7.7(A)液氮及圖 7.7(B)尿酸，氮元素的瞬發加馬譜峰（含全能峰、單逃峰及雙逃峰）都明顯易辨，唯量測 1 公斤的豬肉試樣時，譜峰計數與背景計數相去不遠，十分接近可測下限值。可測下限值（MDA）要如何定奪？

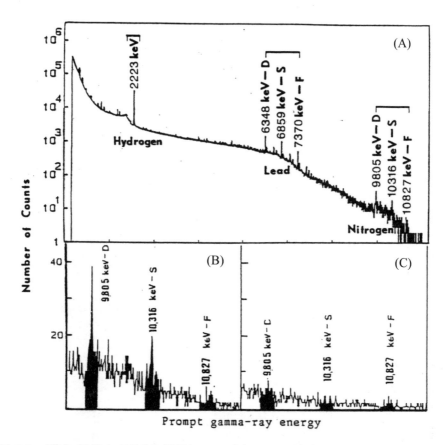

圖 7.7 體內瞬發加馬活化量測：(A)液氮，(B)尿酸及(C)豬肉內氮元素含量（註 7-12）。

假設總計數為 $y_1 \pm \sqrt{y_1}$，背景計數為 $y_2 \pm \sqrt{y_2}$，則淨計數 $y_n \pm \sqrt{y_n}$ 為：

$$y_n \pm \sigma_{y_n} = [y_1 - y_2] \pm [y_1 + y_2]^{1/2} \; , \; y_n - k\sigma_{y_n} \geq 0 \quad \cdots\cdots\cdots\cdots\cdots \quad [7\text{-}19]$$

式中 y_n 不但要大於零才有意義，且 $y_n - k\sigma_{y_n} > 0$，意即誤差係數為

k=1，會有31.7%的量測值低於零，若k=2，尚有4.5%量測值低於零以下。輻射度量的MDA值可定義成：

$$MDA(k)=2y_n，y_n-k\sigma_{y_n}=0，y_1-y_2=k[y_1+y_2]^{1/2} \quad\cdots\cdots\cdots\cdots \quad [7\text{-}20]$$

式中 MDA 是 k 的函數，$y_n-k\sigma_{y_n}=0$ 是邊界條件，參數 2 係因 y_2 為 y_1 的二次式；解式[7-20]的二次式，可得（註 7-13）：

$$MDA(k)=k^2+k\sqrt{k^2+8y_2}=k^2+2\sqrt{2}k\sigma_{y_2}，y_2\gg k^2/8，$$
$$=1.000+2.828\sigma_{y_2}，k=1.000（68.3\%信度）$$
$$=2.706+4.653\sigma_{y_2}，k=1.645（90.0\%信度）$$
$$=4.000+5.657\sigma_{y_2}，k=2.000（95.5\%信度）$$
$$=6.656+7.297\sigma_{y_2}，k=2.580（99.0\%信度）\quad\cdots\cdots\cdots\cdots\quad [7\text{-}21]$$

以圖 7.7(C)豬肉體內瞬發加馬活化分析為例，150 分鐘的背景量測值在 10,829 keV 譜峰群下為 y_2=23 且 $y_2\gg k^2/8$，依式[7-21]95.5%信度推定 MDA(k=2)=4+5.657×$\sqrt{23}$=31 個計數，或可測下限淨計數率依式[7-19]及[7-20] 為 $y_n\pm k\sigma_{y_n}$=0.10±0.05 cpm，相當於每公斤豬肉含 20 克的氮元素偵測極限。需注意當 k=2 時，$y_n-2\sigma_{y_n}=0$，意即仍有 4.5% 的機率量測值會掉在 MDA 以下。

前章式[2-37]可將 MDA 與計數 C 代入，則 MDA 值反比於絕對偵檢效率、試樣質量及量測時段，但依式[7-21]，却又正比於背景計數標準差。故而，為壓低可測下限值，首先應考慮降低背景計數，其次為增加試樣量、提升偵檢效率及延長量測時段，使之最適化（註 7-14）。為了防止過度投資，政府主管機關也律定了「可接受的可測下限值」AMDA，去規範輻射度量僅作必要的投資。

自我評量 **7-2**

虛擬命題：土石流山崩後裸露的石穴中發現史前壁畫及焦黑木碳殘渣。將部分殘碳高溫除水灰化置入通氣式比例計數器（偵檢效率為 $(50 \pm 5)\%$）內計數，淨計數為 1.0 ± 0.1 cpm/g，則史前先民在石穴中何時舉過炊？

解：木材遭史前先民砍伐後當即枯死，木材內已達平衡態的碳-14 含量（A (^{14}C)/N(C)=230 Bq/kg）不能再經樹木呼吸補充，故隨著時光逐年衰減。

運用前章式[1-6]可反推木材遭砍伐的年代：

1.0 ± 0.1 cpm/g / $((0.50 \pm 0.05)$c/d $\times$ 60 cpm/cps)

= $[0.23 \pm 14\%$ dps/g$]$exp(-λt)

λ= 0.693/5730 a，則 t = 15,970 $\pm$ 2,260 a=(1.6 $\pm$ 0.2)$\times 10^4$a

換言之，虛擬的出土史前先民，在石穴中燒材，約在 1.4 至 1.8 萬年之前。

CHAPTER 8

輻射度量應用

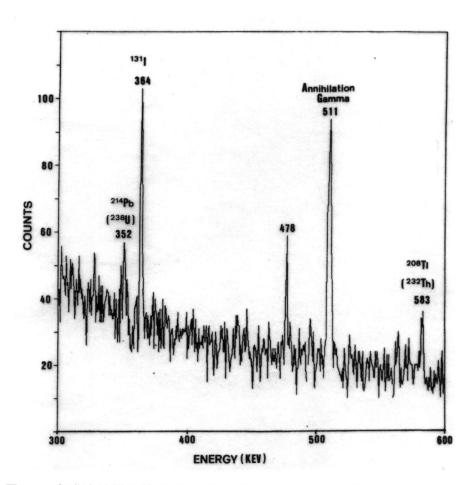

圖 8.1 車諾比核災後第 45 天,新竹地區 3.2 kg 乾草環境試樣經加馬能譜
分析可清楚辨識核災沉降的核分裂產物碘-131 譜峰(註 8-01)。

提要

1. 輻射度量之目的在於探討量測游離輻射的方法及衍生的應用，其內容涵蓋所有游離輻射類型的量測，其價值在於及時偵測輻射以防杜輻射傷害，其目標為結合「原子科學」領域內的其他學門(如輻射防護、輻射劑量學、腫瘤治療、放射診斷、核子醫學)使之成為既安全又能造福人類的新興科學。

2. 游離輻射度量之目的有二：清楚認識輻射與謹慎面對輻射。輻射度量是探討輻射源頭核衰變與核反應不可或缺的工具，精進輻射度量屬方法論的範疇。輻射傷害與健康效應普遍受大眾的關注，故而謹慎面對輻射、正確評估風險，也有賴精準的輻射度量。

3. 輻射度量的應用面廣泛，國內從事高階輻射度量的科研專家學者約近百人，應用的領域包括輻射度量在工業界的應用，輻射度量在醫療體系的應用，輻射度量在核能發電的應用與輻射度量在尖端研發的應用。這些輻射度量高階應用，有效提升了我國整體科技實力，趕上先進國家之林。

　　本書的序言，開宗明義就把游離輻射度量目的明確定位為「探討量測游離輻射的方法及衍生的應用」。游離輻射自宇宙生成後始終與大自然相伴相隨，上世紀原子科技革命也將游離輻射帶入與人類息息相關的兩大領域：軍事用途與和平用途（註 8-02）。近百年來原子科學家在認識輻射-面對輻射-運用輻射的循環中，發展建構了游離輻射度量學，使之成為認識、面對、運用輻射過程中非常重要的工具。

　　游離輻射是中性的，端視人類如何看待它。輻射可以治癌，輻射也會致癌；輻射可以拿去當作和平用途創造福祉利基的工具，但輻射

也可以拿去製成軍事用途大規模毀滅性的致命武器。不論游離輻射如何被運用或利用，輻射度量之目的始終是永續不斷地精進量測方法，使人類更能清楚認識輻射並謹慎面對輻射。

8-1 游離輻射度量之目的

　　學術研究有兩種類型，一是基礎研究（指不求實利且目標模糊，唯追求卓越的研究），二是應用研究（指有明確目標且追求實用效益的研究）。認識輻射相關的度量學，無疑地屬於基礎研究。而面對輻射相關的度量學，則屬應用研究。以下先就研究的領域，來探討游離輻射度量兩大目的：清楚認識輻射與謹慎面對輻射。

一、游離輻射度量目的㈠：清楚認識輻射

　　凡與輻射度量相關的設施、裝備、儀器之開發、研製、修護、加（改）裝、校準、整合，通稱為核儀規劃，也是高階輻射度量學的主要內容。國內肩負核儀規劃任務之人力、物力資源集中在少數學術機構、政府與軍方研究部門（註 8-03）。前章曾提及游離輻射的源頭，不是核衰變，就是核反應。人類對核衰變與核反應的認知仍十分有限，因此，精進輻射度量，意即在方法論（methodology）上精益求精，期盼能夠運用度量儀器、裝備及設施去深入了解核衰變與核反應的特性。

㈠案例一：輻射度量核衰變加馬射線的角關聯

　　放射性核種，通常從母核基態衰變至子核激態，再瞬間釋出連串

產率大小不一的單元性單能光子。以校準射源鈷-60 為例，依半衰期的規律有99%的母核衰變至子核鎳-60 的 4^+ 激態，瞬間降激至 2^+ 激態並釋出 1.17 MeV 的光子；再經 0.7 ps 後又從 2^+ 激態降激至子核 0^+ 基態同時釋出 1.33 MeV 光子。這兩個光子先後釋出，是背道而馳呢？還是一前一後完全同向？抑或是亂向釋出完全沒有角關聯（angular correlation）？事實上，兩個加馬射線表示三層量子態的降激過程，從 4^+ 到 2^+ 再到子核 0^+ 基態；兩個加馬射線釋出過程中，某些特定夾角機率非常大，這些夾角就表示降激態的自旋（spin）與隔極（parity）具 4^+-2^+-0^+ 的關聯性。圖 8.2 顯示四組加馬偵檢儀器組合的角關聯相符電路；這組輻射度量系統（後述）可針對任何置於圖中央的放射性核種，偵測核衰變子核激態所釋出的任何兩個加馬射線之角關聯機率，最終可將子核激態核結構的自旋與隔極逐一標定（註 8-04）。

(二)案例二：輻射度量核分裂反應產物的產率

　　核分裂反應現象不但是核反應器與核武器等人為輻射的主要核反應機制，而且也是各類核反應產生最多放射性核種的機制。如前章圖 1.5 所示，中子誘發鈾-235 核分裂反應的分裂碎片就多達 892 個，其中尚有35%的分裂碎片連放射特性都尚未標定。認識核分裂的入門就是了解到底有多少分裂碎片會在核分裂反應過程中釋出，或稱為特定分裂產物產率（fission-product yield）。以中子誘發核分裂反應為例，不但是研製核武軍事用途最關鍵的知識，也是和平用途製造核燃料最需要的數據。

　　運用圖 8.2 內簡化後的一組加馬偵檢系統，量測快中子誘發釷-232 靶核的分裂產物衰變加馬射線，可換算出放射性分裂產物的產率（註 8-05）。圖 8.3 展示輻射度量其中半衰期長短不一的衰變加馬射線，單能光子計數隨衰變時程而減少，量測數據的斜率可解算出光子的半衰期。$^{232}\text{T}_\text{h}(\text{n, f})$的輻射度量，偵測出多達 33 筆分裂產物產率，有助

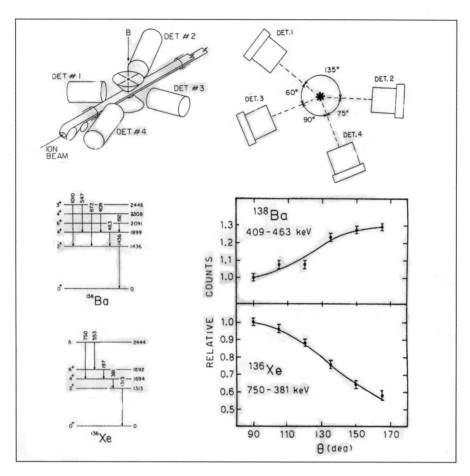

圖 8.2　角關聯加馬相符偵檢器佈局，用以度量核衰變釋出的加馬射線，標定 ^{136}Xe 及 ^{138}Ba 子核核結構（註 8-04）。

於對釷-232 核分裂機制作更深入的了解。不過，具有放射性的同位素，半衰期太短或太長的，即使合成了，也量不到，更無法證實它存在。當前輻射度量的偵測極限，只要半衰期比奈秒（10^{-9} 秒）還短，或比兆億年（10^{20} 年）還長，一概量不到。這也是輻射度量在「認識輻射」上，仍有科技限制與瓶頸。

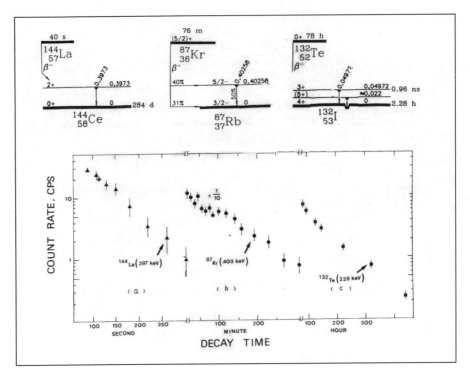

圖 8.3 快中子誘發釷-232 核分裂產物的衰變加馬量測（註 8-05）。

二、游離輻射度量目的㈡：謹慎面對輻射

從清楚認識輻射到推廣應用輻射間，有一座很重要的橋樑聯接兩者，就是謹慎面對輻射。輻射對人體的健康效應與危害，是輻射生物學（radiobiology）研究的範疇（註 8-06），為了防止輻射傷害，就更需要精準的輻射度量，故而面對輻射，得精確無誤地量測游離輻射，解算出輻射劑量據以作適當的防護措施。

(一)案例三：輻射度量體內中子劑量

游離輻射在醫療體系內廣泛被使用在診斷與治療領域上，新的輻射診斷與輻射治療方法不斷地研發、創新造福病患（註 8-07）。其中運用中子輻射於醫學診斷（註 8-08）及治療（註 8-09）對病患所造成的中子等效劑量，如前章表 2.7 所列，最為複雜；若無法量測體內中子動能分佈，就無從精準推估病患體內的中子等效劑量。

運用體內瞬發加馬活化分析（in-vivo PGAA, IVPGAA）技術，可快速檢驗人體器官重金屬污染成份及癒後新陳代謝機轉（註 8-10）。圖 8.4 顯示以國內 THMER 核反應器低通率中子束從假體背後入射，量測並推估 10 個關鍵器官內的中子能譜。半小時的檢測，等效劑量為 69 微西弗，中子劑量佔了 69%，此一劑量等同於胸腔 x-光健檢的劑量。這個實驗量測，運用了前章所有度量中子強度與能量的技術；診斷過程醫護人員、技術人員及病患的中子輻射健康效應與風險分析，亦根據精準的中子度量與劑量推定評估出。

(二)案例四：核能設施內輻射空浮劑量

前一個案例是人體內中子輻射的等效劑量，本案例則是核設施週邊電磁輻射空浮劑量。國內清華大學水池式核反應器（THOR）設施在滿載運轉時，空氣會經照射管、氣送管等開口與爐心中子接觸，產生 $^{40}Ar(n, \gamma)^{41}Ar$ 捕獲核反應。空氣含氬量為 0.46%，而 ^{40}Ar 同位素的豐度為 99.6%。半衰期為 1.827 小時的 ^{41}Ar，每衰變萬次釋出 9,916 個 1.29364 MeV 單能加馬，故 ^{41}Ar 在核設施內運轉半日即趨飽和，成為輻射空浮。

在 THOR 圍阻體內及核設施外，運用 14 公斤重手提式加馬能譜儀，進行三維空場量測瀰漫的放射性氬氣；校準過的 1.29364 MeV 加馬譜峰劑量率轉換參數為 0.358 nSv/h-cpm，環場可測下限值 MDA 為

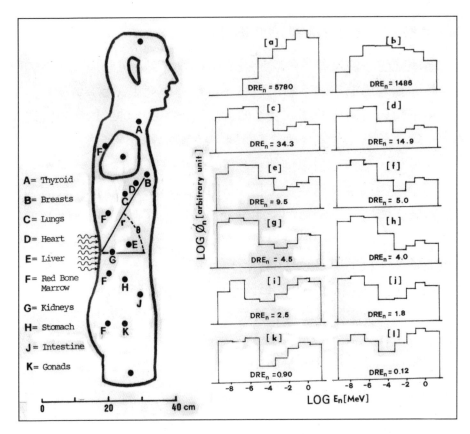

圖 8.4　體內中子瞬發加馬活化診斷IVPGAA的病患器官中子能譜推定（註
8-10）。

0.35 nSv/h。圖 8.5 顯示在 THOR 圍阻體內滿載運轉半日後 ^{41}Ar 三維空
浮劑量率等高分佈（註 8-11）。由圖中可看出，輻射空浮濃度在圍阻
體內上高下低，其原因有二：一是放射性 ^{41}Ar在溫度較高的爐心照射
管中被中子活化，往上低溫處瀰漫；二是圍阻體頂蓋的空調機將核設
施內空氣上吸。圍阻體地板研究人員的工作區，輻射空浮劑量率相對
於滿載運轉中的背景電磁輻射劑量率（約 20μSv/h），少了近萬倍。

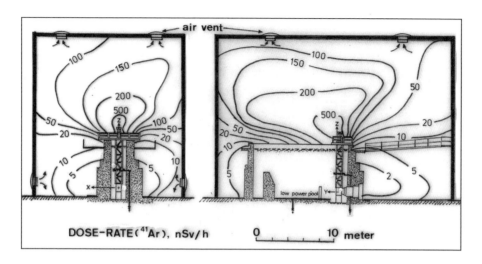

圖 8.5　THOR 核設施滿載運轉 ^{41}Ar 輻射空浮三維場之劑量率等高分佈（註 8-11）。

　　綜合而論，要清楚認識輻射與謹慎面對輻射，非得有精準的輻射度量不可。想要正確了解核衰變及核反應機制，得靠輻射度量一窺堂奧；欲正確評估游離輻射健康效應及風險分析，更需周全的輻射度量。

自我評量 8-1

每次身體健康檢查都要照一張胸腔 x-光檢查片，

⑴吃了 x-射線游離輻射劑量，健檢過後是否會導致輻射傷害?會不會死呀？

⑵健檢過後，回到家時會不會將輻射帶給家人？

解：⑴胸腔健檢的等效劑量只有 0.05 毫西弗，這種額外的游離輻射劑量目前的研究與論證，沒有具體證據會造成急性或後顯性的輻射傷害。更何況，胸腔健檢的 x-射線等效劑量，相當於台北-紐約往返飛航一個來回宇宙射線劑量的 1/10，我們從未聽

聞過「空中飛人」的商務旅客及民航公司飛勤組員衍生輻射傷
害的案例。所以，只要是醫囑的健檢，安啦！

(2)胸腔健檢的 x-射線，從未超過 MeV 能量等級，遠低於前章式
[2-12]光核反應的閾值能量；故接受 x-射線不會活化人體，只
會穿透人體而不衍生輻射射源。因此，回到家可信心滿滿對親
人說：「別怕，我不是輻射源，體內沒殘留射線。」

8-2 　輻射度量之應用

　　輻射度量應用的定義，指運用輻射度量達成明確目標且能獲致實
用效益，如運用空中快速輻射偵測標定核子事故放射性污染源的擴散
範圍與強度，以作為政府及時決策依據。輻射度量應用與「同位素工
業應用」（註 8-12）不盡相同，輻射度量是非常專業的技術，輻射度
量的應用有法規上的必要性及科技上的不可取代性，如核設施的輻射
環境監測。而同位素工業應用不必然使用到輻射度量，即使用得到也
因「逢核必反、談核色變」的民眾接受度低，根本無法推廣，如國內
輻射處理後的食材與藥材（豬肉、大蒜、草藥），完全沒有市場需求。

　　國內的輻射度量應用，可從全國輻射工作人員年劑量資料看出輻
射度量應用的深度與廣度（註 8-13）。表 8.1 列出我國輻射工作人口
與集體劑量（collective dose）。輻射工作人員指依據我國《游離輻射
防護法》規定凡職業上曝露於游離輻射環境中（即有職業曝露）之個
人，需接受人員劑量監測。從事輻射度量工作者一定要和游離輻射為
伍，是理所當然的輻射工作人員，但輻射工作人員不必然要從事輻射
度量（如核能電廠值班工程師）。民國 93 年國內的輻射工作人員有
35,744 人（男性佔 68%，女性佔 32%），只佔全國勞動人口的 0.3%
（註 8-14），故輻射相關工作絕非熱門。

表 8.1 我國輻射工作人口與集體劑量分佈

輻射工作類別	工作人口	集體劑量	人均年劑量
工業類	37%	85%	0.63 mSv/a
醫用類	29%	7%	0.07 mSv/a
核燃料循環類	14%	5%	0.10 mSv/a
其他類	20%	3%	0.04 mSv/a
合計	100%	100%	0.27 mSv/a

註：民國 93 年輻射工作人口為 35,744 人，集體劑量為 9.74 人·西弗／年（註 8-13）。

資料來源：作者製表（2006-01-01）。

　　在輻射工作人口中，從事初階簡易量測輻射劑量的專業人員，與領有「輻防員認可證明書」者概等，約有兩千人；從事高階輻射度量的專業人員，與領有「輻防師認可證明書」者概等，約有五百人。然實際以高階輻射度量為專職工作者，僅不到百人，且均集中在政府機關與學術機構服務（註 8-15）。這群菁英科研專家學者所從事的高階輻射度量應用，人數雖少，也沒有「產能」更沒有「產值」，看不出對國家經濟及科技的直接貢獻，更沒有市場需求，成立營利事業的高階輻射度量公司或儀器製造廠商，但他們都是國家不可或缺的稀少性科技專才。沒有他們的專業工作，國家不能躋身成為經濟大國，科技水平也不能提升至先進之林。

　　以下就輻射工作四大類別，分別簡介國內高階輻射度量在這些領域內的應用。

一、輻射度量在工業之應用

　　表 8.1 所列國內工業界從事輻射工作人口比例最大，約有 1.3 萬人，所吸收的劑量也最多，平均每人每年為 0.63 毫西弗，幾為均值

的 2.3 倍。工業應用最頻繁者當屬非破壞性檢測（non-destructive testing, NDT）工業照相。唯現場 NDT 輻射影像成像屬初階輻射度量，操作員僅需按鈕即可成像。真正高階輻度量且工業界用量大者，當推電子業的 x-射線螢光 XRF 分析，以及行李貨物通關的安全檢查裝備與設施。

在前章曾提及低能電磁輻射與物質作用產生光電效應後，留下的電洞接受高階量子態的軌道電子補位，隨後釋出特性 x-射線或轟出歐階電子。釋出特性 x-射線的比例，稱為螢光產率（fluorescent yield）。由於各個元素的特性 x-射線能量迥異，形同元素的「指紋」，且各個元素的螢光產率均為特定值，則量測物質的螢光能量與強度，等同於偵獲物質的元素成份與含量。

圖 8.6 係運用高階矽片的低能光子能譜儀 LEPS 所量測的 XRF 能譜（註 8-16），在 100 keV 以下的高析度能譜中，可清晰地分辨鋇及鉛的譜峰。高科技產業中的半導體及電子業界，多用 XRF 分析儀遂行產品表面鍍膜檢測的品保分析。

工業界輻射度量應用也較普遍的是在國境、營區、郵局，對信件、物品、行李、貨物行透視安全檢查，最常見的就是機場港口入出境之行李 x-射線檢查儀。不過，這種需要影像辨識專業的 x-射線穿透度量，卻無法檢查關鍵敏感的違禁品。例如，行李檢查儀偵獲行李內藏奶粉罐，但卻無法告訴檢察員罐內裝的是奶粉，還是毒品或炸藥，三者在 x-射線的影像中無從分辨，因為三者均為粉末狀且密度約略相等。不過，各類炸藥均含高濃度的氮，但奶粉卻很少，運用 ^{14}N (n, γ) 釋出的 γ（E_γ=10.82918 MeV）對行李進行 PGAA 檢測，是當前最成熟的炸藥檢查方式（註 8-17）。

國內由清華大學設計的線上 PGAA 炸藥偵檢儀，如圖 8.7 所示。檢查儀使用兩個 100 μg 的 Cf-252 同位素中子源，8 個 2"×2"BGO 閃爍偵檢器，5 秒的掃描時段，可偵測行李內藏 1 公斤的 HMX 軍用炸藥（註 8-18）。

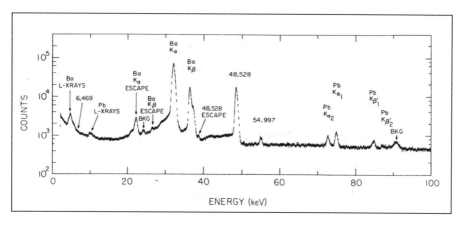

圖 8.6　以矽片 LEPS 偵檢儀偵測試樣的 x-射線螢光 XRF 能譜（註 8-16）。

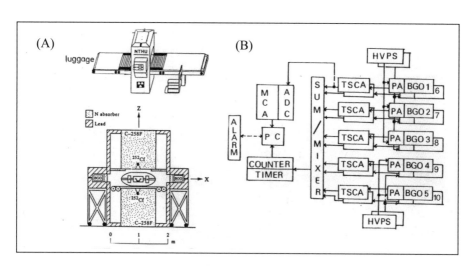

圖 8.7　國內 OLPGAA 先導炸藥偵檢儀及電路系統（註 8-18）。

二、輻射度量在醫學的應用

表 8.1 所列國內醫療體系從事輻射工作的人口比例次多，約有萬

人，其中女性醫護人員佔大多數。輻射度量在放射科部多屬初階輻射防護量測，在核醫部則為影像成像高階量測。由輻射度量直接成像的醫學影像，需由專科醫師判讀。他們從事輻射工作的人均年劑量約為 0.07 毫西弗／年，相當於一張胸腔 x-光健檢的劑量。

　　輻射影像在醫療體系內主要用於病患的診斷以作為隨後治療的依據。所有成年人都曾做過 x-射線診斷，對胸腔 x-光健檢的自身結構影像並不陌生；完全版的健康檢查則包括核醫影像檢查，功能性的連續核醫影像能突顯體內的病變。核醫影像也可用來作為基礎醫學研究的應用工具。中醫針灸的科學論證，就可以用核醫影像呈現其特殊的治療醫理（註 8-19）。

　　國內亦曾運用核醫影像，研究中醫穴道針灸的醫理，圖 8.8 是將 1 mCi ^{99m}Tc 核醫藥物經皮下注射入病患右小腿背靜脈、皮下組織與太谿穴（K-3）及崑崙穴（B-60）中。由圖中可清楚看出穴道主導軟體組織體液流向靜脈的機轉（註 8-20）。

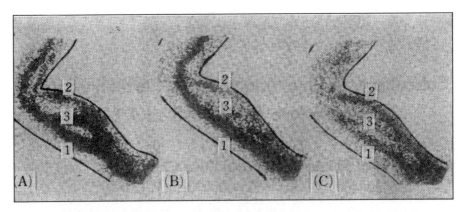

圖 8.8　核醫影像研究中醫穴道功能：運用 1 mCi Tc-99m 核醫藥物在病患右小腿背：(A)經靜脈皮下注射，均勻分佈在 1. 大靜脈，2. 支靜脈及 3. 外側靜脈。(B)經皮下組織注射，藥物分佈不均勻。(C)直接注射入太谿穴（K-3）及崑崙穴（B-60），藥物集中在穴道週邊（註 8-20）。

醫療體系隨著科技的躍進，不斷新增高性能的醫療設備，正子發射斷層攝影 PET 已成為核子醫學最先進的診斷技術，而正子發射的短半衰期核醫藥物生產，就得靠醫院內設置 PET 迴旋加速器就近提供病患核醫藥物。加速器運轉中，有微量的高能中子經靶核(p, n)核反應釋出，貫穿至走道內；經氣泡式中子劑量計三維場度量，結果示於本書的封面圖，走道的中子劑量率，是宇宙中子背景輻射的萬倍以上（註 8-21）。

三、輻射度量在核燃料循環業界之應用

表 8.1 所列核燃料循環業界工作人口，只有五千人，絕大部分在經濟部所屬台灣電力公司服務，少部分在行政院原子能委員會工作。此類輻射工作人口的人均年劑量，僅次於工業用類的同業，每年有 0.1 毫西弗。

核能電廠在有效的輻射管制下，電廠排放的放射性物質接近零。不過，仍有極微量的輻射物質會釋出；因此，核能電廠內外均需執行長期監測，以確保微量排放不致於逾越法規限值。微量排放的指標核種，是放射性同位素 ^{134}Cs 及 ^{137}Cs，如前章表 5.7 所列。^{235}U 核分裂反應瞬間釋出的分裂碎片，^{134}Cs/^{137}Cs 比例只有 0.003%，唯核能電廠經年累月地持續核分裂反應，^{134}Cs 卻可從爐心內累積大量的穩定性同位素 ^{133}Cs 經(n, γ)中子捕獲核反應生成 ^{134}Cs。核能電廠每運轉一日，^{134}Cs/^{137}Cs 比例就增加 0.1%，連續運轉 1,350 日，比例接近 100% 飽和。核能電廠外釋的 ^{134}Cs 與 ^{137}Cs，基本上與爐心內的同位素比例概等，再加上離廠後半衰期的修正而逐年遞減。

為了規避量測 ^{134}Cs 核衰變加馬射線遭背景輻射干擾，國內研究機構使用加馬-加馬相符偵測儀度量核能電廠附近岸砂環境試樣（註 8-22）。圖 8.9 顯示一般加馬能譜中，勉強可觀測到 ^{137}Cs 核衰變的 662

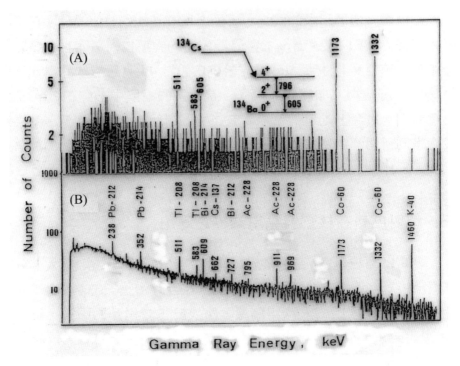

圖 8.9　運用加馬-加馬相符偵檢儀度量核能電廠附近岸砂試樣：(A)^{134}Cs
605-796 keV 相符能譜，(B)一般加馬背景能譜（註 8-22）。

keV 譜峰；至於 ^{134}Cs 核衰變的主要加馬 605 keV 與 796 keV 譜峰，分
別受天然鈾衰變 ^{214}Bi 的 609 keV 及天然釷衰變 ^{228}Ac 的 795 keV 所遮
蔽。只有運用加馬-加馬相符偵測系統，把能窗開在 795 keV 去捕捉相
符的 605 keV，才能在非常「乾淨」的加馬能譜中觀測到微量的 ^{134}Cs。
輻射度量的結果顯示，^{134}Cs 的比活度為 0.29 Bq/kg，^{137}Cs 是 0.34 Bq/
kg，均遠低於法規要求的 3 Bq/kg 可測下限值。換算成核種數目，則
N(^{134}Cs)/N(^{137}Cs)= 5.8%，幾可確定源自於連續運轉的核能電廠，而非
來自早年大氣核試爆的輻射落塵。

　　核能電廠的高階環測輻射度量，非常耗費人力、財力、時間，是
既辛苦又繁瑣的任務。一旦發生核子事故或核戰核災，靠實驗室內高

階環測輻射度量儀器設備恐緩不濟急，輻射工作人員得「走出去」到核災核戰現場執行快速監測輻射污染，將數據提供政府作為應急決策之依據。國內研究機構也開發了運用手提式加馬能譜儀，以直升機作為載台，依地貌飛行執行快速定性定量空中偵測（註 8-23）。以 38 節航速所量測到的加馬能譜，展示於本書索引後的附圖 1.8，一小時的空測飛行任務，可涵蓋 70 公里×20 米的輻射污染區，輻射劑量率的可測下限值相當於 0.1 nSv/h。

四、輻射度量其他應用

　　除了上述工業界、醫療體系與核能發電經常運用高階輻射度量外，凡不歸類上述領域的輻射度量應用，均納入表 8.1 的其他類。這類輻射工作人口有七千餘人，大部分均為業界工作人員執行初階輻射防護度量（如房屋仲介業量測輻射屋），餘皆為政府研究機關及大專院校從事輻射研發的專家、學者與研究生。他們所接受的人均年劑量是四類輻射工作人口中相對最低，只有 0.04 毫西弗/年，不到一張胸腔x-光健檢的劑量。他們的輻射度量應用，可用以下兩個維護國民健康與國家安全的實例充分說明。

　　前蘇聯車諾比核災，不但造成烏克蘭核能電廠當地的嚴重輻射污染與人員傷亡，輻射落塵也遍佈全球（註 8-24）。國內的研究機構在車諾比核災後均處於高度警戒狀態，全天候全方位監測輻射落塵的飄降。核災後一週，我國接獲國際組織預警：車諾比核災輻射落塵已竄昇至大氣平流層，隨北半球噴射流擴散至蒙古與東北，如圖 8.10 所示。輻射落塵經噴射流滾捲，由平流層滲入下方的對流層再順東北季風飄降台灣，只是遲早的事。半衰期為 8.04 日的分裂產物 I-131，在車諾比核災後兩週終於沉降至台灣本島。以加馬能譜儀進行全島環境監測，均觀測到輻射污染，如本章首頁圖 8.1 量測到的能譜中，可清

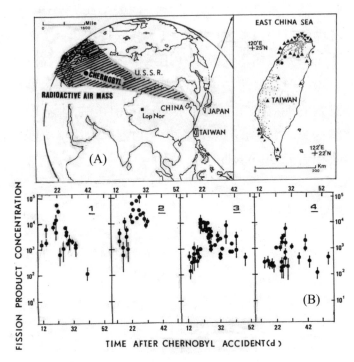

圖 8.10　(A)車諾比核災後一週輻射污染擴散範圍及台灣本島偵測採樣佈
　　　　　點。(B)輻射度量車諾比核災碘-131 在台灣沉降的強度：1. 地面空
　　　　　氣（μBq/m^3），2. 地表落塵（μBq/m^2），3. 蔬菜（mBq/kg）及 4.
　　　　　鮮奶（mBq/l）（註 8-25）。

楚看到 364 keV 的譜峰；I-131 的汙染高峰期是車諾比核災後的第三
週，一直延續到第八週方衰變殆盡。雖然車諾比核災對台僅造成輕微
污染，輻射量固然超過法規提報值，唯政府依據高階輻射度量數據，
採取了相應措施穩定民心，也評估因車諾比核災對國民所增加的額外
輻射劑量，推定僅有 0.8 微西弗（註 8-25）。

　　車諾比核災雖未造成大規模輻射污染對我國國民健康構成威脅，
但是近年來恐怖主義盛行，恐怖份子運用核生化武對民眾進行大規模
毀滅性攻擊絕不能坐視不回應（註 8-26）。運用高階輻射度量偵檢恐

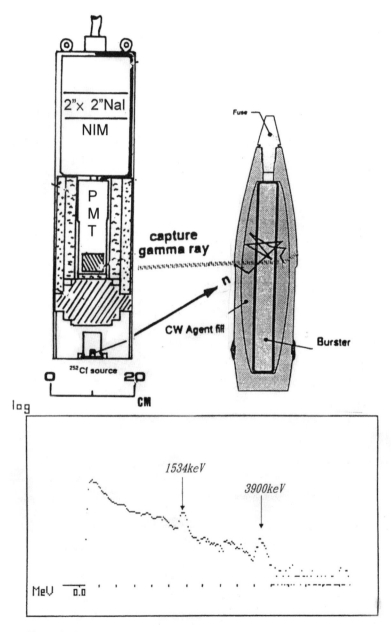

圖 8.11　偵雷偵毒瞬發加馬活化現場分析儀與模擬糜爛性毒氣與神經性毒
氣戰劑各一公斤，偵測時段 5 分鐘的能譜（註 8-27）。

怖組織預置的核武或輻射髒彈（radiological dispersal device, RDD）是理所當然，但運用高階輻射度量可否偵測生物武器（biological weapon, BW）或化學戰劑（chemical warfare (CW) agent）？事實上，國內在這方面的研究，早已領先全球，成為反恐偵測核生化武的頂尖國家之一。

前章所述及的瞬發加馬活化分析PGAA技術，同樣可拉至現場偵測不明的疑似大規模毀滅性武器。所有的化學戰劑，主成份均含有特殊的元素，而這些元素均可運用PGAA技術輕易偵獲，如神經性毒氣內的磷、糜爛性毒氣內的硫、窒息性毒氣內的氯、全身中毒毒氣內的氫與刺激性毒氣內的砷。國內所執行的先導研究，係運用 1.34 微克的 Cf-252 同位素中子源，配以 2"×2"NaI（Tl）閃爍偵檢儀，組合成可攜式偵雷偵毒 PGAA（unidentified ordnance PGAA，UOPGAA）分析儀，配合反恐小組至現場偵測疑似核生化武（註 8-27）。

圖 8.11 是在實驗室內將分析儀置於模擬含砷（糜爛性路易氏毒氣）及含磷（神經性沙林毒氣）各一公斤外 15 公分處，量測 5 分鐘後的能譜，圖內砷（1,534 keV）及磷（3,900 keV）的譜峰清晰可辨。此一先導研究的驗證，也說明了高階輻射度量在國家安全的應用上，扮演了關鍵性的要角。

自我評量 8-2

居住在核設施（如醫學中心地下室的醫用迴旋加速器）或核能電廠附近，到底危不危險？

解：所有核設施，包括核能電廠及醫用迴旋加速器，在建造前需就游離輻射安全措施送主管機關審查，通過審查始可興建，領照運轉亦需執行環境輻射監測，務期達致主管機關的法規規範，不讓游離輻射外釋超過限值。如緊鄰核能電廠的居民，每年遭受核能電廠外釋輻射的等效劑量，只有 0.01 毫西弗，是 x-射線胸腔健檢劑量的 1/5，安啦！

CHAPTER 9

輻射度量學的未來趨勢

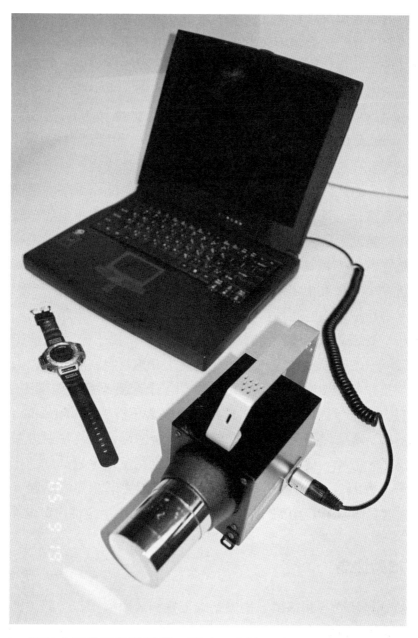

圖 9.1 輻射度量儀器勢將機動、即時、定性、定量。圖內為 2"×2" NaI
（TI）偵檢器與個人電腦能譜儀及手錶比例（作者攝影提供）。

　　輻射度量學屬於科學的範疇，過去五十年間快速發展，迄今已蛻變為成熟的學門。前瞻未來五十年，輻射度量未來的趨勢、發展與走向會是什麼風貌？輻射度量學未來的趨勢，談的是不確定的將來，當屬「未來學」（futurology）領域的範疇。所謂「未來學」，係指「依據現有趨勢，去前瞻未來，作有系統、有組織預判的知識」（註9-01）。有系統、有組織的知識，就是科學，如管理科學或行為科學；沒有系統、沒有組織的知識，不論稱謂，都違反了科學的邏輯原理與法則。由此觀之：(1)未來學屬科學的一環；(2)未來學的架構是植基於既有量化、質化的趨勢，數據會說話；(3)未來學不但要「鑑古知今」頻作驗證，還要據以做有系統、有組織的前瞻預判；(4)未來學的基礎是在過去的趨勢，但置重點於將來。

　　首先，未來五十年輻射度量學度量之標的「游離輻射」，因原子能和平用途推廣的必然性與必要性，與民眾的關係將日趨緊密。在我國，並不會因為現行的「非核家園」政策，減損了未來原子能在醫療、環境、工業、衛生、安全面向的使用頻度（註9-02）。也因此，輻射度量學當前雖屬偏門，但絕非冷門，未來更不會萎縮消失。

　　過去五十年因電子工程、材料科學與資訊技術（information technology, IT）產業連續突破性的進展，三者緊密結合致使輻射度量領域內的儀器、取樣、度量、分析，在過去半世紀呈現追趕式的進化。未來五十年會因電子工程、材料科學與 IT 產業更形激烈的進展，而驅使輻射度量儀器未來發展的趨勢，朝向機動、即時、定性、定量邁進。

一、機動性高

　　前章述及的各類核儀，不論是線上操作或離線操作，絕大部分是用固定式且加裝輻射屏蔽，少部分是手提式。嚴格來說，機動性（mobility）專指：(1)可攜、(2)自走與(3)自足。輻射度量系統連同屏蔽，要

達致機動性高，材料尤其是人工材料（artificial material）的密度肯定要非常高；密度高的偵檢器及輻射屏蔽，就可以製作得非常小，方便攜行。拜奈米技術之賜，高密度的電池研發突破，亦指日可待。因此，在可預見的未來，人工材料製作的輻射度量系統，不但精巧到方便攜行，自行驅動，且高功率微型電池可讓系統長久使用。這種微型化的輻射度量系統，可能較本章章首照片內的腕錶還要小，屆時，現所有固定式的核儀度量系統將遭汰除。

二、即時訊號傳輸

目前線上操作的核儀度量實驗室予人深刻的印象是成捲成綑的訊號線、電力線及其它電纜線。在未來，核儀模組箱及模組間的線路，將被微型化焊成主基板形狀的度量系統取代，訊號傳輸將以無線向遠端，甚至透過衛星中繼通訊於洲際間傳輸無線訊號。未來即時訊號的傳輸，將以即時（real-time）、線上（on-line）、連續（continuous）為入門門檻。這將迫使現有離線操作的游離輻射偵檢器全數遭淘汰。

三、游離輻射定性

目前使用的游離輻射偵檢器，大部分對所有類型的游離輻射都有回應，但却無法辨識，少部分的偵檢器雖可分辨輻射的類型，但却不能辨識源項。未來針對需求，勢必推出「三類游離輻射合一，一齊定性定量」全新的三合一人工偵檢材料，能執行游離輻射混合場「定性度量」的度量任務；舉例言之，三合一全新的人工材料可分辨入射的不是加馬，也非中子，而是質子，甚至可分辨質子的動能與方向。其實，所有的游離輻射場幾乎都是混合場，某些度量場景有非常特殊的環場條件，如高（低）溫、高壓、浸水、高速、高鹽度，因此，具多

元定性功能的三合一偵檢系統，還得具有「耐操」（rugged proof）的特質，能在惡質環場條件下執行定性分析游離輻射。

四、游離輻射定量

能夠度量游離輻射能譜（即量測游離輻射的能量與強度），是定量度量的門檻。目前所有各類型的游離輻射偵檢材料，都無法滿足同時度量所有類型輻射的能譜。因此，未來的趨勢勢必要合成新的人工材料，其中較有希望的是人工鑽石（以取代半導體矽晶）；高密度的人工材料要滿足所有類型輻射能譜度量，同時也要在輻射損害下可持續操作，具抗輻射（radiation resistant）的優質表現。

既能機動、又能即時、且能定性、更能定量的游離輻射偵檢器，目前只是夢。但「有夢最美、希望相隨」，輻射度量未來的趨勢必朝機動、即時、定性、定量的規範研發。也誠懇地盼望這本教科書每隔一定的時段就全面改寫，推陳出新。

輻射度量相關常數
與轉換因數

附圖 1.1 　上圖：國內使用之手提式 GAMMA-SPEC II 加馬能譜儀；
　　　　　下圖：陸航 UH-1H 突擊直升機機身輻射污染度量演練（作者
　　　　　攝影提供）。

附表 1.1　相關常數

常數（中文）名稱	符號定義	數值單位
Avogadro's number（摩爾）	N_a	0.6022045×10^{24} at/mol
Elementary charge（基本電荷）	e	$1.6021917 \times 10^{-19}$C $= 4.803250 \times 10^{-10}$esu
Atomic mass unit（原子質量）	u	1.66040×10^{-27}kg $= 931.481$MeV/c^2
Electron rest mass（電子質量）	m	9.109558×10^{-31}kg $= 0.511$MeV/c^2
Proton rest mass（質子質量）	m_P	1.672622×10^{-27}kg $= 938.258$MeV/c^2
Neutron rest mass（中子質量）	m_n	1.674928×10^{-27} kg $= 939.552$MeV/c^2
Planck constant（蒲朗克常數）	h	6.626196×10^{-34}J · s
Boltzmann constant（波茲曼常數）	k	1.380622×10^{-23}J / K
Standard Pressure（標準氣壓）	P	101,325 Pa $= 14.696$ lb / in^2（psi）
Fine-structure constant（精構常數）	$\alpha = 2\pi e^2 / (h \cdot c)$	1 / 137.14
Classical electron radius（古典電子半徑）	$\gamma_0 = e^2 / (m \cdot c^2)$	2.818042×10^{-15}m
Bohr radius（波爾半徑）	$h^2 / 2\pi(m \cdot e^2)$	0.529177×10^{-10}m
Compton wavelength（康普頓波長）	$h^2 / (m \cdot c)$	2.424631×10^{-12}m

資料來源：作者製表（2006-01-01）。

附表 1.2　轉換因數

物理量與中文名　＝	轉換因數	×另一物理量與中文名
MeV 百萬電子伏	1.602×10^{-13}	Joules（J）焦耳
Kilo ton TNT（kT）千噸當量	2.497×10^{25}	MeV 百萬電子伏
Pounds（lb）磅	0.4536	Kilograms（kg）公斤
Inches（in）吋	2.54×10^{-2}	Meters（m）米
Lb / in^2（psi）磅／平方吋	6.8946×10^3	Pascal（Pa）巴士考
Btu / h 英制熱單位／小時	0.29307	Watts（W）瓦
Pounds force 磅力	4.4482	Newtons（N）牛頓
Curie（Ci）居里	3.7×10^{10}	Becquerels（Bq）貝克
Rad 雷得	10^{-2}	Grays（Gy）戈雷
Rem 侖目	10^{-2}	Sieverts（Sv）西弗
Barn(b)邦	10^{-24}	cm^2 平方公分

資料來源：作者製表（2006-01-01）。

附表 1.3　數量級符號

數量級	－	符號	－	英文	－	中文	數量級	－	符號	－	英文	－	中文
10^{24}		Y		Yotta		兆兆	10^{-1}		d		deci		分
10^{21}		Z		Zetta		十億兆	10^{-2}		c		centi		厘
10^{18}		E		exa		百萬兆	10^{-3}		m		milli		毫
10^{15}		P		peta		千兆	10^{-6}		μ		micro		微
10^{12}		T		tera		兆	10^{-9}		n		nano		奈
10^{9}		G		giga		十億	10^{-12}		p		pico		皮
10^{6}		M		mega		百萬	10^{-15}		f		femto		毫皮
10^{3}		k		kilo		千	10^{-18}		a		atto		微皮
10^{2}		h		hecto		百	10^{-21}		z		zepto		奈皮
10^{1}		da		deka		十	10^{-24}		y		yocto		漠皮

西方的數量級為三進位，我國為四進位：萬、億、兆。

資料來源：作者製表（2006-01-01）。

附表 1.4　國際單位制（SI）的七種基本單位

度量名稱	基本單位	單位符號
長　　度	米	m
質　　量	千克	kg
時　　間	秒	s
電　　流	安培	A
溫　　度	凱氏	K
原子分子數目	摩爾	mol
光　強　度	新燭光	cd

註：所有單位均可由這七種基本單位衍生。

資料來源：作者製表（2006-01-01）。

輻射度量常用
儀器型類選錄

附圖 1.2　上圖：國內使用核儀度量模組箱（CAMAC）；
　　　　　下圖：輻射度量規劃用的邏輯分析儀（註 4-01）。

附表 2.1　聯接核儀電路的固態偵檢器型類

	偵檢材料	材料特質	可度量輻射
閃 爍 材 料	NaI(Tl)	閃光衰減常數= 230ns，閃光輸出=100%	光子
	CsI(Tl)	閃光衰減常數=1,000ns，閃光輸出=45%	光子
	CsI(Na)	閃光衰減常數= 630ns，閃光輸出=80%	光子
	LiI(Eu)	閃光衰減常數=1400ns，閃光輸出=30%	光子，中子
	BGO	閃光衰減常數= 300ns，閃光輸出=8%	光子
	BaF_2	閃光衰減常數= 620ns，閃光輸出=13%	光子
	ZnS(Ag)	閃光衰減常數= 200ns，閃光輸出=95%	光子
	ZnS(Ag)+LiF	閃光衰減常數= 200ns，閃光輸出=95%	光子，中子
	$ZnS(Ag)+B_2O_3$	閃光衰減常數= 200ns，閃光輸出=95%	光子，中子
	$CaF_2(Eu)$	閃光衰減常數= 900ns，閃光輸出=50%	光子
	CsF	閃光衰減常數=4ns，閃光輸出=5%	光子
	$CdWO_4$	閃光衰減常數= 940ns，閃光輸出=20%	光子
	含鋰玻璃	閃光衰減常數=75ns，閃光輸出=15%	中子，光子
	含氫塑膠	閃光衰減常數= 2ns，閃光輸出=24%	荷電核粒，光子
半 導 體 材 料	Si	常溫工作，低能光子解析度=0.45%	光子
	HPGe	低溫工作，低能光子解析度=0.42%	光子，荷電核粒，中子
	CdTe	常溫工作，低能光子解析度=2.89%	光子

半導體材料	HgI$_2$	常溫工作，低能光子解析度=2.05%	光子
	SiO$_2$	離子佈植矽片，阿伐能量解析度=0.2%	荷電核粒
	Si(Li)	離子佈植矽片，阿伐能量解析度=1.8%	荷電核粒，中子
自流	^{51}V	測中子敏度=5×10^{-14} nA/n/cm^2·s	中子
	^{103}Rh	測中子敏度=1×10^{-12} nA/n/cm^2·s	中子
透明	合成樹酯	光折射率=1.49，閃光輸出=0.11%	荷電核粒
	硬玻璃	光折射率=1.72，閃光輸出=0.04%	荷電核粒

註：(1)自流式中子偵檢器為核反應器爐心內使用的儀器。

　　(2)透明體為謝倫可夫偵檢器（Cerenkov detector）材質。

資料來源：作者製表（2006-01-01）。

附表 2.2　聯接核儀電路的液態偵檢器型類

	偵檢材料	材料特質	可度量輻射
液態氣	液態氫	低溫工作，飽和區電壓	光子
	液態氖	低溫工作，飽和區電壓	光子
	液態氙	低溫工作，飽和區、比例區電壓	光子
閃爍液	茵晶體	閃光衰減常數=30ns，閃光輸出=44%	荷電核粒，光子
	苯晶體	閃光衰減常數= 4ns，閃光輸出=22%	荷電核粒，光子
	液態燐	閃光衰減常數= 5ns，閃光輸出=34%	荷電核粒，光子
透明液	水	光折射率=1.33，閃光輸出=0.07%	荷電核粒
	液氮	光折射率=1.20，閃光輸出=0.03%	荷電核粒
	甘油	光折射率=1.20，閃光輸出=0.03%	荷電核粒

註：透明液為謝倫可夫偵檢器材質。

資料來源：作者製表（2006-01-01）。

附表 2.3　聯接核儀電路的氣態計數器型類

偵檢材料	電子游離能	工作電壓區	可度量輻射
空氣	33.8 eV/ip	IC	荷電核粒，光子
氮氣	34.8 eV/ip	IC，SC	荷電核粒，光子
氧氣	30.8 eV/ip	IC	荷電核粒，光子
氫氣	36.5 eV/ip	IC	荷電核粒，光子
氦氣	41.3 eV/ip	IC，GM，SC	荷電核粒，光子
氦氣	41.3 eV/ip	PP	中子
^{3}He 氣	41.3 eV/ip	IC，PP，SC	中子
96% He+其他	27.6 eV/ip	PP	荷電核粒，光子
氖氣	36.2 eV/ip	PP	荷電核粒，光子
氬氣	26.4 eV/ip	IC，GM	荷電核粒，光子
P-10（90%Ar）	23.6 eV/ip	PP	荷電核粒，光子
P-5（95%Ar）	21.8 eV/ip	PP	荷電核粒，光子
Ar+^{235}U	26.4 eV/ip	IC	中子
Ar+Ag	26.4 eV/ip	GM	中子
氪氣	21.5 eV/ip	GM，SC	荷電核粒，光子
95%Xe+其他	31.4 eV/ip	PP	荷電核粒，光子
90%Xe+其他	33.9 eV/ip	PP	荷電核粒，光子
Xe+BF$_3$	21.5 eV/ip	PP	中子
BF$_3$ 氣	－－	PP	中子
CH$_4$ 甲烷	36.5 eV/ip	IC，PP	荷電核粒，光子
C$_3$H$_8$ 丙烷	29.5 eV/ip	PP	荷電核粒，光子

註：工作電壓：IC-游離區（300～1,000 V），PP-比例區（600～2,700 V），GM-蓋革區（500～3,000 V），SC-閃爍區（光電倍增管工作電壓，＞1,000 V）。

資料來源：作者製表（2006-01-01）。

附表 2.4　不需核儀電路的游離輻射離線偵檢器型類

	名稱	離線計測特性	可度量輻射
固態	AgBr 感光底片	感光後沖洗成像	荷電核粒，光子，中子
	熱發光劑量計	照射後回火計讀	荷電核粒，光子，中子
	玻璃劑量計	照射後遲延計讀	光子
	徑跡蝕刻片	照射後化學蝕刻徑跡	荷電核粒，中子
	活化箔片	中子活化後量測核衰變	中子
	量熱計	照射後測溫度升差	光子
液態	化學劑量計	照射後滴定計讀導電度	光子
	生物劑量計	照射後體檢	荷電核粒，光子，中子
	氣泡式劑量計	線上即時計讀氣泡	中子

註：上開離線偵檢器，僅氣泡式劑量計可線上瞬時連續目視計讀，歸零後可
　　再使用，餘皆需於輻射曝露後經物理、化學轉換程序遲延一段時間，始
　　能計讀。

資料來源：作者製表（2006-01-01）。

附表 2.5 核儀電路模組（NIM）型類

	名稱（代號）	功能	輸入自	輸出至
線性輸出訊號	前置放大器（PA）	中繼放大集電荷	偵檢器（L）	Amp(L)
	線性放大器（Amp）	線性訊號放大整形	PA(L)	ADC(L)
	偏壓放大器（BA）	頂標線性訊號放大	PA(L)	ADC(L)
	脈衝產生器（P）	檢測訊號品質	－ －	PA(L)
	脈衝伸展器（PS）	快訊號整形	PA(L)	ADC(L)
	加減放大器（SDA）	線性訊號疊堆	Amp(L)	ADC(L)
	線性閘門器（LG）	線性訊號取捨	Amp(L)+TFA(G)	ADC(L)
	時幅轉換器（TAC）	量取時段長短	TFA(G)×2	ADC(L)
邏輯輸出訊號	計數器（counter, CR）	計讀量測數目	Amp(L)	SC(G)
	計時器（timer, TM）	計讀時段	Amp(L)	SC(G)
	單位轉換器（scaler, SC）	計數變劑量	CR(G)	RM(G)
	計數率器（RM）	讀取劑量率	CR(G)	－ －
	濾時放大器（TFA）	線性訊號快選傳輸	PA(L)	ADC(G)
	時控定比鑑別器（CFD）	線性訊號快選傳輸	PA(L)	ADC(G)
	單頻分析器（SCA）	線性訊號選取	Amp(L)	ADC(G)
	時間單頻分析器（TSCA）	線性訊號快選傳輸	PA(L)	ADC(G)
	遲延產生器（DL）	訊號推遲 ns～μs	CFD(G)	TAC(G)
	（反）相符取捨器（CU）	二到（零）一出	TFA(G)×2	ADC(G)
	多頻轉換器（MCS）	多到一出	SC(G)×8	ADC(G)
	液氮警告器（LN₂M）	警告 LN₂ 過少	LN₂(T)	HVPS(G)
數值匯流輸出	類比數位轉換器（ADC）	訊號脈高配入頻道	Amp(L)，CFD(G)	MCA(D)
	多類分析儀（MCA）	數位能譜	ADC(D)	－ －
	數位穩定器（DS）	防止頻道漂移	ADC(D)	MCA(D)
	數位訊號處理器（DSP）	AmpADC 二合一	PA(L)	MCA(D)
	類比矩陣器（AM）	全頻道分配	ADC(D)×8	MCA(D)
	無感補償器（LFM）	補足無感時間計數	ADC(D)	MCA(D)

註：D：二元數值匯流排整批傳輸，G：邏輯訊號，L：線性訊號，T：溫度計。

資料來源：作者製表（2006-01-01）。

附表 2.6　核儀電路料配件

	名稱（代號）	功能	輸入自	輸出至
核儀附件	核儀模組櫃（cabinet）	插放模組箱	－－	模組箱
	核儀模組箱（CAMAC）	插放模組	－－	模組
	高壓供電器（HVPS）	供應 6kV 以下高壓	－－	PA/PMT
	光電倍增管（PMT）	閃光轉換電荷放大	閃爍偵檢器	PA
	訊號線變壓器（CF）	減低高頻雜訊	PA	Amp
	訊號夾箱（SCB）	防止示波器超荷	TFA	示波器
	突波消除器（GLE）	防止高壓突波	HVPS	PA
訊號接頭	偏絕箱（BIB）	防止漏電流	HVPS	PA
	訊號線端子（TM）	防止訊號反射或擋雜訊	訊號線	訊號線
	公母，公公，母母接頭	BNC，SHV，LEMO 線	訊號線	訊號線
	訊號壓縮器（SA）	降低訊號脈高	訊號線	訊號線
	訊號複製器（SS）	訊號一生成二	訊號線	訊號線
	丁接頭（TC）	訊號一分成二	訊號線	訊號線
電路聯線	93 歐姆訊號線	傳輸訊號 BNC	核儀模組	核儀模組
	50 歐姆訊號線	傳輸訊號 BNC，LEMO	核儀模組	核儀模組
	75 歐姆訊號線	傳輸高壓	HVPS	PA/PMT
	數值匯流排線	傳輸二元數值	ADC	MCA
冷卻劑	偵檢器液氮桶（DW）	2.5～60 升聯接偵檢器	－－	偵檢器
	液氮槽（LN$_2$ST）	160～240 升備料	－－	－－
	抽灌液氮器（LN$_2$FD）	高壓抽取灌入液氮	－－	－－

註：上開核儀料配件為高階輻射度量必備零附件。

資料來源：作者製表（2006-01-01）。

附 錄 3

輻射度量常用校準射源

附圖 1.3　左圖：國內生產二級校準射源；右圖：國內打造射源封套（註 4-01）。

附表 3.1　常用同位素阿伐校準射源

同位素	衰變型式	半衰期	阿伐粒子動能（產率）
Sm-146	α	1.03×10^8 a	2.470 MeV（100%）
Gd-148	α	97.5 a	3.183 MeV（100%）
Gd-150	α	1.78×10^6 a	2.719 MeV（100%）
Po-210	α	138 d	5.304 MeV（100%）＊
Ra-226	α	1,599 a	7.687 MeV（99.99%）＊
Th-232	α	1.41×10^{10} a	4.012 MeV（77%）＊
Am-241	α	432 a	5.443 MeV（12.7%）＊ 5.486 MeV（86.0%）
Am-243	α	7,370 a	5.234 MeV（10.6%）＊ 5.275 MeV（87.9%）
Cm-242	α	163 d	6.070 MeV（25.8%）＊ 6.113 MeV（74.2%）
Cm-243	α，EC	28.5 a	5.741 MeV（10.6%）＊ 5.785 MeV（73.5%）
Cm-244	α	18.1 a	5.764 MeV（23.3%）＊ 5.806 MeV（76.7%）
Es-253	α	20.5 d	6.592 MeV（6.6%）＊ 6.633 MeV（90.6%）
Es-254	α	276 d	6.359 MeV（2.4%）＊ 6.429 MeV（93.2%）

註：(1)數據彙整自（註 1-12）。
　　(2)可裂材料鈽與鈾同位素阿伐射源，商購困難故未列入表內。
　　(3)打「＊」號的α衰變，釋出不同動能的阿伐粒子繁多，凡產率（每百次
　　　衰變釋出特定動能的阿伐粒子數）低於表列者，不再列出。

資料來源：作者製表（2006-01-01）。

附表 3.2　常用同位素貝他校準射源

同位素	衰變形式	半衰期	β^- 射線最大能量
H-3	β^-	12.4 a	18.6 keV
C-14	β^-	5730 a	155 keV
P-32	β^-	14.3 d	1,711 keV
P-33	β^-	25.3 d	249 keV
S-35	β^-	87.4 d	167 keV
Ca-45	β^-	165 d	257 keV
Ni-63	β^-	100 a	65.9 keV
Sr-90/Y-90	β^-	28.8 a	2,288 keV
Tc-99	β^-	2.14×10^5 a	292 keV
Pm-147	β^-	2.62 a	224 keV
Tl-204	β^-，EC	3.77a	764 keV

註：(1) 數據彙整自（註 1-12）。
　　(2) 表列者均為貝他射源或 99%為 β^- 衰變，無其他加馬射線、x-射線伴隨
　　　　發生、減少二次電子的干擾。

資料來源：作者製表（2006-01-01）。

附表 3.3　常用同位素光子（$E_\gamma < 100$ keV）校準射源

同位素	半衰期	衰變型式	主要光子能量（keV）（產率，%）
Ca-41	1.03×10^5 a	EC	Kα(K)=3.31(12.9)
Ti-44	48.2a	EC	67.8(88.0)，78.4(93.3) ＊
V-49	327d	EC	Kα(Ti)=4.51(20)
Fe-55	2.68a	EC	Kα(Mn)=5.90(28.2)
Cd-109	1.24a	EC	Kα(Ag)=22.1(81.9)，88.0(3.8)
I-129	1.57×10^7 a	β^-	Kα(Xe)=29.6(1.6)，37.6(7.5)
Gd-153	242d	EC	Kα(Eu)=41.3(87.6)，97.4(27.3) ＊
Am-241	432a	α	26.4(2.4)，59.5(35.7) ＊

註：(1)數據彙整自（註 1-12）。
　　表列者均為半衰期大於 50 日之核種，打「＊」號的核衰變釋出眾多單
　　能光子，具不同能量及產率，未全數列入表內。
　　(2)光子產率（%）指每百次核衰變釋出該單能光子的數目。

資料來源：作者製表（2006-01-01）。

附表 3.4　常用同位素光子（$E_\gamma > 100\ keV$）校準射源

同位素	半衰期	衰變型式	主要加馬能量（keV）（產率，%）
Na-22	2.60 a	EC，β^+	1274.6(99.9)＊
Mn-54	312 d	EC	834.8(100)
Co-56	78.8 d	EC，β^+	846.8(100)，3547.9(0.18)＊
Co-57	272 d	EC	14.4(9.8)，122.1(85.6)＊
Co-60	5.27 a	β^-	1173.2(100)，1332.5(100)＊
Zn-65	244 d	EC，β^+	1115.5(50.8)＊
Y-88	107 d	EC，β^+	898.0(91.3)，1836.1(99.3)＊
Ag-108m	127 a	EC，β^+，IT	434.0(90.5)，723.0(89.7)＊
Ag-110m	252 d	β^-，IT	657.8(94.4)，884.7(72.8)＊
Sn-113	115 d	EC	391.7(64.0)，255.1(1.8)＊
Sb-124	60.2 d	β^-	602.7(98.3)，1691.0(49)＊
Sb-125	2.71 a	β^-	428.0(30)，636.2(11.5)＊
Ba-133	10.7 a	EC	81.0(34.3)，356.0(62)＊
Cs-134	2.06 a	β^-，EC	604.7(97.6)，795.8(85.4)＊
Cs-137	30.2 a	β^-	661.7(85)
Eu-152	13.2 a	β^-，β^+，EC	121.8(30.7)，344.3(27.2)＊
Eu-155	4.96 a	β^-	86.5(33.6)，105.3(23)＊
Ta-182	115 d	β^-	67.8(41.4)，1121.3(35.1)＊
Ir-192	74.2 d	β^-，EC	316.5(82.9)，468.1(48.1)＊

註：(1)數據彙整自（註 1-12）。
　　　表列者均為半衰期大於 50 日核種，打「＊」號的核衰變釋出眾多單能
　　　光子，具不同能量及產率，未全數列入表內。
　　(2)加馬產率（%）指每百次核衰變釋出該單能光子的數目。
資料來源：作者製表（2006-01-01）。

附表 3.5　常用產生中子的同位素校準射源

同位素組合	產生中子機制	半衰期	中子產率 （n/s/kBq）	中子均能 （MeV）
Cf-252	SF 核衰變	2.65 a	116	1.0
Po-210+Be	（α，n）核反應	138 d	0.073	5.3
Ra-226+Be	（α，n）核反應	1599 a	0.502	4.4
Ac-227+Be	（α，n）核反應	21.8 a	0.702	4.6
Am-241+Be	（α，n）核反應	432 a	0.082	5.5
Am-241+B	（α，n）核反應	432 a	0.013	1.1
Am-241+C-13	（α，n）核反應	432 a	0.011	2.1
Cm-242+Be	（α，n）核反應	163 d	0.118	6.1
Cm-244+Be	（α，n）核反應	18.1 a	0.100	5.8
Y-88+Be	（γ，n）核反應	107 d	0.023	0.16
Sb-124+Be	（γ，n）核反應	60.2 d	0.021	0.023

註：(1) 數據彙整自（註 1-12）。

　　(2) 可裂材料鈽與鈾同位素阿伐射源，商購困難故未列入表內。

資料來源：作者製表（2006-01-01）。

附　錄　4

習題與參考解答

附圖 1.4　上圖：國內早期使用的輻射度量低階示波器；

下圖：國內目前使用的輻射度量高階示波器（註 4-01）。

　　本附錄收列民國 82 年（含）以來各類國家考試與「輻射度量學」相關的考題與參考解答。目前考試有三大類：一是考試院專門職業及技術人員高等考試（專技高考）醫事放射師類，二是考試院中央暨地方機關公務人員相關職系升等類，三是行政院輻防師（員）及操作人員輻射安全證書類。題型有四種：選擇、是非、填充與問答。附錄內所列舉的國考題目，秉持：(1)保持原味，命題委員用辭不盡相同，凡望文不能生義者，才用括弧將通用語注釋旁白。(2)題義重疊者僅列出一題作代表，其他均省略。(3)題目有疑義者刪除。(4)過時或不合時宜的考題亦予刪除。準此，共收錄 404 題將其分配在相應本書前 7 章的主題內，以方便查閱。這些考題絕大部分屬初階輻射度量的範疇，僅少數論述性問答題涉及高階輻射度量；考題學理多但輻射度量卻非常少，或許與國內缺乏輻射度量教科書及命題委員的學經歷和從事實務輻射度量的經驗都有關。

Chaptear1 認識輻射

1-1 非游離輻射

1. （B）醫用 X-射線的頻率較行動電話微波頻率為：

   (A)低 　　　　　　　　(B)高

   (C)相等 　　　　　　　(D)無法相比

2. （C）下列何輻射屬非游離輻射？

   (A)X-光 　　　　　　　(B)γ射線

   (C)超音波 　　　　　　(D)中子束

3. （D）下列何者不屬於游離輻射？

   (A)中子 　　　　　　　(B)貝他粒子

   (C)加馬射線 　　　　　(D)紅外線雷射

4. （A）輻射的兩種型態是：

   (A)游離型和非游離型 　(B)X-光與加馬射線

   (C)粒子型和電磁波型 　(D)長波型和短波型

5. （B）有關游離輻射之性質，何者敘述是錯的？

   (A)可以使空氣游離

   (B)輻射隨溫度增高而增加

   (C)可使暗處照相底片感光

   (D)間接游離輻射也是游離輻射的一種

1-2 游離輻射：核衰變輻射

1. （C）以下何者為 X-射線的能量：

   (A)kg · m/s 　　　　　(B)kg · m/s^2

   (C)kg · m^2/s^2 　　　(D)kg · m^2/s^3

2. （D）活度指一定量放射性核種在某一時間內發生之自發衰變數
   目，活度之單位為：

(A)西弗 （B)戈雷

(C)雷得 （D)貝克

3. （B）3GBq 的放射活度較 3Ebq 少：

　　(A)10^{12} 倍 （B)10^9 倍

　　(C)10^6 倍 （D)10^3 倍

4. （B）1keV 等於多少焦耳(J)？

　　(A)1.6×10^{-19} J （B)1.6×10^{-16} J

　　(C)1.6×10^{-13} J （D)1.6×10^{-10} J

5. （A）eV（electron volt）是什麼單位？

　　(A)能量 （B)電壓

　　(C)磁場 （D)電阻

6. （C）已知A同位素會釋出 1MeV 的γ射線，B同位素會釋放出 1keV 的γ射線，若它們在單位時間內釋放出相同能量，則它們彼此間所釋放出的光子數目比值（A：B）為若干？

　　(A)1：1 （B)1：10

　　(C)1：1,000 （D)1：100,000

7. （C）200keV 與 400keV 的 x-光，其波長比值為多少？

　　(A)1：1 （B)1：2

　　(C)2：1 （D)4：1

8. （D）放射性活度（activity）單位：1Ci 的原始定義為下列何種核種每秒衰變的次數？

　　(A)1mg U-235 （B)1mg Ra-225

　　(C)1g U-235 （D)1g Ra-226

9. （A）一個 100keV 光子與一個 50MeV 光子，兩者的頻率比為何？

　　(A)後者是前者的 500 倍 （B)前者是後者的 2 倍

　　(C)前者是後者的 0.005 倍 （D)兩者相同

10. （D）G, n, p, μ 分別代表多少倍？

(A)10^9, 10^{-12}, 10^{-9}, 10^{-6} (B)10^6, 10^{-12}, 10^{-9}, 10^{-6}

(C)10^{12}, 10^{-9}, 10^{-15}, 10^{-6} (D)10^9, 10^{-9}, 10^{-12}, 10^{-6}

11. （C）下列的組合，錯誤者為何？

(A)$20fBq = 2 \times 10^{-2}pBq$

(B)$100\mu Sv \cdot MBq^{-1} \cdot h^{-1} = 10^2 pSv \cdot Bq^{-1} \cdot h^{-1}$

(C)$100fm^2 = 10^{-13}m^2$

(D)$0.1nJ \cdot kg^{-1} = 10^2 pGy$

12. （B）以下核粒靜止質量的排序，何者正確？

(A)質子＞中子＞正子   (B)中子＞質子＞正子

(C)質子＞正子＞中子   (D)中子＞正子＞質子

13. （D）電子的靜止質量可轉換為 0.511 MeV 的能量，若以質量單位來表示則相當於多少公斤？

(A)1.4904×10^{-10} (B)8.176×10^{-14}

(C)1.6749×10^{-27} (D)9.1×10^{-31}

14. （C）質子質量大約是電子質量的多少倍？

(A)7,300   (B)3,600

(C)1,800   (D)1,000

15. （A）球狀質子的半徑為 1.5×10^{-13} 公分，則質子（氫原子核）的密度為：

(A)1.2 億公噸／立方公分

(B)1.2 萬公噸／立方公分

(C)1.2 公噸／立方公分

(D)1.2 公克／立方公分

16. （A）假設鋁的密度為 $2.699g/cm^3$，原子量為 26.981，原子序數為 13，則其電子密度為多少 e^-/cm^3？

(A)7.829×10^{23} (B)2.381×10^{23}

(C)9.182×10^{22} (D)5.144×10^{22}

17. （C）^{18}O 核種的特性，何者正確？

    (A)含 10 個質子不具放射性

    (B)含 8 個質子具放射性

    (C)含 10 個中子不具放射性

    (D)含 8 個中子具放射性

18. （B）Ar-40 與 K-40 是屬於：

    (A)同位素（isotope）

    (B)同重素（isobar）

    (C)同中素（isotone）

    (D)同質異構物（isomer）

19. （C）下列哪兩種元素是同位素？

    (A)^{15}N, ^{16}O

    (B)^{133}Ba, ^{133}Cs

    (C)^{12}C, ^{14}C

    (D)以上皆非

20. （B）試問 ^{125}I(Z＝53)的原子核內有幾個中子？

    (A)125

    (B)72

    (C)53

    (D)35

21. （B）原子內 Z 代表原子序數，A 代表質量數，請問下列何者為質子數？

    (A)A-Z

    (B)Z

    (C)A+Z

    (D)A

22. 中性原子失去電子而形成離子的現象稱為＿＿＿。（游離）

23. （A）下列何種是存在於人體內的天然放射性核種？

    (A)鉀-40

    (B)鈉-24

    (C)鎝-99m

    (D)鐳-226

24. （A）來自土壤的最大輻射劑量來源為下列何者？

    (A)K-40

    (B)Co-60

    (C)C0-59

    (D)I-125

25.（C）下列何者不是環境背景輻射的來源？
　　　(A)宇宙射線　　　　　　　(B)空浮放射線
　　　(C)電子雜波　　　　　　　(D)近處之人造放射源

26.（D）以下何種射源或輻射，不屬於天然輻射曝露？
　　　(A)宇宙射線　　　　　　　(B)人體中的鉀-40
　　　(C)氡　　　　　　　　　　(D)核爆落塵

27.（B）背景輻射中，宇宙射線隨地球緯度不同而異，通常在赤道附
　　　近的強度較高緯度的強度：
　　　(A)高　　　　　　　　　　(B)低
　　　(C)一樣　　　　　　　　　(D)不一定

28.（A）下列何者是已知存在自然界中的放射性同位素？
　　　(A)鐳-226　　　　　　　　(B)金-198
　　　(C)銥-192　　　　　　　　(D)銫-137

29.（B）下列何者不是天然的放射性核種？
　　　(A)K-40　　　　　　　　　(B)Rb-88
　　　(C)U-238　　　　　　　　(D)Th-232

30.（B）自然存在的放射性核種，有三個系列，且具有三個相同的特
　　　性，下述何者不是它們的共同特性？
　　　(A)每一系列最終的產物都是鉛
　　　(B)每一系列的含量皆很少
　　　(C)每一系列的放射性氣體元素都是氡
　　　(D)每一系列的半化期皆很長

31.（C）原子序為Z與質量數為A的原子核放射性衰變後，其原子序
　　　與質量數之相關性，下述何者正確？

衰變形式		衰變後的原子序	衰變後的質量數
①	α	Z-2	A-4
②	β⁺	Z+1	A

③　　EC　　　　　　　　　　Z+1　　　　　　　A

④　介穩態降激　　　　　　Z　　　　　　　　A

(A)①和②　　　　　　　　　　(B)①和③

(C)①和④　　　　　　　　　　(D)②和③

32.（C）有關天然放射性衰變系列的敘述，下列何者為正確的組合？

　①^{235}U 與 ^{238}U 數量的天然存在比，從太陽系誕生時至今不變

　②^{210}Po 是 ^{232}Th 衰變系列所產生的核種

　③^{234}U 是由 ^{238}U $\xrightarrow{\alpha}$ ^{234}Th $\xrightarrow{\beta^-}$ ^{234}Pa $\xrightarrow{\beta^-}$ ^{234}U 所生成

　④^{226}Ra 1g 的活度為 1Ci

　(A)①和②　　　　　　　　　　(B)①和③

　(C)③和④　　　　　　　　　　(D)②和③

33.（A）以下何種核衰變發生後其子核原子序比母核低？

　a.beta plus decay　　　　　　b.beta minus decay

　c.alpha disintegration　　　　d.electron capture

　(A)a, c, d　　　　　　　　　　(B)b, c, d

　(C)a, b, c　　　　　　　　　　(D)a, b, c, d

34.（C）連續核衰變為穩定的，歷經：

　(A)3 個 α 及 5 個 β$^-$ 衰變　　　(B)3 個 α 及 6 個 β$^-$ 衰變

　(C)5 個 α 及 4 個 β$^-$ 衰變　　　(D)5 個 α 及 3 個 β$^-$ 衰變

35.（C）一個鈾系由 $^{238}_{92}$U 開始，止於穩定的 $^{206}_{82}$Pb，請問一個鈾原子核總共發射出多少個 α 粒子，多少個 β$^-$ 粒子？

　(A)8 個 α，8 個 β$^-$　　　　　(B)6 個 α，8 個 β$^-$

　(C)8 個 α，6 個 β$^-$　　　　　(D)6 個 α，6 個 β$^-$

36.（B）假設人體中平均 18% 的重量係含碳元素，70 公斤體重的人體內含 ^{14}C 的活度為多少 Bq？（^{14}C 在人體內的比活度為 0.25Bq/g・C，^{14}C：T1/2 = 5,730 年）

　(A)2,340　　　　　　　　　　(B)3,150

(C)4,120   (D)5,270

37.（A）40K 佔自然界中鉀 0.012%，而鉀佔人體體重的 0.35%。試計算 75kg 體重的人其 ^{40}K 之總活度為多少 μCi？

(A)0.217   (B)0.651

(C)1.300   (D)3.500

38.人體中平均含鉀量為 0.2%，^{40}K 在鉀元素的豐度比為 0.0117%，體重 65 公斤的人身體中含 ^{40}K 的活度為多少？（^{40}K：$T_{1/2}=1.28 \times 10^9 y$，原子量 $=39.0983 g/mol$，$A=6.022 \times 10^{23}$，$\ln 2=0.693$）

解：65kg 的人體中含 ^{40}K 的量：

$65 \times 0.002 \times 1.17 \times 10^{-4} = 1.521 \times 10^{-5} kg$

$1.28 \times 10^9 y \cong 4.03822 \times 10^{16} s$

$\therefore A = 0.693 \times 6.022 \times 10^{23} \times 1.521 \times 10^{-5}/(4.03822 \times 10^{16} \times 39.0983 \times 10^{-3} \text{-}3) \cong 4,019.7 Bq$

39.（C）半化期（half-life）的定義：

(A)某核種在特定時間內衰變之數目

(B)某核種在特定時間內之衰變比率

(C)某核種其活性衰變為原來一半所需之時間

(D)每一粒子射出、轉移或吸收的數目

40.（D）下列何者能夠影響到放射物質衰變之速率？

(A)溫度   (B)化學組成

(C)壓力   (D)以上皆非

41.（B）放射性核種的平均壽命（mean life）是指該核種衰變到最初活度的多少百分比所須的時間？

(A)1/2   (B)1/2.718

(C)1/3   (D)1/4

42.（D）平均壽命和以下哪一項最有關聯？

(A)穿透率   (B)α衰變

(C)β衰變	(D)半衰期

43.（A）若放射性核種每小時(h)衰變 1%，則該核種的半衰期（$T_{1/2}$）約為何？

(A)70 小時　　　　　　　　　(B)50 小時

(C)30 小時　　　　　　　　　(D)10 小時

44.（D）經過幾個半化期的衰變，核種的活度可降至原來的千分之一以下？

(A)7　　　　　　　　　　　　(B)8

(C)9　　　　　　　　　　　　(D)10

45.（C）一摩爾的放射性核種需多少個半衰期衰變至只剩一個？

(A)1 個　　　　　　　　　　　(B)8 個

(C)80 個　　　　　　　　　　(D)800 個

46.（C）37kBq 的 Ra-226（半化期為 1600 年）其質量約為多少公克？

(A)1　　　　　　　　　　　　(B)1×10^{-3}

(C)1×10^{-6}　　　　　　　(D)1×10^{-9}

47.（B）1mg 之 In-111 其活性比度為多少？（半衰期為 67 小時）

(A)42.2×10^5mCi/mg　　　　(B)4.22×10^5mCi/mg

(C)0.422×10^5mCi/mg　　　(D)0.0422×10^5mCi/mg

48.（C）碳－14 的半衰期為 5,730 年，其比活度（specific activity）約為多少 Ci/g？

(A)1.23　　　　　　　　　　(B)2.46

(C)4.46　　　　　　　　　　(D)5.38

49.（B）^{60}Co 的半衰期為 5.26 年，則其活度比度（specific activity, S. A.）可高達：

(A)11,400 Cig^{-1}　　　　　　(B)1,140 Cig^{-1}

(C)1,14.0 Cig^{-1}　　　　　　(D)11.40 Cig^{-1}

50.（A）1mCi^{99m}Tc 的質量約為幾克（已知其衰變常數為 $3.2 \times 10^{-5/}$

sec）？

(A)1.8×10^{-10}　　　　　　　(B)3.6×10^{-10}

(C)5.4×10^{-10}　　　　　　　(D)7.2×10^{-10}

51.（C）1GBq的無載體 ^{11}C（半衰期1,200秒）的質量約為多少公克？

(A)3.2×10^{-8}　　　　　　　(B)2.2×10^{-8}

(C)3.2×10^{-11}　　　　　　　(D)2.2×10^{-11}

52.（B）1mCi 等於多少 dpm？

(A)2.22×10^{8}dpm　　　　　　(B)22.2×10^{8}dpm

(C)0.22×10^{8}dpm　　　　　　(D)222×10^{8}dpm

53.（D）20mCi 等於？

(A)2×10^{37}Bq　　　　　　　(B)740Bq

(C)740kBq　　　　　　　　　(D)740MBq

54.（D）20 年前一個 4GBq 的射源衰減到現在為 1GBq，試問從現在
起 5 年後的活度是多少 MBq？

(A)200　　　　　　　　　　(B)250

(C)500　　　　　　　　　　(D)700

55.（B）一居里的放射活性相當於每秒多少次衰變？

(A)1.6×10^{-19}　　　　　　　(B)3.7×10^{10}

(C)6.25×10^{18}　　　　　　　(D)6.62×10^{23}

56.（B）F-18 之衰變常數為 0.0063/min，2 小時候將會剩餘多少？

(A)50%　　　　　　　　　　(B)47%

(C)30%　　　　　　　　　　(D)25%

57.（B）鈉-24 的半化期為 15 小時，現有一活度為 2×10^{10}Bq的鈉−24
射源，試問經過 45 小時後該射源的活度衰減為多少 Bq？

(A)5×10^{9} Bq　　　　　　　(B)2.5×10^{9} Bq

(C)5×10^{8} Bq　　　　　　　(D)2.5×10^{9} Bq

58.（C）K-41 的半衰期為 12.4 小時，則其原子核平均壽命（mean life）

為？

(A)0.056 小時　　　　　　　　(B)8.59 小時

(C)17.89 小時　　　　　　　　(D)12.4 天

59.（D）1μg 的 Mn-56 半化期為 2.6 小時，其活度為多少 Bq？

(A)2.2×10^8　　　　　　　(B)1.3×10^9

(C)2.9×10^{10}　　　　　　(D)8.0×10^{11}

60.（B）Co-60 的半化期約為 5.3 年，經過 2.65 年之後其活度約為原
來之多少？

(A)1/0.5　　　　　　　　　　(B)1/1.414

(C)1/1.732　　　　　　　　　(D)1/2

61.（C）Tc-99m 之半衰期為 6 小時，則其平均壽命為？

(A)4.63 小時　　　　　　　　(B)5.02 小時

(C)8.64 小時　　　　　　　　(D)10.52 小時

62.（C）一個 Mo-99－Tc-99m 產生器之 Mo-99 活度在星期五中午校正
測量為 100mCi，同週的星期一中午 Mo-99 活度為（Mo-99 半
衰期為 66 小時，Tc-99m 半衰期為 6 小時）：

(A)37mCi　　　　　　　　　(B)50mCi

(C)272mCi　　　　　　　　　(D)370mCi

63.⑴從 ^{99}Mo 的射源中萃取出 37MBq(1mCi)的 ^{99m}Tc。一年後將此 ^{99m}Tc
排放至環境，請問 ^{99m}Tc 的子核 ^{99}Tc 的活度為多少？對環境影響
如 何？（^{99}Mo：$T_{1/2}=66h$；^{99m}Tc：$T_{1/2}=6h$；^{99}Tc：$T_{1/2}=2.13 \times 10^5 y$）

⑵ 200 百萬貝克的 ^{210}Po（半衰期為 138 天）相當於幾克的 ^{210}Po？

解：⑴ $3.7 \times 10^7 s^{-1}=0.693N/2.16 \times 10^4 s(6h=2.16 \times 10^4 s)$

　　$N=1.16 \times 10^{12} atoms ^{99m}Tc$

　　^{99}Tc 的活度

　　$A=\lambda N=0.693 \times 1.16 \times 10^{12} atoms/6.72 \times 10^{12} s$

$$(2.13 \times 10^5 y = 6.72 \times 10^{12} s)$$

　　$= 0.12Bq$ 對環境不會造成污染。

(2) $200 \times 10^6 Bq = [0.693/(138 \times 86,400s)] \times 6.02 \times 10^{23} \times (m / 210)$,
　　$m = 1.2 \times 10^{-6} g$

64.（D）I-131 密封射源經過 8 天後尚有 18,500Bq 的活性，試問其原來的活度有多少 Ci？（I-131 的 $T_{1/2} = 8.04$ 天）

(A)10^{-3}　　　　　　　　　　(B)10^{-4}

(C)10^{-5}　　　　　　　　　　(D)10^{-6}

65.（B）5mCi 的 ^{131}I（$T_{1/2} = 8.05$ 天）與 2mCi 的 ^{32}P（$T_{1/2} = 14.3$ 天）需經過多少天，兩者的活度才會相等？

(A)14.33　　　　　　　　　　(B)24.34

(C)34.24　　　　　　　　　　(D)42.43

66.（C）購入的 ^{192}Ir 射源為 370GBq，這個射源可以使用迄衰變至 37GBq為止，請問從購入後射源衰變至 37GBq為止可以使用的日數為多少？[^{192}Ir 的半化期為 74 天]

(A)100 天　　　　　　　　　　(B)165 天

(C)245 天　　　　　　　　　　(D)350 天

67.（B）將一 $8 \times 10^7 Bq$ 的 ^{198}Au 置入病患體內，於 2.9 天後取出。已知 ^{198}Au的半衰期為 2.69d，問這段時間內的總衰變次數為多少？

(A)0.4×10^{13}　　　　　　　　(B)1.4×10^{13}

(C)2.4×10^{13}　　　　　　　　(D)3.4×10^{13}

68.（B）將 4.0mCi 的 Au-198 射源（半衰期危 2.69 天）永遠插植在病人體內，則其衰變輻射為多少？

(A)2.48×10^{13}　　　　　　　(B)4.95×10^{13}

(C)7.44×10^{13}　　　　　　　(D)9.92×10^{13}

69.（A）活度 2mCi 之氡射源(^{222}Rn)永久置於病人體內，^{222}Rn 的半化

期為 3.83d，求此射源在體內的總衰變數為多少？

(A)3.526×10^{13} disintegration

(B)3.526×10^{14} disintegration

(C)3.526×10^{15} disintegration

(D)3.526×10^{16} disintegration

70.（A）以下各類核衰變的母核與子核相互間不是 isobar？

(A)α 衰變 　　　　　　　　(B)β⁻ 衰變

(C)β⁺ 衰變 　　　　　　　　(D)電子捕獲

71.（A）當一放射核種發生 α 衰變，則其質子數改變多少？

(A)−2 　　　　　　　　　　(B)0

(C)−4 　　　　　　　　　　(D)−1

72.（B）產生 α 衰變後，原子序（Z）及質量數（A）變為：

(A)Z＋2，A＋4 　　　　　　(B)Z−2，A−4

(C)Z＋1，A 　　　　　　　(D)Z−1，A

73.（A）原子序大於 82 的天然放射性核種，大部分產生何種衰變？

(A)α 衰變 　　　　　　　　(B)β⁻ 衰變

(C)β⁺ 衰變 　　　　　　　　(D)電子捕獲

74.（B）鐳-226 (^{226}Ra)蛻變至 ^{222}Rn 的基態釋出 4.88MeV 的能量，試問下列那一種能量分配的方式正確？

(A)α 獲得 0.09MeV，^{222}Rn 獲得 4.79MeV

(B)α 獲得 4.79MeV，^{222}Rn 獲得 0.09MeV

(C)α 及 ^{222}Rn 各獲得 2.44MeV

(D)α、^{222}Rn 及微中子各獲得 1.63MeV

75.（D）有關 α⁻ 衰變，下列何者正確？

(A)原子序改變量為 4

(B)質量數改變量為 2

(C)電荷量不守恒

(D)大多發生在原子序大於 82 以上的核種

76.（B）$^{226}_{88}$Ra 的 質 量 為 226.025403 amu，$^{222}_{88}$Rn 的 質 量 為 222.017571amu，α粒子的質量為4.002603amu。問 $^{226}_{88}$Ra α蛻變的 Q 值為何？（1amu＝931.5MeV）

(A)0.487 MeV　　　　　　　(B)4.87 MeV

(C)48.7 MeV　　　　　　　(D)487 MeV

77.（D）^{222}Rn 的母核種是：

(A)^{223}Ra　　　　　　　(B)^{224}Ra

(C)^{225}Ra　　　　　　　(D)^{226}Ra

78.（B）原子核內一個中子轉變為一個質子，所發射的游離輻射為：

(A)阿伐粒子　　　　　　(B)負電子

(C)正電子　　　　　　　(D)質子

79.（C）$n \rightarrow p + \beta^- + \bar{\nu}$，此 $\bar{\nu}$ 代表？

(A)中子　　　　　　　(B)質子

(C)反微中子　　　　　(D)電子

80.（D）以下關於 β⁻ 蛻變的敘述，何者是錯誤的？

(A)β⁻ 粒子的平均能量約為最大能量的 1/3

(B)β⁻ 蛻變後質量數不變

(C)β⁻ 粒子的能譜為連續能譜

(D)β⁻ 粒子和負電子的質量不同

81.（D）一個不穩定的原子核，若原子核中中子與質子的比值偏高時，會產生下列何種反應？

(A)α 蛻變　　　　　　(B)內轉換

(C)β⁺ 蛻變　　　　　(D)β⁻ 蛻變

82.（C）原子核經過β⁻ 衰變後，則子核之：

(A)質量數 +1，原子序數維持不變

(B)質量數 −1，原子序數維持不變

(C)質量數維持不變，原子序數 +1

(D)質量數維持不變，原子序數 −1

83.（C）氚（^{3}H）的衰變模式是？

    (A)光子衰變   (B)阿伐衰變

    (C)貝他衰變   (D)正子衰變

84.已知C-14的半化期為 5,730 年，試計算其平均壽命及比活度（specific activity）？

解：$\tau = \dfrac{1}{\lambda} = 1.443T = 1.443 \times 5,730 = 8,268y$

$$\text{S.A.} = A/m = \frac{0.693}{5,730 \times 365 \times 86,400} \times \frac{1 \times 6.02 \times 10^{23}}{14}(\text{Bq/g})$$

$$= 1.65 \times 10^{11}\text{Bq/g} \times \frac{1\text{Ci}}{3.7 \times 10^{10}\text{Bq}} = 4.46\text{Ci/g}$$

因此，均壽 8,268 年，比活度 1.65×10^{11}Bq/g(4.46Ci/q)。

85.（A）^{32}P蛻變放出一個電子後形成 ^{32}S，並釋放多少MeV的能量？（^{32}P 及 ^{32}S 的原子質量單位 amu 分別為 31.973910 及 31.972074，1amu＝931.5MeV）：

    (A)1.71   (B)2.02

    (C)2.12   (D)2.22

86.（D）磷-32 所放出的β^-粒子平均能量為 0.6MeV，則其最高能量為：

    (A)1.08 MeV   (B)1.21 MeV

    (C)1.50 MeV   (D)1.71 MeV

87.（D）放射性 ^{60}Co 衰變，不會釋出：

    (A)電子   (B)^{60}Ni

    (C)加馬射線   (D)x-射線

88.（B）Tc-99 蛻變成 Ru-99 時是釋放出？

    (A)α 粒子   (B)β^- 粒子

    (C)β^+ 粒子   (D)γ 射線

89.（A）^{133}Cs 為穩定核種，則放射性 ^{143}Cs 為：

(A)β⁻ 衰變　　　　　　　　(B)β⁺ 衰變

(C)α 衰變　　　　　　　　　(D)自發分裂衰變

90.（A）原子經β⁻ 蛻變後，下列敘述何者正確？

(A)子核的質量數與母核相同，原子序數加 1

(B)子核的質量數與母核相同，原子序數減 1

(C)子核的原子序數與母核相同，質量數加 1

(D)子核的原子序數與母核相同，質量數減 1

91.（D）原子核經過β⁺ 衰變後，則子核之：

(A)質量數 +1，原子序數維持不變

(B)質量數 −1，原子序數維持不變

(C)質量數不變，原子序數 +1

(D)質量數不變，原子序數 −1

92.（C）當放射性之原子核的N/Z比值較穩定原子核為小時，會產生何種衰變？（N 代表中子數，Z 代表質子數）

(A)α 衰變　　　　　　　　　(B)β⁻ 衰變

(C)β⁺ 衰變　　　　　　　　　(D)γ 衰變

93.（D）假設 $^A_Z P \rightarrow \, _{Z-1}^A D + radiation$，Q＝0.5MeV，此一核衰變屬於：

(A)α 衰變　　　　　　　　　(B)β⁻ 衰變

(C)β⁺ 衰變　　　　　　　　　(D)電子捕獲

94.（C）電子捕獲（electron capture）與下列何種衰變互相競爭？

(A)α 衰變　　　　　　　　　(B)β⁻ 衰變

(C)β⁺ 衰變　　　　　　　　　(D)γ 衰變

95.（B）下列何者會造成電子軌道上的空洞？

(A)成對發生　　　　　　　　(B)電子捕獲

(C)β 蛻變　　　　　　　　　(D)制動輻射

96.（A）電子捕獲在下列何種電子軌道層發生的機率最大？

(A)K 層　　　　　　　　　　(B)L 層

(C)M 層　　　　　　　　　　(D)N 層

97.（D）因為 ${}^{15}_{8}O$ 核內有過剩的質子，所以 ${}^{15}_{8}O$ 進行 β^+ 衰變後的子核為：

(A)${}^{14}C$　　　　　　　　　　(B)${}^{15}C$

(C)${}^{14}N$　　　　　　　　　　(D)${}^{15}N$

98.（C）${}^{18}F$ 及 ${}^{18}Ne$ 的 β^+ 衰變位能差分別為 1.7 及 4.4MeV，${}^{18}F$ 的半衰期為 110 分鐘，則 ${}^{18}Ne$ 的半衰期：

(A)遠大於 110 分鐘　　　　　　(B)略大於 110 分鐘

(C)遠小於 110 分鐘　　　　　　(D)略小於 110 分鐘

99.（B）${}^{59}Co$ 為穩定核種，則放射性 ${}^{53}Co$ 為：

(A)β^- 衰變　　　　　　　　(B)β^+ 衰變

(C)α 衰變　　　　　　　　　(D)自發分裂衰變

100.（B）由 Ga-68（Z＝31）衰變至 Zn-68（Z＝30）可能涉及的現象，下列何者為非？

(A)電子捕獲（electron capture）

(B)負電子束放射（electron emission）

(C)正電子束放射（positron emission）

(D)內轉換（internal conversion）

101.貝他射線為連續能譜，通常它的平均能量約為最大能量的____倍。（0.33）

102.（D）以下何種核衰變所放出的輻射線所攜帶的能量是一連續能譜？

(A)Internal conversion　　　　(B)Electron capture

(C)α particle decay　　　　(D)Beta plus decay

103.（C）某些核種可以進行 β^- 蛻變和 β^+ 蛻變，發生這兩種蛻變的核種與所產生的子核種的關係為：

(A)同位素（isotope）　　　　(B)同中素（isotone）

(C)同重素（isobar）　　　　　(D)同質異能素（isomer）

● 1-3 游離輻射源：核反應輻射

1. （B）x-射線通量的單位是：

   (A)光子數目／每單位時間

   (B)光子數目／每單位面積

   (C)光子數目／（每單位面積‧單位時間）

   (D)光子數目／（每單位面積‧單位時間‧單位立體角度）

2. （D）輻射強度（radiation intensity）I 是指單位時間內，通過單位面積的光子輻射能量，輻射強度 I 就是：

   (A)通量　　　　　　　　　　(B)能量通量

   (C)通量率　　　　　　　　　(D)能量通率

3. （C）下列何者為能量通率（energy fluence rate）的單位？

   (A)MeV/m^2　　　　　　　　(B)$MeV/kg\text{-}m^2$

   (C)W/m^2　　　　　　　　　(D)J/m^2

4. （D）一靜止質量為 938.4MeV 且帶有 100keV 動能的質子與帶一單位負電荷且靜止的反質子發生互燬反應則所釋放出的總能量為：

   (A)100keV　　　　　　　　　(B)938.4MeV

   (C)938.5MeV　　　　　　　　(D)1,876.9MeV

5. （C）^{235}U 輻射衰變釋出的能量有 4.5MeV，然而 ^{235}U 與熱中子作用核分裂釋出的能量有：

   (A)4.5MeV　　　　　　　　　(B)90MeV

   (C)200MeV　　　　　　　　　(D)900MeV

6. （B）下列何者能在熔合反應中釋出能量，而用來做氫彈：

   (A)H-1　　　　　　　　　　(B)H-2

   (C)H-3　　　　　　　　　　(D)He-4

7. （D）以下何者錯誤？

   (A)$^9Be(\alpha, n)^{12}C$　　　　　　　(B)$^{14}N(\alpha, p)^{17}O$

(C) ^{32}S(n, p)^{32}P　　　　　　　　(D) ^{59}Fe(n, γ)^{60}Co

8. （C）正子發射斷層攝影（PET）以 ^{18}F 去氧葡萄糖（FDG）測定心
   肌無氧代謝時，^{18}F 是如何製造？
   (A)在核反應器中，以中子撞擊 ^{17}F
   (B)由孕生器產生
   (C)在迴旋加速器（cyclotron）以（p, n）反應製造
   (D)在加速器中，以高能電子射束撞擊硫（S）靶

9. （D）下列的核反應式，何者為誤？
   (A) $^{12}_{6}$C(n,2n) $^{11}_{6}$C　　　　　　(B) $^{14}_{7}$N(n,p) $^{14}_{6}$C
   (C) $^{62}_{28}$Ni(n,γ) $^{63}_{28}$Ni　　　　　(D) $^{6}_{3}$Li(n,α) $^{3}_{2}$He

10. （C）下列核融合反應釋出的能量是（1 amu＝936MeV/c^2）：2^{2}_{1}
    （2.0141022 amu）
    → $^{3}_{2}$He（3.0160299 amu）＋ $^{1}_{0}$n（1.0086654 amu）
    (A)+0.00351 MeV　　　　　(B)−0.00351 MeV
    (C)+3.284 MeV　　　　　　(D)−3.284 MeV

Chapter2 輻射與物質作用

2-1 荷電高能核粒與物質作用

1. （D）若一質點的速度是光速的99%，則其質量約是靜止質量的幾倍？
   (A)4　　　　　　　　　　(B)5
   (C)6　　　　　　　　　　(D)7

2. （C）Y-89＋p(40 MeV)→Zr-87＋多少個中子？
   (A)1 個　　　　　　　　(B)2 個
   (C)3 個　　　　　　　　(D)4 個

3. （A）荷電粒子與物質作用時，藉由何種方式造成物質的游離與激發？
   (A)庫侖力作用　　　　　(B)重力作用
   (C)磁力作用　　　　　　(D)以上皆是

4. （C）原子吸收外界的能量後，可能產生激發（Excitation）或游離（Ionization），其兩者最大的差異是：
   (A)一個牽涉到原子核，一個與電子有關
   (B)游離後，不能產生特性輻射
   (C)兩者皆與電子有關，但游離之電子已脫離原子核
   (D)激發後的電子已與原來之原子核無關

5. （C）使乾燥空氣產生一離子對，需多少能量？
   (A)340 eV　　　　　　　(B)68 eV
   (C)34 eV　　　　　　　 (D)3.4 eV

6. （B）輻射穿透物質的能力由大而小，排列順序為：
   (A)阿法粒子、質子、貝他粒子、光子
   (B)光子、貝他粒子、質子、阿法粒子
   (C)光子、質子、貝他粒子、阿法粒子

(D)貝他粒子、光子、質子、阿法粒子

7. （D）帶電粒子射束穿透物質中，以下敘述何者正確？

(A)物質原子序越高所產生制動輻射越少

(B)帶電粒子帶電量越多所產生制動輻射越少

(C)帶電粒子能量越高所產生制動輻射越少

(D)帶電粒子質量越大所產生制動輻射越少

8. （B）阻擋本領（stopping power）愈大，射程（range）如何？

(A)愈大　　　　　　　　(B)愈小

(C)不變　　　　　　　　(D)不一定

9. 為什麼阻擋本領（stopping power）及射程（range）適用於荷電粒子與物質的作用，而不適用於光子與物質的作用？

解：荷電粒子的游離能力較強，稱為直接游離粒子，它與物質作用之能量損失，屬於連續減能。由於荷電粒子在物質中的能量損失或射程，與其對應之平均值之間的差異不大，因此使用阻擋本領（單位距離內的平均能量損失）及射程（總行進距離）描述荷電子與物質的作用，十分恰當。相反地，光子屬於游離能力較弱的間接游離粒子，它只需與物質作用一次即可損失全部能量，若不作用就逕行穿透物質，故非連續減能。由於光子在物質中的能量損失或射程，與其對應之平均值之間的差異很大，所以使用阻擋本領及射程描述光子與物質的作用，並不恰當。

10. （B）荷電粒子之射程與介質密度之間有何關係？

(A)正比　　　　　　　　(B)反比

(C)平方反比　　　　　　(D)平方正比

11. 何謂直線能量轉移（LET）？

解：直線能量轉移（linear energy transfer, LET），通常以 L 表示，為帶電粒子在物質中穿行單位長度 dl 時，由於電子碰撞而損

失的平均能量 dE，即 L＝dE/dl，單位為 Jm^{-1} 或 $keV\mu m^{-1}$

12. （D）帶電粒子或輻射，在通過物質或物體時，每單位行徑上所損失的能量，稱之為：

(A)NSD   (B)RBE

(C)QF   (D)LET

13. （B）直線能量轉移（Linear energy transfer）的單位為：

(A)keV·cm   (B)keV/cm

(C)keV/cm^2 (D)keV

14. （C）內轉換（internal conversion）電子的動能等於：

(A)射出電子的束縛能

(B)誘發光子能量

(C)誘發光子能量與射出電子束縛能的差值

(D)誘發光子能量與射出電子束縛能的總和

15. （B）關於內轉換（internal conversion, IC）的敘述，下列何者正確？

(A)內轉換是指能量轉換為 x-光

(B)內轉換常伴隨著鄂惹電子（Auger electron）

(C)內轉換電子具有連續的能量

(D)內轉換產率愈小，γ 光子產量愈少

16. （A）物質的螢光產率（Fluorescent yield）愈小，產生的什麼愈多？

(A)鄂惹（Auger）電子

(B)內轉換（internal conversion）電子

(C)紫外線

(D)雷射

17. （D）β^- 粒子之質量比質子之質量：

(A)稍微重一點   (B)一樣

(C)非常重   (D)非常輕

18. （B）根據愛因斯坦的質能互換觀念，一個靜止電子的質量若完全

轉換成能量為：

(A)0.351 MeV　　　　　　(B)0.511 MeV

(C)0.891 MeV　　　　　　(D)1.022 MeV

19.（B）一電子帶有 2MeV 的動能，則其速度約為光速的多少倍？

(A)0.99　　　　　　　　　(B)0.98

(C)0.94　　　　　　　　　(D)0.86

20.（D）動能為 20MeV 的電子，在真空中的質量為電子靜止質量的幾倍？

(A)10　　　　　　　　　　(B)20

(C)30　　　　　　　　　　(D)40

21.（D）電子的能量與其運動速度有關，若電子的速度為 2.70×108m/sec，其動能約為：

(A)0.191 MeV　　　　　　(B)0.501 MeV

(C)0.661 MeV　　　　　　(D)1.172 MeV

22.（A）20 MeV 的治療用電子射束與水假體發生作用，其主要的能量損失機制為？

(A)游離、激發　　　　　　(B)康普敦效應

(C)制動輻射　　　　　　　(D)核反應

23.（D）下列何者並非高能電子射線與物質作用所產生的現象？

(A)能量連續性的損失

(B)電子路徑產生偏折

(C)會產生制動輻射線（bremsstrahlung radiation）

(D)會產生互熄光子射線（annihilation radiation）

24.詳述 β^- 射線與物質的相互作用機制。

解：(1)β^- 射線穿過物質時，與原子或分子碰撞，使原子或分子失去軌道電子而成為離子即游離現象；假如軌道電子所獲得的能量，不足以使其擺脫原子核的束縛，只能從低軌道躍

遷至高軌道，則產生激發現象。

(2)β⁻射線和物質相互作用時，受到原子核或其他帶電粒子的電場作用，改變其運動速率或運動方向時，會產生制動輻射。

25.（C）電子釋出制動輻射（Bremsstrahlung）比較容易產生的情況為何？

(A)低能量（E）粒子與高原子序（Z）物質

(B)低 E 與低 Z

(C)高 E 與高 Z

(D)高 E 與低 Z

26.（D）電子撞擊何種金屬靶，產生的制動輻射（Bremsstrahlung）量最多？

(A)鋁　　　　　　　　　(B)銅

(C)鐵　　　　　　　　　(D)金

27.（C）關於β⁻射線與物質作用的下列敘述中，何者是正確的？

(A)相同能量的情況下，穿透力比 α 射線低

(B)被照射物質原子序越低，越容易產生制動輻射

(C)β⁻射線能量越大，越容易產生制動輻射

(D)β⁻射線能量越大，越不容易產生制動輻射

28.（D）電子射束與物質經由下列何種作用，而減低電子本身之能量：①制動輻射；②光電效應；③與其他電子碰撞；④產生δ射線

(A)①②　　　　　　　　(B)③④

(C)①②④　　　　　　　(D)①③④

29.（D）β粒子進入物質所走路徑曲折，其原因為：

(A)能量太高　　　　　　(B)能量太低

(C)帶負電　　　　　　　(D)質量小

30.（D）高能電子射線在水中的能量損失約為？

(A)0.5 MeV/cm (B)1.0 MeV/cm

(C)1.5 MeV/cm (D)2.0 MeV/cm

31.（D）一單能電子束（射程為 $2g/cm^2$）先經過 1m 的空氣（密度為 $0.0013g/cm^3$）後，再射入鋁（密度為 $2.7g/cm^3$）中，請問此束電子在鋁中所能行進的距離為多少 cm？

(A)0.18 (B)0.43

(C)0.55 (D)0.69

32.（C）加速器加速質子能量至 0.936MeV，質子的靜止質量為 $936MeV/c^2$，則質子的速度為每秒：

(A)600 公里 (B)9,490 公里

(C)13,420 公里 (D)300,000 公里

33.（B）假設某能量的質子在水中的射程為 1mm，具相同速度之 α 粒子在水中的射程大約為多少？

(A)2mm (B)1mm

(C)0.5mm (D)0.25mm

34.（A）下列何種輻射所帶電荷最多？

(A)α 粒子 (B)β 粒子

(C)X 射線 (D)質子

35.（D）下述何者之穿透性最小？

(A)x 光 (B)β 粒子

(C)γ 射線 (D)α 粒子

36.（A）以能量的觀點來討論放射性同位素，放射 α 粒子與 β 粒子最大的不同是：

(A)α 粒子為單一能量，β 粒子為連續性分布

(B)α 粒子為單一能量，β 粒子亦為單一能量

(C)β 粒子為單一能量，α 粒子能量為連續性分布

(D)兩者的能量皆為連續性分布

37.（C）由 ^{210}Po 發射出的 α 粒子（能量為 5.3 MeV），在空氣中最大游離的電子對數目為：

　　(A)1.6×10^3 　　　　　　　(B)1.6×10^4

　　(C)1.6×10^5 　　　　　　　(D)1.6×10^6

38.（A）下列何種輻射粒子的徑跡（track）最接近直線？

　　(A)阿伐粒子 　　　　　　　　(B)質子

　　(C)貝他粒子 　　　　　　　　(D)正子

39.（D）下列 1MeV 的粒子，LET 最高者為何？

　　(A)電子 　　　　　　　　　　(B)質子

　　(C)光子 　　　　　　　　　　(D)阿伐粒子

40.（B）某核種的 α 粒子在 4°C 的水中之射程為 25.86μm，則該 α 粒子在 STP 下的空氣之射程為多少 cm？

　　(A)0.5 　　　　　　　　　　(B)2.0

　　(C)4.8 　　　　　　　　　　(D)8.6

41.（A）重荷電粒子在穿過物質時，損失動能的主要途徑，是和物質中的什麼起作用？

　　(A)電子的電場 　　　　　　　(B)質子的電場

　　(C)原子核之磁場 　　　　　　(D)原子之磁場

42.（C）同樣速度的粒子，射程最短者為何？

　　(A)^{3}H 　　　　　　　　　　(B)^{3}He

　　(C)^{6}Li 　　　　　　　　　　(D)^{4}He

2-2　電磁輻射與物質作用

1.（C）下列何種射線不受到磁場的影響？

　　(A)α 粒子 　　　　　　　　　(B)β 粒子

　　(C)γ 射線 　　　　　　　　　(D)以上皆是

2.（D）下列何者不是電磁輻射？

(A)加馬（gamma）射線   (B)制動輻射線

(C)特性 X 射線   (D)電子射線

3. （C）X 射線與 γ 射線都屬於電磁波，它們的不同處為何？

    (A)能量大小   (B)可見與不可見

    (C)來源不同   (D)半化期不同

4. （D）下列何者不是 X 射線的來源？

    (A)電子捕獲   (B)制動輻射

    (C)內轉換   (D)原子核蛻變

5. （D）X-射線的特性，何者正確？

    (A)帶質量不帶電荷   (B)帶質量也帶電荷

    (C)不帶質量但帶電荷   (D)不帶質量不帶電荷

6. （B）特性 X 射線的敘述何者為誤？①特性 x 射線由原子核放出；②特性 X 射線在內轉換時放出；③特性 X 射線的能譜為連續性；④特性 X 射線電子捕獲時放出：

    (A)①②   (B)①③

    (C)②③   (D)②③

7. （B）特性 X 射線與下列何者互相競爭？

    (A)內轉換（internal conversion）

    (B)Auger 電子

    (C)電子捕獲

    (D)以上皆非

8. （D）當發生內轉換時，這原子通常是釋放出？

    (A)α 粒子   (B)β 粒子

    (C)γ 射線   (D)特性 X 光

9. （C）當原子行電子捕獲衰變後，會產生：

    (A)α 粒子   (B)β 粒子

    (C)特性 X 光   (D)γ 射線

10. （B）以下的輻射之中，具有連續能譜的組合為何？①制動輻射；
　　②特性 X 射線；③內轉換電子；④β 射線：

(A)①②　　　　　　　　　(B)①④

(C)②③　　　　　　　　　(D)②④

11. （B）下列何者與物質初次作用可產生制動輻射（Bremsstrahlung）？

(A)中子　　　　　　　　　(B)電子

(C)X 射線　　　　　　　　(D)γ 射線

12. （B）制動輻射（Bremsstrahlung）是由電子經何種作用所產生的？

(A)與原子核彈性碰撞

(B)與原子核非彈性碰撞

(C)與核外電子彈性碰撞

(D)與核外電子非彈性碰撞

13. （A）若原子軌道上 k 層電子的束縛能為 40keV，M 層為 0.8keV
　　時，經由 L 層到 k 層間電子能階轉換而釋出 24.2（動能）M
　　層軌道電子（鄂惹電子），則 L 層電子之束縛能（keV）為：

(A)15.0　　　　　　　　　(B)15.8

(C)39.2　　　　　　　　　(D)23.4

14. （A）鎢原子 K、L 及 M 層的電子束縛能分別是 69keV、11keV 及
　　2keV，若是用能量為 90keV 之光子撞擊鎢原子，不可能產生
　　能量為多少 keV 之特性輻射？

(A)90　　　　　　　　　　(B)67

(C)58　　　　　　　　　　(D)9

15. （C）已知鎢原子（W）的軌道電子能階分別約為，K 層：69keV，
　　L 層：11keV，M 層：2keV，則以下何者可能為其受一光子
　　撞擊後所產生的特性 x 光能量？（單位：keV）

(A)511　　　　　　　　　(B)69

(C)58　　　　　　　　　　(D)2

16. （D）下列敘述，何者為正確的組合？①同樣原子的K-X射線的波長比L-X射線的長；②特性X射線不是從原子核放出；③特性x射線的能量為連續性；④K-X射線的波長隨著原子序的增加而減短：

    (A)①②　　　　　　　　　　　　(B)①③

    (C)②③　　　　　　　　　　　　(D)②④

17. （C）L_β-X 射線是電子由以下何層軌道躍遷至 L 層軌道所產生？

    (A)K　　　　　　　　　　　　　(B)M

    (C)N　　　　　　　　　　　　　(D)O

18. （A）如果光子的能量大於K、L、M、N各層的電子束縛能，則光子與以下何層電子作用發生光電效應的機率最大？

    (A)K　　　　　　　　　　　　　(B)L

    (C)M　　　　　　　　　　　　　(D)N

19. （B）L 層電子跳躍至 K 層所產生之 M 層 Auger 電子的能量為 25.3keV，若K層電子的束縛能為 30keV，M層電子的束縛能為 0.7keV，請問 L 層電子的束縛能為多少 keV？

    (A)1.4　　　　　　　　　　　　(B)4.0

    (C)4.7　　　　　　　　　　　　(D)15.0

20. （D）原子外電子層中最靠近原子核的是以下何層？

    (A)M 層　　　　　　　　　　　 (B)J 層

    (C)L 層　　　　　　　　　　　 (D)K 層

21. （D）鎢靶產生之特性輻射的能量有 $E(K\alpha)$、$E(K\beta)$、$E(L\alpha)$。下列何者正確？

    (A)$E(K\alpha) > E(K\beta) > E(L\alpha)$

    (B)$E(L\alpha) > E(K\alpha) > E(K\beta)$

    (C)$E(L\alpha) > E(K\beta) > E(K\alpha)$

    (D)$E(K\beta) > E(K\alpha) > E(L\alpha)$

22.（A）Kβ-X 射線是電子由那些層軌道躍遷至 K 層軌道所產生？

    (A)N，M   (B)M，L

    (C)L，K   (D)K

23.（C）同一原子 Kα-X 射線、Kβ-X 射線、Kγ-X 射線比較，何者之能量最高？

    (A)Kα   (B)Kβ

    (C)Kγ   (D)不一定

24.（C）下列何種蛻變不改變原子序與質量數，但能使激發態原子核之能量減少？

    (A)α   (B)β

    (C)γ   (D)內轉換

25.（A）下列何者為電磁輻射？

    (A)加馬射線   (B)高能電子

    (C)高能質子   (D)中子

26.（D）γ-ray 之頻率為 5.6×10^{19}Hz，請問其能量為多少？（h＝4.13×10^{-18}keV·s）

    (A)173keV   (B)100keV

    (C)205keV   (D)231keV

27.（D）有關 X-ray 和 γ-ray 的敘述，下列何者錯誤？

    (A)都是光子

    (B)前者由原子核外產生，後者由原子核衰變而來

    (C)鈷-六十射源放出能量分別為 1.17 及 1.33MeV 的光子

    (D)γ-ray 的能量恆較 X-ray 高

28.（C）^{99m}Tc 中的 m 代表：

    (A)質量   (B)分鐘

    (C)介穩態   (D)母核

29.（D）^{99m}Tc 以 6 小時的半衰期衰變至 ^{99}Tc，1 個摩爾的 ^{99m}Tc 經過三

週後，蛻變成多少個 ^{99}Tc？

(A)零個 　　　　　　　　　　(B)3 個

(C)3.7×10^{10}個 　　　　　　　(D)1 個摩爾

30.（D）6 小時半衰期的 ^{99m}Tc 原始活度為 0.3GBq，完全蛻變為 ^{99}Tc（半衰期為 213,000 年），^{99}Tc 的活度有：

(A)1GBq 　　　　　　　　　　(B)1MBq

(C)1kBq 　　　　　　　　　　(D)1Bq

31.（C）以下何種碰撞反應過程沒有能量的轉移？

(A)Compton scattering

(B)Ionization excitation

(C)Coherent scattering

(D)Bremsstrahlung production

32.（B）合調散射最主要發生在？

(A)低原子序，高光子能量

(B)高原子序，低光子能量

(C)低原子序，低光子能量

(D)高原子序，高光子能量

33.（D）光子與高原子序物質發生光電效應的質量碰撞係數與原子序的關係為：

(A)與原子序無關 　　　　　(B)與 Z 成正比

(C)與 Z 成反比 　　　　　　(D)與 Z^3 成正比

34.（A）物質對 X-射線的光電效應機率，與：

(A)X-射線能量的三次方成反比

(B)X-射線能量的三次方成正比

(C)X-射線能量的二次方成反比

(D)X-射線能量的二次方成正比

35.（B）X-射線與物質作用經由光電效應釋出的電子能量：

(A)遠小於 X-射線能量

(B)等於或略小於 X-射線能量

(C)略大於 X-射線能量

(D)遠大於 X-射線能量

36.（A）原子將光子完全吸收而發射出軌道電子的過程謂之：

(A)光電效應　　　　　　　(B)成對發生

(C)康普頓效應　　　　　　(D)合調散射

37.（C）光電效應中，入射光子的能量等於：

(A)電子動能

(B)電子束縛能（Binding energy）

(C)以上二者之和

(D)以上二者之差

38.（C）已知鎢的 K 層電子束縛能約為 70keV，以 100keV 的光子照射鎢所產生的光電子動能為多少？

(A)100keV　　　　　　　(B)70keV

(C)30keV　　　　　　　　(D)0-100keV 連續能譜

39.（A）γ 低能量射線與高原子序物質易產生：

(A)光電效應　　　　　　　(B)康普頓效應

(C)成對發生　　　　　　　(D)互熄

40.（A）30keV 的 X 射線主要與鉛產生何種作用？

(A)光電效應　　　　　　　(B)康普頓效應

(C)合調散射　　　　　　　(D)成對發生

41.（B）下列何種反應最有可能附帶產生鄂惹電子（Auger electron）

(A)成對發生反應　　　　　(B)光電效應

(C)康普頓效應　　　　　　(D)制動輻射的產生

42.（A）光子與原子作用時，原子軌道上電子的束縛能愈高，則愈易進行下列何種反應？

(A)光電效應　　　　　　　　(B)康普頓效應

(C)成對效應　　　　　　　　(D)核分裂反應

43.（C）何種定律可證明一個自由電子無法產生光電效應？

　　(A)能量守恆定律

　　(B)動量守恆定律

　　(C)能量和動量守恆定律

　　(D)角動量守恆定律

44.（B）相同物質產生光電作用時，如果作用機會愈大，則電子束縛能？

　　(A)愈小　　　　　　　　　(B)愈大

　　(C)不一定　　　　　　　　(D)為零

45.（A）不同能量光子射束穿透鉛金屬中，對反應發生機率高低的敘述何者正確？

　　(A)100keV：光電效應＞康普頓效應

　　(B)1MeV：光電效應＞康普頓效應

　　(C)10MeV：康普頓效應＞成對發生效應＞光電效應

　　(D)100MeV：康普頓效應＞成對發生效應＞光電效應

46.（B）以下何種光子碰撞反應的直接產物包含散射光子？

　　(A)光電效應　　　　　　　(B)康普頓反應

　　(C)成對發生反應　　　　　(D)游離、激發反應

47.（B）0.03 至 20MeV 能區的 X-射線，與人體組織最主要的作用為：

　　(A)成對發生　　　　　　　(B)康普頓散射

　　(C)光電效應　　　　　　　(D)合調散射

48.（A）光子與一個原子作用發生康普頓效應的截面（crosssection），大約與原子序的幾次方呈正比？

　　(A)一次方　　　　　　　　(B)二次方

　　(C)三次方　　　　　　　　(D)五次方

49.（B）下列何種效應與原子序的關係最不敏感？

(A)光電效應　　　　　　　　(B)康普頓效應

(C)成對產生　　　　　　　　(D)均與原子序無關

50.（B）放射治療用 Co-60 的光子束，在水中以下列何者的反應機率最大？

(A)光電效應　　　　　　　　(B)康普頓效應

(C)成對發生　　　　　　　　(D)游離與激發

51.（D）光子與電子產生康普頓效應，產生最大能量轉移是在散射光子與原射入角度多大時？

(A)0°　　　　　　　　　　(B)45°

(C)90°　　　　　　　　　　(D)180°

52.（B）100keV 光子與物質產生康普頓效應打出具 20keV 動能的電子，則散射光子的能量約為多少 keV？

(A)100　　　　　　　　　　(B)80

(C)60　　　　　　　　　　(D)20

53.（B）光子與物質經康普頓作用後產生的散射光子其頻率比入射光子：

(A)大　　　　　　　　　　(B)小

(C)一樣　　　　　　　　　(D)不一定

54.（A）已知入射光子的能量遠大於電子的靜止質量（0.511MeV），發生康普頓效應時，90 度方向的散射光子能量趨近：

(A)0.511MeV　　　　　　　(B)1.022MeV

(C)2.044MeV　　　　　　　(D)資料不足無法計算

55.（D）在康普頓碰撞中，高能量光子和電子之碰撞，何者可獲得大部分之能量？

(A)散射光子　　　　　　　　(B)康普頓中子

(C)散射質子　　　　　　　　(D)反跳電子

56.（D）10MeVX-射線與金片產生成對發生的機率，是與鋁板產生成對發生的多少倍？

(A)6 倍　　　　　　　　　　(B)12 倍

(C)18 倍　　　　　　　　　　(D)36 倍

57.（A）以下對光子與物質軌道上電子或原子核發生成對發生反應（triplet/pair production）的敘述，何者正確？

(A)反應對象為原子核時，最低發生光子能量為 1.02MeV

(B)所產生的正負電子必然帶有相同動能

(C)反應產物中的負電子最終會發生互燬反應而消失

(D)前述互燬反應發生後會產生兩個各為 1.02MeV 的γ射線

58.（A）1.022MeV 的 X-射線與 ^{27}Al 核作用產生成對發生反應，則 ^{27}Al 核回跳的動能為：

(A)0.0206keV　　　　　　　　(B)0.206keV

(C)2.06keV　　　　　　　　　(D)20.6keV

59.（D）互燬效應是由何者所造成的？

(A)質子與中子　　　　　　　(B)X 光與γ-ray

(C)質子與電子　　　　　　　(D)電子與正子

60.（C）β^{+} 衰變核種，在產生互燬反應時，生成兩個夾角180°的γ射線，請問γ射線的能量為何？

(A)931MeV　　　　　　　　　(B)664keV

(C)511keV　　　　　　　　　(D)140keV

61.（B）當正電子和負電子結合後，最可能發生的情況是：

(A)產生一個γ射線

(B)產生兩個具有相同能量的γ射線

(C)產生三個的γ射線，其能量分布，用動量分佈，用動量守恆計算

(D)產生四個γ射線，其能量分佈，用量子力學分析

62.（C）100keV 光子與物質作用，不會發生什麼效應？
(A)光電效應 　　　　　　(B)康普頓效應
(C)成對效應 　　　　　　(D)以上效應都有可能發生

63.（D）以下關於成對產生（pair production）的敘述，何者是正確的？
(A)入射光子的能量必須大於 0.511MeV
(B)正電子與負電子的動能總和等於入射光子的能量
(C)正電子與負電子互燬後，產生一個 1.02MeV 的光子
(D)成對產生發生後，入射光子即消失

64.（D）下列光子與物質作用時，光子有最低能量者限制為：
(A)合調散射 　　　　　　(B)光電效應
(C)康普頓效應 　　　　　(D)成對效應

65.（C）一個 5MeV 光子在原子核附近進行成對發生反應後，剩餘的能量由產生的正負電子均分。計算正電子的動能為多少MeV？
(A)0.511 　　　　　　　　(B)1.02
(C)1.99 　　　　　　　　 (D)3.98

66.（D）三項發生（triplet production）和成對發生（pair production）最大的不同點是什麼？
(A)兩者產生的電子能量不同
(B)兩者產生的正電子能量不同
(C)兩者發生的場域（field）不同
(D)兩者引發的輻射不同

67.（A）一個 3MeV 的正電子若能和一個靜止的電子產生互燬作用，則所輻射的總能量為多少 MeV？
(A)4.02 　　　　　　　　 (B)3.00
(C)1.98 　　　　　　　　 (D)1.02

68.（C）以下何種碰撞反應牽涉到質能轉換的變化？
(A)光電效應 　　　　　　(B)康普頓反應

(C)成對發生反應　　　　　(D)制動輻射的產生

69.光子與物質作用所產生的成對發生，其低限能量為＿＿MeV。
（1.022）

70.（D）10MeV 的 X-射線與鉛屏蔽作用，何種作用最強？
(A)合調散射　　　　　　　(B)光電效應
(C)康普頓散射　　　　　　(D)成對發生

71.說明光子與物質作用的主要三種機制，簡述此三種效應的質量衰
減係數（mass attenuation coefficient），又電子動能為何？反應機率
與光子能量（hv）及介質之原子序數（Z）的關係為何？

解：光子與物質的作用機制主要有下列三種：光電效應、康普頓
效應和成對發生。

⑴光電效應是指光子射至物質以後，光子的能量被物質的原
子完全吸收而讓原子中的電子（通常是內層軌道電子）游
離出來，也就是自光子轉變成電子的一種變化。

⑵康普頓效應是指光子射至物質以後，不僅有電子（通常是
外層軌道電子）游離出來，同時還有能量較低的光子散射
出來。

⑶成對發生是指高能量的光子（至少在 1.022MeV 以上）射至
物質以後，光子完全消失，卻有一帶正電荷的電子（正子）
和一帶負電荷的電子發射出來。當成對發生的正子的動能
消失殆盡時，極易與電子產生互熄作用（annihilation）而消
失並產生兩個 0.511MeV 的光子。

作用名稱	電子動能	反應機率與 hv 及 Z 之關係
光電效應	hv-Be	$Z^{3.5}/E^3$
康普頓效應	hv-hv′	Z/E
成對發生	(hv-1.022)/2	Z^2/E

72.（A）光子的衰減係數（μ）等於光子與原子之作用截面（σ）乘以什麼？

(A)單位體積的原子數目

(B)單位體積的質量

(C)單位面積的光子數目

(D)單位面積的光子能量

73.（D）直線衰減係數（linear attenuation coefficient）μ的 SI 單位為：

(A)m^2kg^{-1}　　　　　　　　(B)cm^2g^{-1}

(C)cm^{-1}　　　　　　　　　(D)m^{-1}

74.（C）質量衰減係數的單位為何？

(A)kg/m^2　　　　　　　　　(B)kg/m

(C)m^2/kg　　　　　　　　　(D)m/kg

75.（B）104 個光子打在 8 公分厚的物質上，其線性衰減係數為 $0.1cm^{-1}$，則有多少光子可以穿透？

(A)1,000　　　　　　　　　　(B)4,493

(C)8,000　　　　　　　　　　(D)10^4

76.（C）假設一光子射束穿透不同的固態水假體，當穿透厚度為 3 公分時殘餘的光子通量為 3×10^{10}photons/cm^2，當厚度為 5 公分時殘餘的光子通量為 6×10^9photons/cm^2，則可估得其線性衰減係數約為？（單位：cm^{-1}）

(A)0.312　　　　　　　　　　(B)0.678

(C)0.805　　　　　　　　　　(D)1.132

77.（B）已知光子在密度 $1.040gcm^{-3}$ 的物質之 μ/ρ 為 $0.02743cm^2g^{-1}$，則平均自由行程（mean free path）為：

(A)34.05cm　　　　　　　　　(B)35.05cm

(C)36.05cm　　　　　　　　　(D)37.05cm

78.（D）假設 10,000 個光子射束照射在 1cm 厚的物質中，它的線性衰

減係數 μ 值為 $0.0632cm^{-1}$，估計將會有多少個光子會與物質產生作用？

(A)10,000　　　　　　　　(B)9,388

(C)1,000　　　　　　　　(D)612

79.（D）物質對 X-射線的質量衰減係數與 X-射線的：

(A)質量有關　　　　　　(B)密度有關

(C)強度有關　　　　　　(D)能量有關

80.（C）X-射線與物質作用機率的多寡，與物質的：

(A)厚度無關　　　　　　(B)密度無關

(C)導電性無關　　　　　(D)原子序數無關

81.（D）當光子能量高到足以克服原子核結合能（7-15 MeV）時，會產生下列何種反應？

(A)合調散射　　　　　　(B)光電效應

(C)康普頓效應　　　　　(D)光核反應

2-3　中性核粒與物質作用

1.　（A）能量為 0.025eV 的中子，速度約為多少 ms^{-1}？（中子的質量為 $1.67 \times 10^{-27}kg$，$1eV = 1.6 \times 10^{-19}J$）

(A)2.2×10^3　　　　　(B)2.2×10^3

(C)2.2×10^7　　　　　(D)2.2×10^9

2.　（C）熱中子的能量約為多少？

(A)0.25eV　　　　　　　(B)0.25MeV

(C)0.025eV　　　　　　　(D)0.025MeV

3.　（A）熱中子被身體中氮吸收之反應為 $^{14}N(n, p)^{14}C$，反應後所放出之總能量為 0.62MeV，請問質子所帶走之能量為若干MeV？

(A)0.58　　　　　　　　(B)0.62

(C)0.04　　　　　　　　(D)0.31

4. （B）核反應 $^6Li(n, \alpha)X$ 可被用來偵測熱中子，X 為：

 (A)He-3   (B)H-3

 (C)H-2   (D)H-1

5. （B）核反應 B-10(n, α)Li 中，鋰的正確同位素應為：

 (A)Li-6   (B)Li-7

 (C)Li-8   (D)Li-9

6. （C）核捕獲反應是說入射中子與靶原子核碰撞後，中子被吸收而消失，同時放出何種射線？

 (A)α   (B)β

 (C)γ   (D)η

7. （B）熱中子與物質作用產生(n, γ)反應，這種作用稱為：

 (A)彈性碰撞   (B)中子捕獲

 (C)放出帶電粒子   (D)核分裂

8. （A）生產 ^{60}Co 是用何種粒子撞擊 ^{59}Co 而成的？

 (A)中子   (B)質子

 (C)電子   (D)氘

9. （B）某中子活化分析金屬靶，經照射 2 個半化期後，再經過一個半化期的衰減，則其活度為飽和活度的：

 (A)1/8   (B)3/8

 (C)5/8   (D)7/8

10. （D）下列核種中，何者被熱中子活化的截面最大？

 (A)^{10}B (B)^{197}Au

 (C)^{59}Co (D)^{113}Cd

11. （C）通率為 $6 \times 10^{12} cm^{-2}s^{-1}$ 的中子射束撞擊一克的 ^{59}Co 樣本，則經過 30 天照射後共可產生多少 ^{60}Co 原子？（^{59}Co 的原子量為 58.94，碰撞截面微 37barns）

 (A)3.46×10^{20} (B)1.19×10^{20}

(C)5.88×10^{18}　　　　　　(D)2.45×10^{17}

12.（B）中子活化合成新的穩定核種，其數目與下列何者無關？

(A)核反應截面的大小

(B)照射後冷卻期程的長短

(C)靶核的多寡

(D)中子通率的強弱

13.（D）運用中子活化合成新的放射性核種，若照射時間等於三個半衰期，則其活度已達最大值的：

(A)3/6　　　　　　　　　(B)2/3

(C)3/4　　　　　　　　　(D)7/8

2-4　游離輻射防護

1.（○）吸收劑量的國際制單位是戈雷。

2.（B）物質單位質量接受輻射之平均能量為：

(A)等效劑量　　　　　　(B)吸收劑量

(C)有效等效劑量　　　　(D)約定等效劑量

3.（D）阿伐粒子的吸收劑量應為其等效劑量的：

(A)10 倍　　　　　　　(B)1/10 倍

(C)20 倍　　　　　　　(D)1/20 倍

4.（C）有了吸收劑量後，還需要等效劑量的最主要原因是：

(A)因吸收劑量僅考慮到能量吸收，沒考慮到時間

(B)等效劑量考慮到接受者之生理情況

(C)因相同能量的不同輻射，對生物會造成不同的效應

(D)等效劑量比較容易被民眾接受

5.（A）對於 1MeV 的 α, n, β 三種輻射，若吸收劑量相等，則等效劑量大小應為：

(A)α＞n＞β　　　　　　(B)n＞α＞β

(C)β＞n＞α　　　　　　　　　　(D)n＞β＞α

6. （B）下列有關輻射線吸收劑量與等效劑量單位之敘述，何者正確？

(A)吸收劑量單位為 rem，等效劑量單位為 Sv

(B)吸收劑量單位為 Gy，等效劑量單位為 Sv

(C)吸收劑量單位為 Sv，等效劑量單位為 rem

(D)吸收劑量單位為 Sv，等效劑量單位為 Gy

7. （A）因為不同類型之輻射劑量，所造成輻射效應不同，所以為了建立一個能在共同標準上，將暴露所受的危害加以表達的劑量稱之為：

(A)等效劑量　　　　　　　　　(B)吸收劑量

(C)暴露劑量　　　　　　　　　(D)標稱標準劑量

8. （A）等效劑量的定義為何？（H：等效劑量；D：吸收劑量；X暴露；Q：射質因數）

(A)H＝Q × D　　　　　　　　(B)H＝Q × X

(C)H＝X　　　　　　　　　　(D)H＝D

9. （A）某器官 40 公克，接受 0.1 焦耳的X光照射，其等效劑量為：

(A)2.5 西弗　　　　　　　　　(B)0.25 西弗

(C)2.5 戈雷　　　　　　　　　(D)25 戈雷

10. （D）1Gy 的 X 射線，加 1Gy 的貝他粒子，再加上 1Gy 的阿法粒子，等於多少等效劑量？

(A)3Gy　　　　　　　　　　　(B)3Sv

(C)12Sv　　　　　　　　　　(D)22Sv

11. （C）ALARA 的中文意思是什麼？

(A)年攝入限度　　　　　　　　(B)推定空氣濃度

(C)合理抑低　　　　　　　　　(D)可忽略微量

Chapter3　輻射度量系統

3-1　核儀電路規劃

1. （A）應用於輻射劑量的偵測器通常用何種模式輸出訊號？
   (A)電流　　　　　　　　　　(B)脈衝
   (C)數位　　　　　　　　　　(D)比例

2. （A）輻射偵測儀表對同能量但不同強度輻射場之反應值成一正比
   關係，此特性稱之為：
   (A)線性　　　　　　　　　　(B)再現性
   (C)準確性　　　　　　　　　(D)相依性

3. （B）輻射偵測儀表因輻射能量變化，其反應亦隨之變化的現象稱
   之為：
   (A)線性關係　　　　　　　　(B)能量依持
   (C)再現性　　　　　　　　　(D)方向性

4. （C）脈衝式輸出的游離輻射偵檢器是：
   (A)高壓游離腔　　　　　　　(B)蓋革計數器
   (C)碘化鈉偵檢器　　　　　　(D)熱發光劑量計

5. （A）欲降低高能量宇宙線之背景值，可使用何種方法？
   (A)反符合電路及屏蔽　　　　(B)符合計測
   (C)屏蔽　　　　　　　　　　(D)良好的通風

3-2　儀器屏蔽與儀器損害

1. （〇）因核子試爆或其他原因而造成含放射性物質之全球落塵釋
   出之游離輻射，屬於背景輻射。

2. （D）以下物質中，何者作為快中子的屏蔽最有效？
   (A)鉛　　　　　　　　　　　(B)鎘
   (C)鐵　　　　　　　　　　　(D)水

3. （A）下列何者可適用作治療室門之高能中子屏蔽材料？
   (A)Polystyrene（合成樹脂）　(B)Lead
   (C)Steel　　　　　　　　　　(D)Aluminum

4. （D）鉛被用作 X-ray 或 γ-ray 之屏蔽物，其密度為：
   (A)2.70gm/cc　　　　　　　(B)2.35gm/cc
   (C)8.94gm/cc　　　　　　　(D)11.36gm/cc

5. （D）治療室牆壁，使用普通水泥設計，其密度為多少？
   (A)2.00gm/平方公分　　　　(B)2.35gm/平方公分
   (C)2.00gm/立方公分　　　　(D)2.35gm/立方公分

6. （D）下列何者為中子最適當的屏蔽物？
   (A)鉛　　　　　　　　　　　(B)銅
   (C)鋁　　　　　　　　　　　(D)石蠟

7. （A）下列何種元素對於中子射線有最好的阻擋效果？
   (A)氫　　　　　　　　　　　(B)碳
   (C)氧　　　　　　　　　　　(D)氦

8. （C）計算銫 137（Cs-137）射源的屏蔽時，下列何種作用可以不予考慮？
   (A)光電效應　　　　　　　　(B)康普頓效應
   (C)成對效應　　　　　　　　(D)以上皆是

9. （D）下列何種輻射經過鉛的穿透力最強？
   (A)α 粒子　　　　　　　　　(B)β 粒子
   (C)30keV 的 X 射線　　　　(D)1MeV 的 γ 射線

10. （C）一個半值層可將輻射強度減少一半，試問三個半值層可將輻射強度減至？
   (A)1/3　　　　　　　　　　(B)1/6
   (C)1/8　　　　　　　　　　(D)1/12

11. （D）10,000 個光子穿過兩個半值層（HVL）厚度之屏蔽時，有多

少個光子被屏蔽吸收？

(A)1,000　　　　　　　　　　　(B)2,500

(C)5,000　　　　　　　　　　　(D)7,500

12. （B）某物質對X光的直線衰減係數為 1/cm，則其半值層（HVL）
為多少公分？

(A)1　　　　　　　　　　　　　(B)0.693

(C)1.44　　　　　　　　　　　(D)10

13. （D）100keVX-射線對銅的線性衰減係數為 4.08 ／公分，則其半值
層為：

(A)4.08/公分　　　　　　　　(B)4.08 公分

(C)0.17/公分　　　　　　　　(D)0.17 公分

14. （B）以游離腔量測 30keVX-射線穿透鋁片的半值層，發現用 3 毫
米厚的鋁片，僅有 12.5%的X-射線能穿透，則鋁的半值層為：

(A)3 毫米　　　　　　　　　　(B)1 毫米

(C)0.375 毫米　　　　　　　　(D)0.125 毫米

15. （C）輻射射柱強度減至原有十分之一時，所需之厚度我們稱之：

(A)半值層　　　　　　　　　　(B)什值層

(C)什一值層　　　　　　　　　(D)五分之一值層

16. （D）一個半值層（HVL）加上兩個十分之一值層（TVL）屏蔽厚
度可使光子曝露降至原來的多少？

(A)1/22　　　　　　　　　　　(B)1/40

(C)1/100　　　　　　　　　　(D)1/200

17. （C）十分之一值層（TVL）屏蔽厚度是半值層（HVL）屏蔽厚度
的多少倍？

(A)10　　　　　　　　　　　　(B)5

(C)3.3　　　　　　　　　　　(D)0.3

18. 半值層（HVL）是什一值層（TVL）厚度的＿＿＿倍。（0.303）

19. （B）某一單能量光子射束射入水中，於水中每公分被衰減 5%，試問水對此單能量光子射束的半值層為多少公分？

   (A)21.4 公分　　　　　　　　(B)13.51 公分

   (C)10.0 公分　　　　　　　　(D)5.0 公分

20. （B）已知半值層（HVL）為 0.1mm 的鉛，什一值層（TVL）厚度為 0.32mm，今欲衰減柱強度為八千分之一，試問所需鉛屏的厚度為多少 mm？

   (A)1.16　　　　　　　　　　(B)1.26

   (C)2.88　　　　　　　　　　(D)4.74

21. （B）鉛板對某能量的 X-射線半值層為 0.1 公分，多厚的鉛板可將 X-射線的強度擋掉 99.9%？

   (A)0.1 公分　　　　　　　　(B)1.0 公分

   (C)10 公分　　　　　　　　　(D)100 公分

22. （B）某射源儲放於水底，欲將其輻射減弱至水放乾時之 5%，如不考慮增建因子，試問水深約需多少公尺？

   （$\mu_{water} = 9 \times 10^{-2} cm^{-1}$）

   (A)0.033　　　　　　　　　　(B)0.33

   (C)3.3　　　　　　　　　　　(D)33.3

23. （A）以下貝他粒子的屏蔽材料，何者產生的制動輻射量最少？

   (A)水　　　　　　　　　　　(B)鋁

   (C)銅　　　　　　　　　　　(D)鉛

● 3-3　輻射偵檢器效率

1. （B）下列何種偵檢器最適合當劑量測量時的國家測量標準？

   (A)熱發光劑量計　　　　　　(B)自由空氣游離腔

   (C)Farmer-type 游離腔　　　　(D)溴化銀底片

2. （D）輻射強度與距離成何種關係？

(A)成正比 　　　　　　　　(B)成反比

(C)平方正比 　　　　　　　(D)平方反比

3. （C）有一放射性核種（點射源）於 2 公尺處，測得 32,000cpm，
若將之移至 8 公尺處，則變成多少？

(A)1,000cpm 　　　　　　　(B)1,500cpm

(C)2,000cpm 　　　　　　　(D)2,500cpm

4. （D）表示偵測器能量解析度的重要參數為下列何者？

(A)標準差 　　　　　　　　(B)高斯分佈

(C)累積分佈 　　　　　　　(D)全寬半高值

5. （C）常用來評估偵檢器能量鑑別力的條件參數是：

(A)HVL 　　　　　　　　　(B)HPGe

(C)FWHM 　　　　　　　　(D)Resolving time

6. （C）在計數系統中，被計數之粒子與總發射粒子數的比值稱：

(A)比值 　　　　　　　　　(B)修正值

(C)效率 　　　　　　　　　(D)分解時間

Chapter4 荷電高能核粒度量

4-1 量測荷電核粒偵檢器

1. （A）下列何者方式比較容易同時區別正電子，負電子，光子射線？
    (A)利用偏轉磁場分析三者行進路線
    (B)利用游離腔測量三者曝露劑量的大小
    (C)利用熱卡計測量三者吸收劑量的大小
    (D)利用底片測量三者黑化度的大小

2. （D）下列何種因素不會影響到空氣游離腔的收集電荷量？
    (A)溫度   (B)大氣壓力
    (C)游離腔電壓   (D)光線

3. （B）充氣式偵檢器的偵測原理主要利用帶電粒子與氣體分子的：
    (A)感光作用   (B)游離作用
    (C)極化作用   (D)激發作用

4. （D）各類充氣式偵測輻射的工作電壓與脈衝訊號之關係中第一區為：
    (A)游離腔區   (B)比例區
    (C)複放電區   (D)重合區

5. （B）游離腔之度量建立於電子平衡下，而其工作範圍於下列何區中？
    (A)重合區   (B)飽和區
    (C)比例區   (D)蓋革區

6. （A）何種氣體腔收集到的電荷，等於游離產生的電荷？
    (A)游離腔   (B)比例腔
    (C)有限比例腔   (D)蓋革腔

7. （B）具有電荷放大作用又能辨識輻射類型的氣體腔之：
    (A)游離腔   (B)比例腔

(C)蓋革區　　　　　　　　　(D)以上均是

8. （D）比例計數器所用的 P-10 氣體是由哪一種組成的？

(A)空氣　　　　　　　　　　(B)磷同位素

(C)氫（10%）和氧　　　　　(D)氬（90%）和甲烷

9. （A）一般比例計數器使用電子親和力低的氣體，通常使用：

(A)P-10 氣體　　　　　　　　(B)BF$_3$ 氣體

(C)氮氣　　　　　　　　　　(D)空氣

10. （C）何種氣體計數器的脈衝大小（pulse height），與輻射種類及能量無關？

(A)游離腔計數器　　　　　　(B)比例計數器

(C)蓋革計數器　　　　　　　(D)閃爍計數器

11. （B）在充氣式偵檢器的特性曲線中，下列何者的電壓最高？

(A)比例區　　　　　　　　　(B)蓋革牟勒區

(C)游離腔區　　　　　　　　(D)限制比例區

填充題

12. 充氣式偵檢器有哪三種？＿＿＿、＿＿＿、＿＿＿，其中＿＿＿可分辨 α 和 β 核種。（游離腔、比例腔、蓋革腔、比例腔）

13. （C）產生電崩現象的充氣式偵檢器為：

(A)比例式　　　　　　　　　(B)游離腔

(C)蓋氏　　　　　　　　　　(D)閃爍式

14. （A）蓋革計數器的偵測原理基於氣體增值，其充填的氣體為？

(A)氬氣　　　　　　　　　　(B)氫氣

(C)氧氣　　　　　　　　　　(D)二氧化碳

15. （A）蓋革計數器在每一百伏特其增值斜率為多少百分比時為佳？

(A)3　　　　　　　　　　　　(B)30

(C)50　　　　　　　　　　　(D)70

16. （B）操作比例計數器，所求出的「平原區」（Plateau）是指所加

高壓與何者的關係圖？

(A)脈衝高度　　　　　　　　(B)計數率

(C)輻射劑量　　　　　　　　(D)活度

17. （D）蓋氏充氣式偵檢器的最大優點為：

(A)可準確測得吸收劑量　　　(B)可分辨輻射種類

(C)可測得高劑量率　　　　　(D)構造簡單且輕便

18. （D）在蓋革計數器中，無感時間加上恢復時間稱為：

(A)總無感時間　　　　　　　(B)總恢復時間

(C)無感恢復時間　　　　　　(D)分解時間

19. （C）蓋革計數器的無感時間約為：

(A)1-10μs　　　　　　　　　(B)10-50μs

(C)50-100μs　　　　　　　　(D)100-500μs

20. 解釋蓋革計數器淬熄（quenching）的作用並說明內部淬熄及外部淬熄的方法。

解：在蓋革管中，當所有電子被陽極收集之後，由於部分原子自激態回到基態時會放出光子，光子經光電效應又會產生另一電子，故將發生一個接一個的突崩。因此只要一個地方發生降激現象，即發生一次接一次的突崩，到最後因正離子在陽極絲附近的累積造成電場強度降低才停止。此時正離子往陰極移動，若此正離子有多餘的能量，在和管壁中和後，可使管壁材料再度被游離而放出電子，此電子經氣體增殖後，將產生假訊號，為了防止這種現象，則必須加入淬熄（quenching）氣體行內部淬熄，或控制電路的外部淬熄。

　　　內部淬熄的方法係在筒內充填 5-10%的淬熄氣體，通常係比主氣體分子構造較為複雜而且游離能較低的氣體，例如低壓氣態乙醇（ethyl alcohol）和甲酸乙酯。正離子與淬熄氣體碰撞後，將使正電荷傳遞給淬熄氣體，帶正電的淬熄氣體

分子到達陰極後可獲取電子恢復中性，但多餘的能量使分子自行分解而不使陰極表面再放出電子。由於氣體須被分解以完成其作用，故在有效壽命期間，氣體將慢慢被消耗，在十億個計數之後就無效了。如果使用氯氣或溴氣為淬熄氣體，則因分解後能再自行結合，計數器的壽命較長。

外部淬熄一般以外加電路使高壓在每個脈衝之後強制降低到無法再產生進一步的氣體放大的強度，降低的時間約為幾百微秒，然其缺點是計數率會偏低。

21.（A）下列何者不屬於充氣式偵檢器？
    (A)閃爍偵檢器   (B)游離腔
    (C)比例計數器   (D)蓋革偵檢器

22.（A）下列何種裝備是閃爍偵檢器必備的元件？
    (A)光電倍增管   (B)磁控管
    (C)陰極射線管   (D)柵流管

23.（D）下列輻射度量儀器的特性何者為正確？
    (A)半導體偵檢器屬於氣體游離腔
    (B)充氣式偵檢器兩極間有空泛區（depletion region）
    (C)對充氣式偵檢器而言，產生一次游離事件是指一個電子-電洞對
    (D)半導體的價帶（valence band）與導電帶（conduction band）間的能階差很小

24.（C）感光膠片可廣泛用以偵測人員之光子，貝他和中子暴露劑量，其所使用的感光乳劑為：
    (A)硫化銀   (B)硝酸銀
    (C)溴化銀   (D)氯化鈉

25.（D）下列何種偵檢器不能偵測阿法粒子輻射？
    (A)比例計數器   (B)半導體偵檢器

(C)熱發光劑量計　　　　　　　(D)感光膠片

26.國內目前皆使用 TLD 人員劑量佩章，請問它的作用原理及使用時
應注意事項？

解：TLD 作用原理：當游離輻射照射到熱發光劑量計時，劑量計
中的電子受激由價帶躍遷至導帶，同時在價帶上產生電洞。
這些電子與電洞被雜質或晶格缺陷所陷住，由此鎖住激發能
在晶體內。曝露後將晶體加熱，激發能則以光的形式降激釋
出。這些光經光電倍增管的轉換變成電子，而由電子儀器加
以度量。使用時應注意事項：(1)防止意外消光反應，防潮。
(2)計讀一次消光，就不能重新計讀，所以計讀時切勿錯讀必
須小心。

27.（D）熱發光劑量計（TLD）之缺點為：
(A)費用高　　　　　　　　　(B)靈敏度差
(C)能量依持性高　　　　　　(D)熱光消失後不能再計讀

28.（B）對熱發光劑量計之敘述，下列何者為非？
(A)可還原再使用　　　　　　(B)可長久保存計讀
(C)靈敏度高　　　　　　　　(D)體積小

29.（D）對熱發光劑量計（TLD）而言，下列何種敘述為不正確？
(A)其靈敏度高於感光膠片，且誤差少
(B)使用後可回火還原重覆使用
(C)常用的熱發光劑量計有氟化鋰和硫酸鈣等
(D)費用昂貴

30.（C）常用的熱發光劑量計 LiF 中，會加入 Mg 或 Ti 是：
(A)啟始劑（Initiator）　　　　(B)中和劑（Neutralizer）
(C)活化劑（Activator）　　　　(D)緩和劑（Moderator）

31.（A）熱發光劑量計（TLD）測讀時，所謂 Glow curve 是指光輸出
與何者的關係函數？

(A)溫度　　　　　　　　　　(B)劑量

(C)輻射能量　　　　　　　　(D)高壓

32.（D）熱發光劑量計（TLD）的偵檢器為：

(A)蓋革管

(B)小型游離腔

(C)膠片（塗有感光乳劑）

(D)特殊之固態晶體（如氟化鋰）

4-2　荷電核粒度量

1.（D）生化實驗測量碳-14 樣品，最理想的偵測儀為：

(A)Ge 偵檢器　　　　　　　(B)蓋革計數器

(C)NaI（Tl）偵檢器　　　　(D)液態閃爍計數器

2.（D）對於含低能量的 β⁻ 射源樣品，最理想的偵測儀為：

(A)Ge(Li)偵檢器　　　　　 (B)蓋革計數器

(C)NaI(Tl)偵檢器　　　　　(D)液態閃爍計數器

3.（A）鑑定氚（H-3）污染的儀器為：

(A)液態閃爍計數器　　　　 (B)碘化鈉計測器

(C)鍺半導體偵檢器　　　　 (D)蓋革計測器

4.（D）偵測低能 β 粒子時，何種儀器的效率幾乎為 100%？

(A)平行板游離腔　　　　　 (B)套管游離腔

(C)蓋革計數器　　　　　　 (D)液態閃爍計數器

5. 如何利用半衰期為 5,730 年的同位素碳-14 進行考古定年？

解：參閱第 7 章「自我評量」7-1 與 7-2。

6.（C）對充氣游離偵測器而言，下述何者是它最可能的優點？

(A)能偵測每一個單獨游離事件

(B)能偵測輻射線的能量

(C)在偵測器游離之能量與在人體組織中大約相當

(D)被放射線照射後會增溫

7. （A）下列何者不是人員劑量計偵測之對象？

    (A)α 粒子   (B)β 粒子

    (C)γ 射線   (D)中子射線

8. （B）最適合測定α射線能量的偵檢器為：

    (A)Ge 偵檢器   (B)Si 表面障壁偵檢器

    (C)CsI(Tl)偵檢器   (D)TLD

9. 已知 ^{137}Cs 的兩種貝他蛻變分量，其最大能量分別為 0.512MeV（95%）和 1.174MeV（5%），釋放的加馬射線能量為 0.662MeV（85%），內轉換電子的比例為 10%。若其子核 ^{137}Ba 的 K 層及 L 層電子的束縛能分別為 38 及 6keV，試計算 K 層及 L 層內轉換電子的能量並畫出 ^{137}Cs 衰變的電子能譜。

  解：K 層內轉電子的能量＝662－38＝624keV，

      L 層內轉電子的能量＝662－6＝656keV

      貝他射線能譜，參閱圖 4-5；

      單能電子在能譜內為譜峰狀。

Chapter5　電磁輻射度量

5-1　量測電磁輻射偵檢器

1. （C）以下何種材質可做半導體偵檢器使用？

   (A)NaI　　　　　　　　　　(B)LiF

   (C)Ge　　　　　　　　　　(D)BF$_3$

2. （D）下列何種偵檢器需產生空泛區？

   (A)游離腔　　　　　　　　(B)蓋革

   (C)比例　　　　　　　　　(D)半導體

3. （A）半導體偵測器比游離腔偵檢器在 100keV 之 γ-ray 可產生：

   (A)較多電子-電洞對　　　　(B)較少電子-電洞對

   (C)較多電壓　　　　　　　(D)較少電壓

4. （A）半導體偵測器，對於核能譜學特別有用的最主要原因是：

   (A)對能量的解析度很好

   (B)能測定微量的輻射強度

   (C)因半導體的體積較小

   (D)因半導體的價格較低

5. （A）Ge 比 Si(Li)更適用於偵測加馬射線，最主要原因為：

   (A)若兩者的偵檢器體積相同，則 Ge 有比較高的偵測效率

   (B)若兩者的偵檢器體積相同，則 Ge 對低能的 γ 射線有比較

   　高的能量解析

   (C)Ge 有比較好的時間解析

   (D)Ge 不需特別的冷卻過程

6. （A）NaI(Tl)無機閃爍偵檢器內的 Tl 材料是：

   (A)活化劑　　　　　　　　(B)螯合劑

   (C)催化劑　　　　　　　　(D)黏著劑

7. （B）下列何者係利用輻射照射後發光現象而偵測？

(A)純鍺偵檢器　　　　　　　(B)碘化鈉（鉈）偵檢器

(C)蓋革計數器　　　　　　　(D)比例計數器

8. （D）以下哪一輻射偵測儀器之反應，受光子能量的影響（energy dependent）最大？

(A)空氣游離腔　　　　　　　(B)空氣蓋革管

(C)氟化鋰熱發光劑量計　　　(D)碘化鈉偵測器

9. （D）下述何種偵測器能辨識輻射線之能量？

(A)游離腔（ionization chamber）

(B)蓋革計數器（G. M. counter）

(C)熱發光偵測器（TLD detector）

(D)閃爍偵測器（scintillation detector）

10. （A）下列閃爍偵檢器中，能將放射線轉成光子的部分為：

(A)閃爍體　　　　　　　　　(B)光陰極

(C)陽極　　　　　　　　　　(D)反光體

11. （C）碘化鈉（鉈）[NaI(Tl)]與 BGO($Bi_3Ge_4O_{12}$)為目前最常用來做 PET 偵測系統的閃爍晶體，下列有關它們的比較，何者錯誤？

(A)碘化鈉晶體的閃爍效率比 BGO 高

(B)BGO 誘發螢光的衰變常數比碘化鈉晶體大

(C)碘化鈉晶體的密度比 BGO 大

(D)BGO 不怕潮濕，而碘化鈉晶體會因潮濕而易損壞

12. （A）有關晶體吸收 X 光後，所釋放的燐光，下列敘述何者錯誤？

(A)是一種瞬間（10^{-10}秒）消失的輻射

(B)燐光輻射與螢光輻射兩者之能量可能不同

(C)是一種可見光

(D)是傳導帶與價帶的能量差

13. （A）光電倍增管中使進入之閃光轉變為電子的部分為：

(A)光陰極　　　　　　　　　(B)閃爍體

(C)電極板　　　　　　　　　　(D)半導體

14. （D）一般偵測 γ、X 射線之閃光質多用：

(A)溴化銀　　　　　　　　　　(B)硫化鋅

(C)甲烷　　　　　　　　　　　(D)碘化鈉

15. （C）閃爍偵檢器使用之碘化鈉（NaI）晶體中的鉈化劑（Tl），其主要功能為？

(A)將動能儲藏在晶體內

(B)使產生氣體增值

(C)將晶體所吸收的能量轉換為光

(D)防止淬熄（quenching）作用

16. （C）自由空氣游離腔（free air ion chamber）能測量的光子能量最高為：

(A)0.1MeV　　　　　　　　　　(B)1MeV

(C)3MeV　　　　　　　　　　　(D)10MeV

17. （C）袖珍直讀式劑量筆之偵檢器係小型：

(A)蓋革管　　　　　　　　　　(B)光電管

(C)游離腔　　　　　　　　　　(D)比例計數器

18. （D）放射線測量用的空氣游離腔最主要是收集下列何種的訊號？

(A)光子射束的通量數目

(B)光子射束的能譜

(C)光子射束在空氣中所產生的散射光子數量

(D)光子射束在空氣中所產生的游離電荷數量

19. （D）量測 X-射線的游離腔係度量何種輸出訊號？

(A)電壓　　　　　　　　　　　(B)電容

(C)電阻　　　　　　　　　　　(D)電流

20. （A）運用游離腔量測較高劑量率的 X-射線，游離腔的工作電壓：

(A)要高　　　　　　　　　　　(B)要低

(C)不需工作電壓　　　　　　　(D)與工作電壓高低無關

21.（A）熱發光劑量計（TLD）用以量測 X-射線的：

(A)強度　　　　　　　　　　　(B)能量

(C)頻率　　　　　　　　　　　(D)曝露期間逐時的變化

22.（D）人員劑量計常用的熱發光材料是什麼？

(A)溴化銀　　　　　　　　　　(B)硫酸亞鐵

(C)碘化鈉　　　　　　　　　　(D)氟化鋰

23.（D）化學劑量計之型態有：

(A)固態　　　　　　　　　　　(B)氣態

(C)液態　　　　　　　　　　　(D)以上皆有

24.（A）輻射的化學吸收率以何種代表值表示？

(A)G 值　　　　　　　　　　　(B)Q 值

(C)K 值　　　　　　　　　　　(D)H 值

25.（D）被照射物質從游離輻射吸收能量所產生某種化學變化之變化率稱為「G 值」，其單位應為：

(A)eV　　　　　　　　　　　　(B)1/eV

(C)100eV　　　　　　　　　　(D)1/100eV

26.（C）已知 1 卡（cal）能量相當於 4.18 焦耳熱量，水的比熱為 $1cal/g/°C$，請計算 1Gy 的放射線劑量會造成多少溫度的上升？

(A)$1.00 \times 10^{-4}°C$　　　　　　(B)$1.70 \times 10^{-4}°C$

(C)$2.39 \times 10^{-4}°C$　　　　　　(D)$4.18 \times 10^{-4}°C$

● 5-2　電磁輻射劑量與環境偵測

1.（C）下列何者不適用來測量吸收劑量？

(A)卡計（calorimeter）

(B)熱發光劑量計（TLD）

(C)鍺半導體偵檢器

(D)化學劑量計（chemical dosimeter）

2. （C）下列何種偵檢器可鑑定出鋼筋中的污染核種？

(A)膠片佩章

(B)熱發光劑量計

(C)NaI（Tl）偵檢器聯接多頻道脈高分析儀

(D)液態閃爍計數器

3. （B）下列有關蓋革輻射計數器（Geiger-Mueller Counter）之敘述，何者正確？

(A)很適用於精密測量輻射量，但不適用於偵測及概估輻射之有無

(B)很敏感並適用於偵測輻射之有無，但不適於精密測量射線劑量

(C)既很敏感適用於偵測輻射之有無，又很精確可精密測量射線劑量

(D)主要用於日常校對直線加速器輸出量

4. （D）有一顆很弱的Co-60射源遺失了，你用什麼儀器去尋找確認最有效？

(A)熱發光劑量計　　　　　　(B)游離腔偵檢器

(C)蓋革計數器　　　　　　　(D)碘化鈉計數器

5. （A）下列何種偵測器的準確度差，但靈敏度高，常用來做為測量工作場所之輻射量用？

(A)蓋革計數器　　　　　　　(B)比例計數器

(C)游離腔　　　　　　　　　(D)液態閃爍計數器

6. （B）使用輻射偵檢器量得之天然背景劑量率，一般約為：

(A)1μSv/hr　　　　　　　　(B)0.1μSv/hr

(C)1mSv/hr　　　　　　　　(D)0.1mSv/hr

7. （D）測量個人曝露的劑量計，下列何種並不適當？

(A)劑量筆 　　　　　　　　(B)膠片佩章

(C)TLD 　　　　　　　　　(D)Fricke 劑量計

8. （C）下列何項不適用於人員劑量偵測？

    (A)膠片佩章 　　　　　　　(B)熱發光劑量計

    (C)量熱計 　　　　　　　　(D)袖珍型劑量筆

9. （D）下列何種劑量計不適合長時間開機使用，但其優點是曝露量在短時間內可立刻計讀且直接：

    (A)蓋革計數器 　　　　　　(B)熱發光劑量計

    (C)比例計數器 　　　　　　(D)袖珍型直讀式劑量計

10. 一游離腔之腔壁材料為鋁，腔中空氣的體積為 10cc，腔壁對於空氣的質量阻擋本領比（relative masss topping power）為空氣的 1.3 倍。今將游離腔置入加馬輻射場中，測得 10,000 個離子對（ionpairs）。請問利用 Bragg-Gray 原理，求得的腔壁吸收劑量等於多少戈雷？

    解：空氣質量為 $10cc \times 0.001293 \times 10^{-3} kg/cc$

    空氣吸收能量為 $10,000 \times 34 \times 1.6 \times 10^{-19} J$

    腔壁吸收劑量為 $10,000 \times 34 \times 1.6 \times 10^{-19} J \times 1.3/(10 \times 0.001293$
    $\times 10^{-3} kg) = 5.5 \times 10^{-9} Gy/kg$

    吸收劑量為 5.5nGy

11. （A）全身計數器為一方便而簡單的體內劑量評估工具，下列有關此裝備之敘述何者正確？

    (A)僅能偵測到釋放 γ 及 X 射線的核種

    (B)能偵測到體內所含之 H-3 核種

    (C)因為此裝備方便、便宜，所以隨時隨地均可使用

    (D)熱發光劑量計（TLD）比全身計數器更能有效的測得體內劑量

12. （D）可使用於校正醫用直線加速器輸出劑量的偵測器為何？

(A)Ge 偵測器　　　　　　　　(B)閃爍偵測器

(C)Si（Li）偵測器　　　　　　(D)游離腔

13. （B）正子射出斷層攝影（PET）主要是偵測：

(A)非同時發生的 0.511MeV 光子

(B)同時發生的 0.511MeV 光子

(C)同時發生的正子及電子

(D)同時發生的 1.02MeV 加馬射線

● 5-3　定性定量電磁輻射能譜

1. （B）加馬能譜譜峰解析度為 1%，則 1MeV 譜峰的半波高全寬應為：

(A)0.5MeV　　　　　　　　　(B)0.01MeV

(C)0.005MeV　　　　　　　　(D)0.001MeV

2. （C）比較碘化鈉（NaI）與鍺（Ge）兩種 X，γ 能譜分析器：

(A)碘化鈉的能量分解度較好、靈敏度較差

(B)碘化鈉的能量分解度較好、靈敏度亦較好

(C)碘化鈉的能量分解度較差、靈敏度較好

(D)碘化鈉的能量分解度較差、靈敏度亦較差

3. （C）半導體偵測器對於能譜學特別有用的最主要原因是：

(A)能測定極微量的輻射線

(B)因半導體價格低

(C)對能量的解析度高，容易辨識能峰

(D)因半導體體積較小

4. （A）核能電廠所排出水樣品中，欲測量其排放之放射性核種，最理想之偵測器為：

(A)HPGe　　　　　　　　　　(B)NaI(Tl)

(C)Si(Li)　　　　　　　　　　(D)Geiger Counter

5. （B）一般用來偵測放射性核種所釋出的 γ 射線的能譜的設備是

　　(A)光電倍增管

　　(B)純鍺偵檢器配合多頻道分析儀

　　(C)準直儀

　　(D)蓋革計數器

6. 說明碘化鈉偵檢器及鍺偵檢器的解析度及偵測效率之區別？並畫出其能譜圖。

　　解：(1)鍺偵檢器的分解度較佳，碘化鈉偵檢器的偵測效率較大；

　　　　(2)碘化鈉偵檢器能譜圖可參閱本書封底圖；

　　　　(3)高純度鍺偵檢器(鍺鋰偵檢器均已汰除)可參閱本書圖 2-4；

　　　　(4)同樣度量條件下的各型偵檢器絕對偵檢效率參閱圖 3-13。

Chapter6 中子輻射度量

6-1 量測中子輻射偵檢器

1. （A）常見的中子偵測器為：

(A)BF_3 比例計數器   (B)Ge 偵測器

(C)蓋革計數器   (D)Si(Li)偵測器

2. （C）熱發光材料中含有 Li-6 或 B-10，其反應關係，何者正確？

(A)對中子不靈敏

(B)對光子不靈敏

(C)對熱中子靈敏度比快中子大

(D)對熱中子靈敏度比快中子小

3. （C）人體血液中，何種元素可以當作為核反應器臨界意外時之劑量計？

(A)S   (B)O

(C)Na   (D)H

6-2 中子輻射度量

1. （C）關於氟化鋰（LiF）熱發光劑量計（TLD）的敘述，下列何者正確？

(A)放射診斷的劑量測量選用 TLD-200

(B)放射治療的劑量測量選用 TLD-400

(C)中子劑量測量選用 TLD-600

(D)TLD-100 較 TLD-100H 靈敏

Chapter7　輻射度量數據處理

● 7-1　數理邏輯與量測誤差

1. （D）下列何者為淨計數率之標準差表示法？

    (A)62cpm ± 46　　　　　　　　(B)62 + 46cpm

    (C)62 − 46cpm　　　　　　　　(D)62 ± 46cpm

2. （B）有一放射性樣品置於輻射度量儀器測得總計數率為 x，又該
    度量儀器在當時狀況也測得背景計數率為 y，則樣品之淨計
    數應為 x-y。樣品淨計數的標準差為σ，請問下列何者為σ？

    (A)$(x^2 + y^2)$開根號　　　　　(B)$(x + y)$開根號

    (C)$(1/x + 1/y)$開根號　　　　　(D)$(1/x2 + 1/y2)$開根號

3. （A）計測一試樣 10 分鐘，得平均計數率為 1,000cpm，則計測結
    果的可能分佈為：

    (A)68%的計數率結果落在 990cpm 至 1,010cpm 的範圍

    (B)68%的計數率結果落在 936cpm 至 1,064cpm 的範圍

    (C)68%的計數率結果落在 900cpm 至 1,100cpm 的範圍

    (D)95%的計數率結果落在 936cpm 至 1,064cpm 的範圍

4. （C）在相同條件下計測某一試樣與標準物質的放射性活度，結果
    該試樣為 5,200 ± 52cpm，標準物質為 2,600 ± 26cpm，則該試
    樣與標準物質的放射性活度比為何？

    (A)2.000 ± 0.007　　　　　　　(B)2.000 ± 0.014

    (C)2.000 ± 0.028　　　　　　　(D)2.000 ± 0.056

5. （D）某樣品計測 2 分鐘得計數率為 800cpm，則其計數誤差（1 標
    準差）為多少？

    (A)0.5%　　　　　　　　　　　(B)1.0%

    (C)2.0%　　　　　　　　　　　(D)2.5%

6.（A）計測放射性試樣 10 分鐘，總計數值（含背景值）為 4,500 計數，又計數背景值 30 分鐘得到 750 計數。請問：淨計數率的標準差為多少？

　　(A)$(4,500/10^2 + 750/30^2)^{1/2}$　　　(B)$(4,500/10 - 750/30)^{1/2}$

　　(C)$(450/10 + 75/30)^{1/2}$　　　　　(D)$(450/10^2 + 75/30^2)^{1/2}$

7.（B）有一個半衰期相當長的放射性樣本，計數率為 3,340 計數/分鐘，如果此樣本的計數率要維持在準確度為 1%，可信度為 68%，此樣本需計讀多少分鐘？（假設背景為零）

　　(A)1　　　　　　　　　　　　(B)3

　　(C)10　　　　　　　　　　　(D)30

8. 什麼是淨計數率（net counting rate）及其標準差（standard deviation）？如何才能降低此一標準差？

　　解：測量放射性物質的活度時，樣品的總（gross）計數除以總計數時間稱為總計數率，而儀器的背樣（background）計數除以背景計數時間稱為背景計數率。而總計數率減去背景計數率，即得樣品的平均淨計數率。因為理論上計數率呈現一常態分布（normal distribution），所以使用淨計數率的標準差代表此一分布的範圍大小。換言之，測量所得之淨計數率落在平均淨計數率加減一個標準差範圍內的機率，理論上等於 68%。

9. 一樣品連同背景一起被計數 5 分鐘，其計數為 10,000counts，在沒有樣品的情況下計數背景 5 分鐘，其計數為 900counts，請問此樣品的淨計數率和其標準差為多少？

　　解：$A_s = \dfrac{N_s}{t_s} = \dfrac{10,000}{5} = 2,000 \text{ cpm}$

　　　　$A_b = \dfrac{N_b}{t_b} = \dfrac{900}{5} = 180 \text{ cpm}$

　　　　$A = A_s - A_b = 2,000 - 180 = 1,820 \text{ cpm}$

$$\sigma = \sqrt{\frac{N_s}{t_s^2} + \frac{N_b}{t_b^2}} = \sqrt{\frac{10,000}{5^2} + \frac{900}{5^2}} = 21 \ cpm$$

計數／與標準差為：$1,820 \pm 21$ cpm

7-2 數據統計與分析

1. （C）放射性核種之活度的計數率分布多呈：

   (A)勞倫斯（Lorentz）分布

   (B)對數常態（log-normal）分布

   (C)帕桑（Poisson）分布

   (D)以上均非

2. （C）偵測器儀表之單位為 cpm，表示它偵測的是什麼物理量？

   (A)曝露率　　　　　　　　　(B)劑量率

   (C)計數率　　　　　　　　　(D)克馬率

3. （D）輻射樣品分析的最低可測值（LLD），與下列何項無關？

   (A)背景值　　　　　　　　　(B)計測時間

   (C)計測效率　　　　　　　　(D)試樣活度

4. （A）某樣品經 5 分鐘計測得 600 counts，若此儀器效率為 20%，則此樣品之活度為若干 Bq？

   (A)10　　　　　　　　　　　(B)60

   (C)100　　　　　　　　　　 (D)600

5. （B）有一顆樹的化石，其 ^{14}C（$T_{1/2} = 5,730$ 年)含量為活樹的 25%，求其樹齡為多少年？

   (A)5,730　　　　　　　　　 (B)11,460

   (C)17,190　　　　　　　　　(D)22,920

6. （D）碘化鈉（鉈）偵檢器以 1,000 Bq 的 ^{137}Cs 校正，計測 100 秒得 4,350 計數，背景計測 100 秒為 100 計數。請問此偵檢器對 ^{137}Cs 的 γ 射線之計數效率為多少？（^{137}Cs 放出的 0.662MeV 的

γ 射線之強度為 85%）

(A)3.75% (B)4.0%

(C)4.5% (D)5.0%

附　錄　5

輻射度量運算使用符號彙整

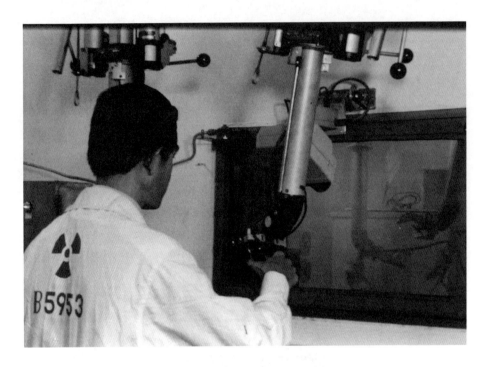

附圖 1.5　國內現代化的輻射源生產設備（註 4-01）。

附表 5.1 運算式使用符號

符號	涵意(單位)	使用公式
A	質量數（無單位）	[1-16],[2-32],2-34],[2-38]
a	幾何截面（cm²）	[1-14]
a	加速度（cm/s²）	[2-9]
a	陽極絲半徑（cm）	[4-4]
a	線性函數斜率（無單位）	[7-17]
A(t)	放射性核種 t 時的活度（Bq）	[1-14],[7-17]
A_2	靶核克原（分）子量（g/mol）	[2-8],[2-11],[2-12],[2-13]
A_{Al}	鋁的克原子量（g/mol）	[2-17]
Ad(t)	放射性子核 t 時的活度（Bq）	[1-7]
Ap(t)	放射性母核 t 時的活度（Bq）	[1-6]
A_x	X物質的克原（分）子量（g/mol）	[2-17]
b	筒（球）半徑（cm）	[4-4]
b	線性函數截距（無單位）	[7-17]
Be	軌道電子束縛能（MeV）	[2-21]
c	光速（cm/s）	[1-1],[1-2],[2-2],[2-3],[2-4],[2-7], [2-11],[2-12],[2-13],[2-23],[2-24], [2-25],[2-26],[4-9],[4-10]
C	量測計數（個）	[2-37],[3-20],[3-23],[3-24],[3-25], [4-13],
C	電容（F）	[3-3],[3-4],[3-6],[3-7],[3-8],[3-9], [3-10],[3-11]
C_{ab}	吸收劑量轉換參數（Gy/計數）	[3-22],[3-23],[3-24]
CD	信度（無單位）	[7-2]
C_{ed}	有效劑量轉換參數（Sv/計數）	[3-22],[3-23],[3-24]
C_f	FET 電容（F）	[3-12]
C_v	比熱係數（J/kg°C）	[5-1],[5-2]
D	吸收劑量（Gy）	[2-39],[5-1]
D	校正後的量測吸收劑量（Gy）	[3-24]

d	平板距（cm）	[4-1],[4-2]
d	荷電核粒打入深度（cm）	[4-11]
Di	第 i 種輻射吸收劑量（Gy）	[2-40]
D_m	量測吸收劑量（Gy）	[3-22],[3-23],[3-24],[3-25]
DNL	微分非線性程度（無單位）	[3-13]
DR_i	第 i 種輻射吸收劑量率（Gy/h）	[2-40]
DT	無感時間（s）	[3-15],[3-16]
DTL	無感損耗率（無單位）	[3-16]
E	能量（eV）	[1-1],[1-2],[3-12],[3-14],[4-12],[4-14], [6-4],[6-5],[6-6]
E	有效劑量（Sv）	[2-41]
E	校正後的量測等效劑量（Sv）	[3-24]
e	基本電荷（esu）	[2-6],[2-9],[2-11,[2-12],[3-12],[4-2], [4-6]
E_{e^+}	正子射線能量（MeV）	[1-9]
E_{e^-}	電子射線能量（MeV）	[1-9]
Eγ	加馬射線能量（MeV）	[1-3],[1-4],[1-8],[1-9],[1-10],[1-13], [1-15],[2-20],[2-21],[2-22],[2-23], [2-24],[2-25],[2-26],[2-27]
$E_γ'$	折射加馬射線能量（MeV）	[2-23]
$E_{\bar{v}}$	反微中子能量（MeV）	[1-9]
E_v	微中子能量（MeV）	[1-9]
E_m	量測等效劑量（Sv）	[3-22],[3-23],[3-24],[3-25]
E_{min}	形成氣泡最小能量（MeV）	[6-6]
E_{TOT}	輻射注入物質總能量（MeV）	[2-39],[5-1]
F	作用力（MeV/cm^2）	[2-9]
f	核粒通量（數目/cm^2）	[2-39]
F	方儂參數（無單位）	[4-12],[4-14]
F	未被（試樣）吸收比例（無單位）	[3-27]

f(y)	f 函數，參數為 y（無單位）	[7-9],[7-10]
F$_{dc}$	吸收劑量效率校正因數（無單位）	[3-24]
F$_{ec}$	有效劑量效率校正因數（無單位）	[3-24]
FWHM	半波高全寬（無單位）	[4-14],[4-15]
G	電荷集收敏度（V/MeV）	[3-12],
G	放大倍率（無單位）	[3-13],[3-14]
G	G 值（無單位）	[5-2]
G(CC)	康普頓台地頻道最低計數（個）	[5-5]
G(x)	頻道 x 的計數（個）	[4-13],[4-14],[5-5]
GF	幾何因數（入射輻射/射出輻射）	[3-21],[3-23],[3-24]
h	蒲朗克常數（J-s）	[1-1]
H	譜峰頂計數（個）	[4-13],[4-14],[5-5]
H	熱能（W）	[5-2]
H	氣泡氣化能量（MeV）	[6-6]
HR$_{T}$	等價劑量率（Sv/h）	[2-40]
H$_{T}$	等價劑量（Sv）	[2-40],[2-41]
i	電流（A）	[3-1],[3-2],[3-6]
I	入射核粒總數（個）	[2-8]
i(t)	可變電流（A）	[3-4],[3-8]
I$_{A}$	電流（μA）	[1-14]
I$_{a}$	同位素豐度（無單位）	[2-37]
I$_{b}$	輻射產率（輻射數目/衰變）	[2-37],[3-26]
INL	積分非線性程度（無單位）	[3-14]
I$_{\gamma}$	加馬射線產率（數目/衰變）	[7-17]

k	實驗常數（無單位）	[1-16],[2-19]
k	誤差係數（無單位）	[7-19],[7-20],[7-21]
KE	核粒動能（MeV）	[2-1],[2-2],[2-6],[2-8],[2-9],[2-10], [2-13],[2-14],[2-15],[2-16],[2-18]
KE_{e^+}	正子動能（MeV）	[2-25]
KE_{e^-}	電子動能（MeV）	[2-21],[2-23],[2-25],[4-2],[4-3]
$KE_{e^-(max)}$	電子最大動能	[4-2]
KE(zi)	第 i 種入射核粒動能（MeV）	[2-18]
KE_+	正離子動能（MeV）	[4-3]
KE_0	中子原始動能（MeV）	[2-38]
KE_a	荷電核粒在物質內作用均能（MeV）	[2-19]
KE_{min}	動能門檻值（MeV）	[4-10]
KE_{th}	熱中子動能（eV）	[2-38]
K_{RA}	留滯能力（計數/s）	[7-18]
L_n	熱中子擴散行距（cm）	[2-38]
M	MCA 入庫時段（s）	[3-15]
m	質量（MeV/c^2）	[1-2],[2-1],[2-2],[2-11],[2-12],[2-19], [2-23],[2-24],[2-25],[2-26],[2-39], [4-5],[5-1]
M	放大倍數（無單位）	[4-6]
m	期望值（計數）	[7-1],[7-3],[7-4],[7-5],[7-6]
m (^{A}z)	核粒質量（MeV/c^2）	[2-8]
m^+	正離子質量（MeV/c^2）	[4-3]
m_1	入射核粒原子質量（g/mol）	[2-8],[2-9],2-13],[2-18]
m_a	原子量（g/mol）	[3-26],[4-5]
MDA(k)	可測下限值（計數）	[7-20],[7-21]
m_e	電子質量（MeV/c^2）	[4-3]
m_i	第 i 種入射核粒質量（MeV/c^2）	[2-18]

m_n	中子質量（MeV/c²）	[2-7]
m_o	荷電核粒靜止質量（MeV/c²）	[4-10]
m_p	質子質量（MeV/c²）	[2-7]
N	數目（無單位）	[2-29],[7-1],[7-2]
n	主量子數（無單位）	[2-3]
n	頻道數（無單位）	[3-15]
n	數目（無單位）	[4-6],[7-9]
n	摩爾數（mol）	[4-5]
N	原始游離電子數目（無單位）	[4-6]
n	光折射率（無單位）	[4-9],[4-10]
N (^AZ)	核種 ^AZ 的數目（無單位）	[2-36]
n(KE)	能量計算函數（無單位）	[2-8]
N(Z)	元素 Z 的數目（無單位）	[2-37]
N_0	核粒數目（無單位）	[1-14],[2-30],[2-35]
N_a	摩爾數（數目/mol）	[2-11],[2-12],[2-34],[3-26]
$N_d(0)$	放射性衰變子核零時總數（無單位）	[1-7]
$N_d(t)$	放射性衰變子核t時總數（無單位）	[1-5],[1-7]
N_f	核分裂反應數目（無單位）	[1-16]
$N_p(0)$	放射性衰變母核零時總數（無單位）	[1-6]
$N_p(t)$	放射性衰變母核t時總數（無單位）	[1-5],[1-6]
N_x	x 處核粒數目（無單位）	[2-30],[2-31],[2-35]
p	壓力（p_a）	[4-5]
P/C	譜峰頂比對康普頓台地（無單位）	[5-5]
P_i	第 i 筆量測的機率（無單位）	[7-3],[7-4],[7-5]
Q	核反應門檻值（MeV）	[2-7],[2-8],[2-27]
Q	電荷數（C）	[3-1],[3-3],[3-12],[4-6]
Q_{β^+}	正子貝他衰變總能（MeV）	[1-8],[1-9]

Q_{β^-}	電子貝他衰變總能（MeV）	[1-4],[1-9]
q(t)	可變電荷量（C）	[3-6],[3-8],[3-9],[3-11]
Q_c	量標（無單位）	[3-19]
R	電阻（Ω）	[3-2],[3-6],[3-7],[3-8],[3-9],[3-10], [3-11]
R	核反應率（數目/s）	[2-36]
R	荷電核粒在物質內的射程（cm）	[2-14],[2-19],[4-11]
r	半徑或距離（cm）	[2-5],[3-26],[3-27],[4-2],[4-4],[6-4]
R	理想氣體常數（J/mol-K）	[4-5]
R	解析度（%）	[4-15]
R	球狀半徑	[3-26],[3-27]
R(Cd)	鎘比	[6-7],[6-8]
R(e)	電（正）子在物質內的射程（cm）	[2-15]
R(p)	質子在物質內的射程（cm）	[2-18]
R(t)	t 時的量測計數率（計數/s）	[7-17],[7-18]
$R(z_i)$	荷電 z_i 核粒在物質內的射程（cm）	[2-18]
r_0	核粒半徑常數（cm）	[2-5],[2-32]
r_1	入射核粒半徑（cm）	[2-6]
r_2	靶核半徑（cm）	[2-6]
r_a	假相符計數率（計數/s）	[3-18],[3-19]
$R_{Al}(p)$	質子在鋁板內的射程（cm）	[2-16]
r_c	臨界半徑（cm）	[6-5]
r_e	電子半徑（cm）	[2-32]
R_n	中子在物質內的射程（cm）	[2-35],[2-38]
RT	上升時段（s）	[3-15]
r_t	相符計數率（計數/s）	[3-17],[3-19]
$R_X(p)$	質子在 x 物質內的射程（cm）	[2-17]

Sa	（試樣）自我吸收比例（無單位）	[3-27]
SDR(y)	相對標準差（無單位）	[7-14],[7-15],[7-16]
S_F	氣泡表面張力（MeV/cm^2）	[6-4],[6-5]
S_R	R 類輻射的射源強渡（數目/s）	[3-17],[3-18],[3-19],[3-20],[3-23], [3-24],[3-26],[3-27]
t	時間（s）	[1-5],[1-6],[1-7],[1-14],[2-40],[3-1], [3-4],[3-5],[3-6],[3-7],[3-8],[3-9], [3-10],[3-11],[7-17],[7-18]
T	温度（K）	[4-5]
T	總量測時段（s）	[7-16]
$T_{1/2}$	半衰期（s）	[7-17]
$T_{1/2}(d)$	子核半衰期（s）	[1-7]
$T_{1/2}(p)$	母核半衰期（s）	[1-6]
t_a	荷電核粒在物質內作用耗時（s）	[2-19]
t_c	計數時段（s）	[2-37],[3-20],[3-23],[3-24]
t_d	衰變時段（s）	[2-37]
T_g	時間閘（s）	[3-18],[3-19]
T_h	倍增時間（s）	[7-18]
t_i	照射時段（s）	[2-37]
t_i	第 i 筆量測時段（s）	[7-13],[7-15],[7-16]
TT	兩個輻射抵達偵檢器的時差（s）	[3-16]
V	庫侖阻障（MeV）	[2-6],[2-8]
v	速度（cm/s）	[2-1],[2-2],[2-3],[4-9]
V	電壓（V）	[3-12],[3-14],[4-1],[4-7]
V	體積（cm^3）	[4-5],[7-17]
$v(A^+)$	正離子速度（cm/s）	[4-3]
V(t)	可變電壓（V）	[3-8]

v_a	荷電核粒在物質內作用均速（cm/s）	[2-19]
V_C	電容電位差（V）	[3-3],[3-4]
v_e	電子速度（cm/s）	[4-3],[4-8]
$V_i(t)$	輸入電壓（V）	[3-5],[3-6],[3-7],[3-8],[3-9],[3-10],[3-11]
$V_{i,m}$	塊狀電壓（V）	[3-5]
V_m	質量流量（kg/s）	[5-2]
v_o	原子軌道電子運動速度（cm/s）	[2-4],[2-11],[2-12],[2-13]
V_o	工作電壓（V）	[4-4],[4-7]
$V_o(t)$	輸出可變電壓（V）	[3-6],[3-7],[3-8],[3-9],[3-10],[3-11]
v_p	電洞速度（cm/s）	[4-8]
V_R	電阻電壓（V）	[3-2],[4-16]
w	產生電子-電洞所作的功或游離能（eV）	[2-11],[2-12],[3-12],[4-6],[4-12],[4-14],[5-3]
w_i	各器官輻射加權因數（Sv/Gy）	[2-40]
w_i	第 i 筆量測值權重（無單位）	[7-11],[7-12]
w_t	各器官組織加權因數（無單位）	[2-41]
x	距離（cm）	[2-30],[2-31],[2-35]
x	頻道（無單位）	[4-13]
X	X 軸函數（無單位）	[7-17],[7-18]
$\bar{x}$	譜峰峰頂頻道（無單位）	[4-13],[4-14],[4-15]
x_o	空泛區寬度（cm）	[4-7]
Y	制動輻射產率（無單位）	[2-10]
y	量測值（計數）	[7-14]
Y	Y 軸函數（無單位）	[7-17],[7-18]
y_i	第 i 筆量測值（計數）	[7-1],[7-4],[7-5],[7-12],[7-13],[7-15],[7-19],[7-20],[7-21]
Y_i	第 i 筆計數率均值（計數/s）	[7-13],[7-15],[7-16]
$\bar{y}$	量測均值（計數）	[7-1],[7-4],[7-9],[7-10]

$\overline{y}_i$	第 i 筆量測均值（計數）	[7-7],[7-8]
$\overline{y}(w)$	量測權重平均值（計數）	[7-11]
y_n	淨計數（計數）	[7-19],[7-20]
Z	原子核內質子電荷數目（無單位）	[1-16],[2-3],[2-4],[2-22],[2-24],[2-26],[2-32]
z_1	入射核粒電荷（esu）	[2-6],[2-8],[2-9],[2-11],[2-13]
z_2	靶核核粒電荷（esu）	[2-6],[2-8],[2-9],[2-10],[2-11],[2-12],[2-13]
z_i	第 i 種入射核粒電荷（esu）	[2-18]
α	精構常數（無單位）	[2-3],[2-4]
β	相對論速度（無單位）	[2-2],[2-11],[2-12],[2-13],[4-9]
γ	相對論質量膨脹係數（無單位）	[2-2],[2-11],[2-12]
δ	連續放電的機率（無單位）	[4-6]
ΔE	損耗掉的動能（MeV）	[2-9],[2-11],[2-13],[2-14],[2-39],[2-40],[4-6]
$\Delta E(e^-)$	電子損耗掉的動能（MeV）	[2-12]
$\Delta E(e^+)$	正子損耗掉的動能（MeV）	[2-12]
ΔI	核反應的核粒總數（無單位）	[2-8]
Δp	氣泡內外壓力差（MeV/cm²）	[6-4],[6-5]
ΔT	溫差（℃）	[5-1],[5-2]
Δx	間距（cm）	[2-9],[2-11],[2-12],[2-13],[2-14],[2-39],[2-40],[4-7]
ε	偵測效率（計數／輻射數）	[2-37]
ε	偵檢器絕對偵檢效率（計數／輻射）	[3-20],[7-17]
ε	電場強度（V/m）	[4-1],[4-2],[4-7],[4-8]
ε_1	偵檢器 1 的絕對偵檢效率（計數／輻射）	[3-17],[3-18]
ε_2	偵檢器 2 的絕對偵檢效率（計數／輻射）	[3-17],[3-18]

ε_c	筒狀電場（V/cm）	[4-4]
ε_{int}	偵檢器自有偵檢效率（計數／入射輻射）	[3-21],[3-22]
ε_n	中子偵檢器絕對偵檢效率（計數／中子）	[3-25]
ε_s	球狀電場（V/cm）	[4-4]
θ	角度(°)	[2-23],[4-11]
κ	成對產生機率（1/cm）	[2-26],[2-28]
λ	衰變常數（1/s）	[1-14],[2-37],[3-26],[7-17],[7-18]
λ	平均自由行徑（cm）	[2-31]
λ_d	子核衰變常數（1/s）	[1-5],[1-7]
λ_p	母核衰變常數（1/s）	[1-5],[1-6]
λ_{sct}	中子平均散射行徑（cm）	[2-38]
λ_{tot}	中子平均自由行徑（cm）	[2-35]
μ	線性衰減係數（1/cm）	[2-28],[2-29],[2-30],[2-31],[3-26],[3-27],[7-10]
μ_e	電子移動率（cm²/V·s）	[4-8]
μ_p	電洞移動率（cm²/V·s）	[4-8]
ξ	中子碰撞能損（無單位）	[2-38]
ρ	密度（g/cm³）	[2-9],[2-11],[2-12],[2-13],[2-14],[2-15],[2-18],[2-22],[2-24],[2-28],[2-34],[2-39],[2-40],[3-26]
ρ_{Al}	鋁密度（g/cm³）	[2-16]
ρ_x	X 物質的密度（g/cm³）	[2-17]
σ	康普頓效應機率（1/cm）	[2-24],[2-28]
σ	核反應機率（cm²）	[1-14],[2-9],[2-36],[2-37]
σ	標準差（計數）	[4-12],[4-13],[4-14]
σ_a	康普頓吸收效應機率（1/cm）	[2-24]
σ_{el}	中子彈性散射核反應截面（cm²）	[2-33]
σ_f	f 函數標準差	[7-9],[7-10]
σ_g	核粒幾何截面（cm²）	[2-5]

σ_{inl}	中子非彈性散射核反應截面（cm^2）	[2-33]
σ_{ncp}	中子釋出荷電核粒反應截面（cm^2）	[2-33]
σ_{nf}	中子核分裂反應截面（cm^2）	[2-33]
σ_{non}	中子不屬彈性散射的核反應截面（cm^2）	[2-33]
σ_{tot}	中子總反應截面（cm^2）	[2-33],[2-34]
σ_{nxn}	中子增殖核反應截面（cm^2）	[2-33]
$\sigma_{n\gamma}$	中子捕獲反應截面（cm^2）	[2-33]
σ_s	康普頓折射效應機率（1/cm）	[2-24]
σ_{sct}	中子散射核反應截面（cm^2）	[2-33]
Σ_{sct}	中子巨觀散射核反應截面（1/cm）	[2-38]
Σ_{nr}	中子巨觀捕獲反應截面（1/cm）	[2-38]
Σ_{tot}	中子巨觀總反應截面（1/cm）	[2-34],[2-35]
σ_y	Y 量測的標準差（計數）	[7-1],[7-5],[7-6],[7-9],[7-10],[7-14]
σ_{y_i}	第 i 筆量測標準差（計數）	[7-7],[7-8],[7-11],[7-12],[7-21]
σ_{y_n}	淨計數標準差（計數）	[7-19],[7-20]
$\overline{\sigma_y}(w)$	量測權重平均標準差（計數）	[7-12]
τ	光電效應作用機率（1/cm）	[2-21],[2-28]
τ	費米年輪（cm^2）	[2-38]
υ	振頻（1/s）	[3-15]
ϕ	核粒通率（數目）/$cm^2 \cdot s$	[1-14],[2-36],[2-37],[2-40],[3-26],[3-27]
$\phi(bare)$	箔片活化反推中子通率（n/$cm^2 \cdot s$）	[6-7],[6-8]
$\phi(Cd)$	箔片包覆於鎘熱中子過濾盒內活化反推中子通率（n/$cm^2 \cdot s$）	[6-7],[6-8]
ϕ_{th}	熱中子通率（n/$cm^2 \cdot s$）	[6-8]

資料來源：作者製表（2006-01-01）。

附表 5.2　核粒輻射使用符號

核粒符號	核粒特性
d	荷 1 正電的 ^{2}H 原子核（氘或重氫）
e	荷電的電子（泛指電子或正子）
e$^-$	荷 1 負電的電子
e$^+$	荷 1 正電的電子
K^o	中性的介子
$\overline{K^o}$	中性的反介子
n	中子
p	荷 1 正電的質子（氫原子核）
T	荷 1 正電的 ^{3}H 原子核（氚）
x-ray	x-射線（x-光）
α	荷 2 正電的 ^{4}He 原子核（阿伐粒子）
β-ray	貝他射線（泛指＋或－射線）
β$^+$-ray	荷 1 正電、多元動能的正子貝他射線
β$^-$-ray	荷 1 負電、多元動能的電子貝他射線
γ-ray	加馬射線
δ-ray	輻射游離釋出的二次電子（代爾他射線）
Λ	中性Λ介子
μ$^+$	荷 1 正電的介子
υ	中性微中子（泛指伴隨電子或介子生成的核粒）
$\overline{υ}$	中性反微中子（泛指伴隨電子或介子生成的核粒）
υ$_e$	伴隨正子生成的中性微中子
$\overline{υ}_e$	伴隨電子生成的中性反微中子
υ$_μ$	伴隨介子生成的中性微中子
Ξ^o	中性Ξ重子
π^o	中性介子
π$^+$	荷 1 正電的介子
π$^-$	荷 1 負電的介子
Σ^o	中性Σ介子

註：同位素原子核（如 ^{99m}Tc）不列入本附表。

資料來源：作者製表（2006-01-01）。

輻射度量相關參考文獻

附圖 1.6　核反應器中子束週邊設施的輻射度量系統（作者攝影提供）。

附表 6.1　各章參考文獻

Chapter1	認識輻射
[註 1-01]	C. Chung（鍾堅）and C.Y Chen（陳健懿）, "Cosmic-ray-induced neutron intensity in Taiwan and its variation during a typhoon", Journal of Geophysical Research Vol. 102, D25, 29827-28932 (1997).
[註 1-02]	鍾堅，《個人危機：預判、預防、處置與善後》，230 頁（五南圖書出版，台北市，民國 94 年 9 月）。 ISBN 957-11-4047-3
[註 1-03]	W. C. Dewey, M. Edington, R. J. M Fry, E. J. Hall, and G. F. Whitmore, Radiation Research Vol. ll, 1057pp (Academic Press, NYC, USA, 1992).
[註 1-04]	鍾堅，「既期待又怕被傷害的低頻電磁波」，清流月刊，10 卷 12 期，頁 47-49（法務部調查局，台北新店，民國 91 年 6 月）。
[註 1-05]	鍾堅，「核電是國家安全必要的選項」，話題雜誌，第 5 期，頁 30-33（國家安全局，台北市，民國 89 年 7 月刊）。
[註 1-06]	C. Chung（鍾堅）, "Prompt Activation Analysis", in Chemical Analysis by Nuclear Methods, Z. B. Alfassi ed., Chapter 8, 163-187 (John Wiley & Sons Ltd., London, 1994). ISBN 0-471-93834-3
[註 1-07]	鍾堅，「原子科技革命」，歷史月刊，144 期，頁 66-70（聯合報系，台北市，民國 89 年 1 月刊）。
[註 1-08]	鍾堅，「原子科學導論㈠」，翰林自然科學天地月刊，12 期版 1-2（翰林出版，台南市，民國 92 年 4 月）。
[註 1-09]	C. Chung（鍾堅）, L. J. Yuan（袁立基）, and W. B. Walters, "Isomeric yield ratio of fission product ^{148}Pr in ^{235}U (n,f)", Zeitschrift fur Physik A319, 295-301 (1984).
[註 1-10]	J. Blachot, C. Chung（鍾堅）, and F. Storrer, "JEF-2 delayed neutron yields for 39 fissioning systems", Annals of Nuclear Energy 24 (6), 489-504 (1997).
[註 1-11]	C. Chung（鍾堅）, W. B. Walters, N. K. Aras, F. K. Wohn, D. S. Brenner, Y. Y. Chu, M. Shmid, R. L. Gill, R. E. Chrien, and L. J. Yuan（袁立基）, "Decay of the 0.61 s ^{148}Ba to levels of odd-odd ^{148}La", Physical Review C29, 592-602 (1984).
[註 1-12]	C. M. Lederer, Table of Isotopes, 8th ed., CD-ROM (Wiley and Sons, NYC, 1999). ASIN B-007-HVIT-S

[註 1-13]　詹成昌，李四海，鍾堅，「清華校園各湖泊底泥天然放射核種之偵測」，核子科學，28 卷 2 期，頁 165-172（行政院原能會，台北市，民國 80 年 4 月）。

[註 1-14]　鍾堅，「原子科學導論㈡」，翰林自然科學天地月刊，13 期版 6-8（翰林出版，台南市，民國 92 年 5 月）。

[註 1-15]　鍾堅，「迴旋加速器與核子醫學」，臨床醫學，26 卷 2 期，頁 83-86（台北榮總，台北市，民國 79 年 8 月刊）。

[註 1-16]　C. Chung（鍾堅），C. C. Chan（詹成昌），and C. N. Hsu（許俊男），"Accumulation of radionuclides released to a reactor discharge pond", Waste Management 11, 241-247 (1991)

[註 1-17]　C. Chung（鍾堅）and K. L. Huang（黃奎綸），"Cumulative fission yields in the thermal-neutron fission of ^{232}U", Radiochimica Acta 49, 113-117 (1990).

[註 1-18]　楊昭義，歐陽敏盛，《核能發電工程學》，650 頁（水牛圖書，台北市，民國 86 年 1 月）。ISBN 957-599-567-8

[註 1-19]　鍾堅，「核分裂基礎研究的現況」，物理季刊，6 卷 4 期，頁 203-207（中華民國物理學會，台北市，民國 74 年 5 月）。

[註 1-20]　C. Chung（鍾堅），S. M. Liu（劉昇明），C. C. Chan（詹成昌），and C. N. Hsu（許俊男），"Fallout and radionuclide analysis on the Pratas Island in South China Sea", Journal of Radioanalytical and Nuclear Chemistry, Articles 180 (2), 217-223 (1994).

[註 1-21]　C. Wagemans, The Nuclear Fission Process, 608pp (CRC Press, Boca Raton, FL, September 1991). ISBN 0-84935-434-X

Chapter2　輻射與物質的作用

[註 2-01]　J. B. Seaborn, Understanding the Universe：An Introduction to Physics and Astrophysics, 316pp (Springer Verlag, Amsterdam, December 1997). ISBN 0-38798-295-7

[註 2-02]　R. L. Murray, Nuclear Energy：An Introduction to the Concepts, Systems, and Applications of Nuclear Processes, 490pp (Butterworth-Heinemann, Woburn, MA, January 2001). ISBN 0-7506-7136-Y

[註 2-03]　B. W. Carroll and D. A. Ostlie, An Introduction to Modern Astrophysics, 1326pp (Addison-Wesley, NYC, December 1995). ISBN 0-20154-730-9

[註 2-04]　P. Strange, Relativistic Quantum Mechanics, 610pp (Cambridge University Press, Boston, MA, September 1998). ISBN 0-52156-583-9

[註 2-05]　A. Mozumder and Y. Hatano, ed., Charged Particle and Photon Interactions with Matter, 860pp (Marcel Dekker, NYC, November 2003). ISBN 0-82474-623-6

[註 2-06]　C. Chung（鍾堅）and J. J. Hogan, "Fission of ^{238}U at energies to 100 MeV", Physical Review C25, 899-908 (1982).

[註 2-07]　J. J. Hogan, E. Gadioli, E. Gadiolo-Erba, and C. Chung（鍾堅）, "Fission-ability of nuclides in the thorium region at excitation energy to 100 MeV", Physical Review C20, 1831-1843 (1979).

[註 2-08]　N. K. Glendenning, Direct Nuclear Reactions, 396pp (World Scientific Publishing, NYC, July 2004). ISBN 9-81238-945-8

[註 2-09]　P. G. Young, ed., Nuclear Data for Basic and Applied Science, 1744pp (Gordon & Breach Science, Chicago, August 1986). ISBN 0-67721-360-3

[註 2-10]　鍾堅，陳維廉，「我國民航空勤人員曝露於宇宙輻射之危險度評估」，臨床醫學 32 卷 5 期，頁 350-358（台北榮總，台北市，民國 82 年 11 月刊）。

[註 2-11]　G. Pollack and D. Stump, Electromagnetism, 680pp (Addison-Wesley, NYC, January 2002). ISBN 0-80538-567-3

[註 2-12]　A. Beiser, Concepts of Modern Physics, 560pp (McGraw-Hill Science and Engineering, NYC, March 2002). ISBN 0-07244-848-2

[註 2-13]　H. A. Bethe and R. W. Jackiw, Intermediate Quantum Mechanics, 416pp (Perseus Books, Chicago, August 1997). ISBN 0-20132-831-3

[註 2-14]　H. D. Young and R. A. Freeman, University Physics with Modern Physics, 1550pp (Addison Wesley, NYC, July 2003). ISBN 0-80538-684-x

[註 2-15]　P. S. Chang（張寶樹）, C. Chung（鍾堅）, L. J. Yuan（袁立基）, and P. S. Weng（翁寶山）, "In vivo activation analysis of organ cadmium using Tsing Hua Mobile Educational Reactor", Journal of Radioanalytical and Nuclear Chemistry, Articles 92, 343-356 (1985).

[註 2-16]　J. H. Chao（趙君行）and C. Chung（鍾堅）, "Optimization of in situ prompt gamma-ray analysis of lake water using a HPGe-Cf-252 probe", Nuclear Instruments and Methods in Physics Research A299,651-655 (1990).

[註 2-17]　M. A. Rothenberg, Understanding x-Rays, 350pp (Professional Education Systems, Washington, D. C., April 1998). ISBN 1-55957-999-4

[註 2-18]　R. H. Stuewer, The Compton Effect：Turning Point in Physics, 367pp (Science History Publications, Washing-ton, D. C., 1975). ISBN 0-88202-012-9

[註 2-19]　G. Woan, The Cambridge Handbook of Physics Formulas, 230pp (Cambridge University Press, London, July 2000). ISBN 0-52157-507-9

[註 2-20]　E. G. Fuller, Photonuclear Data Index, 1973-1981, 139pp (NBS/USDOC, Washington, D. C., 1982). ASINB-006-Y5TLU

[註 2-21]　V. V. Balashov and G. Pontecorvo, Interaction of Particles and Radiation with Matter, 238pp (SpringerVerlay, Amsterdam, June 1997). ISBN 3-54060-871-0

[註 2-22]　J. S. Lilley, Nuclear Physics：Principles and Applications, 412pp (John Wiley and Sons, NYC, June 2001). ISBN 0-47197-936-8

[註 2-23]　鍾堅，張寶樹，「體內瞬發加馬中子活化分析在醫學應用上之簡介」，原子能委員會彙報，20 卷 6 期，頁 52-63（行政院原能會，台北市，民國 73 年 1 月）。

[註 2-24]　G. E. Bacon, Neutron Physics, 140pp (Wykeham Publication, Rome, 1969). ISBN 0-85109-020-6

[註 2-25]　C. Chung（鍾堅）, and G. U（余兆祥）, "Rapid radiation dose determined by bubble neutron dosimeters", Radiation Protection Dosimetry 85 (1-4), 109-111 (1999).

[註 2-26]　鍾堅，「原子科學導論㈢」，翰林自然科學天地月刊，14 期版 2-5（翰林出版，台南市，民國 92 年 10 月）。

[註 2-27]　P. S. Chang（張寶樹）, Y. H. Ho（何耀輝）, C. Chung（鍾堅）, L. J. Yuan（袁立基）, and P. S. Weng（翁寶山）, "In vivo measurement of organ mercury by prompt gamma activation using a mobile nuclear reactor", Nuclear Technology 76, 241-247 (1987).

[註 2-28]　S. F. Mughabghab, D. I. Garber, R. R. Kinsey, Neutron Cross Sections, two vols., 1082pp (Brookhaven National Laboratory, USERDA, Washington, D. C., January 1976). Report BNL-325

[註 2-29]　L. F. Curtiss, Introduction to Neutron Physics, 380pp (Boston Technical Publishers, Boston, 1965). ASIN B-0006P-D6X-W

[註 2-30]　R. L. Kathren, Health Physics：A Backward Glance, 237pp (Pergamon, Amsterdam, June 1980). ISBN 0-08021-531-9

[註 2-31]　National Council on Radiation Protection and Measurements, Limitation of Exposure to Ionizing Radiation：Recommendation of the NCRP, Report NCRP-116, 88pp (NCRP, Bethesda, MD, June 1993). ISBN 0-92960-030-4

[註 2-32]　International Commission on Radiological Protection, ICRP Publication 60：1990 Recommendations of the ICRP, 215pp (Elsevier Science Publishing, NYC, April 1991). ISBN 0-08041-144-4

[註 2-33]　H. Cember, Introduction to Health Physics, 731pp (McGraw-Hill Medical, NYC, January 1996). ISBN 0-07105-461-8

[註 2-34]　張寶樹，何耀輝，鍾堅，袁立基，翁寶山，「醫用體內瞬發加馬中子活化分析的輻射安全評估」，核子科學 23 卷 6 期，頁 371-378（行政院原能會，台北市，民國 75 年 12 月）。

[註 2-35]　鍾堅，「輻射傷害、健康效應與風險評估」，核研季刊 10 期，頁 39-44 與 122（行政原能會核研所，台北市，民國 83 年 1 月）。

Chapter3　輻射度量系統

[註 3-01]　陳坤焙，鍾堅，李城忠，「國內設立的第一個康普頓反制系統」，科儀新知 8 卷 3 期，頁 78-83（行政院國科會，台北市，民國 75 年 11 月刊）。

[註 3-02]　張勁燕，《電路與電子學》，528 頁（五南圖書出版，台北市，民國 94 年 2 月）。ISBN 957-11-3848-7

[註 3-03]　W. K. Chen（陳文貴）and C. Chung（鍾堅）, "In vivo and in vitro medical diagnoses of toxic cadmium in rats", Journal of Radioanalytical and Nuclear Chemistry, Articles 133, 349-358 (1989).

[註 3-04]　C. Chung（鍾堅）, "Instruments and Shielding", in Prompt Gamma Neutron Activation Analysis, Z. B. Alfassi and C. Chung ed., Chapter 2, 13-36 (CRC Press, London, April 1995). ISBN 0-8493-5149-9

[註 3-05]　鍾堅，陳健懿，葉偉文，李城忠，「核能電廠放射性氣體核種快速定性定量分析」，台電工程月刊，第 585 期，頁 29-37（台電公司，台北市，民國 86 年 5 月刊）。

[註 3-06]　張寶樹，鍾堅，「臨床診斷的新技術 IVPGAA」，科學月刊 16 卷 9 期，頁 696-702（科學月刊社，台北市，民國 74 年 9 月刊）。

[註 3-07]　A. Wolf, C. Chung（鍾堅）, W. B. Walters, G. Peaslee, R. L. Gill, M. Shmid, V. Manzella, E. Meier, M. L. Stelts, H. I. Liou, R. E. Chrien, and D. S. Brenner, "A four-detector system for gamma-gamma angular correlation studies ", Nuclear Instruments and Methods 206, 397-402 (1983).

[註 3-08]　C. J. Lee（李城忠）, C. Chung（鍾堅）, "Determination of Cs-134 in environmental samples using a coincidence gamma-ray spectrometer", Applied Radiation and Isotopes 42 (9), 783-788 (1991).

[註 3-09]　C. Chung（鍾堅）, "Other radiation-related properties of prompt gamma activation facility", in Prompt Gamma Neutron Activation Analysis, Z. B. Alfassi and C. Chung ed., Appendix II, 225-235 (CRC Press, London April 1995). ISBN 0-8493-5149-9

[註 3-10]　International Atomic Energy Agency, Methods of Low-level Counting and Spectrometry, 558pp (United Nations Publication, Vienna, December 1981). ISBN 9-20030-081-2

[註 3-11]　R. Tykva and J. Sabol, Low-level Environmental Radioactivity, 331pp (Technomic Publishing, Basel, Switzerland, April 1995). ISBN 1-56676-189-1

[註 3-12]　C. Chung（鍾堅）, W. B. Walters, R. L. Gill, M. Shmid, R. E. Chrien, and D. S. Brenner, "The decay of neutron rich ^{144}Ba to levels of ^{144}La", Physical Review C26, 1198-1214 (1982).

[註 3-13]　International Atomic Energy Agency, Nuclear Power Plant Control and Instrumentation. 726pp (United Nations Publication, Vienna, January 1984). ISBN 9-20050-683-6

[註 3-14]　J. M. Weisgall, Operation Crossroads: The Atomic Tests at Bikini Atoll, 415pp (Naval Institute Press, Annapolis, MD, April 1994). ISBN 1-55750-919-0

[註 3-15]　余兆祥，《氣泡式中子人員劑量計精度耐久測試驗校》，79 頁（國立清華大學原子科學系碩士論文，新竹市，民國 86 年 6 月）。

[註 3-16]　E. E. Lewis and W. F. Miller, Jr., ed., Computational Methods of Neutron Transport, 420pp (John Wiley & Sons, NYC, August 1984). ISBN 0-47109-245-2

[註 3-17]　C. Chung（鍾堅），"Neutron damage and induced effects on nuclear instruments used for PGAA", in Prompt Gamma Neutron Activation Analysis, Z.B.Alfassi and C.Chung ed., Chapter 3, 37-58 (CRC Press, London, April 1995). ISBN 0-8493-5149-9

[註 3-18]　C. J. Lee（李城忠）and C. Chung（鍾堅），"Performances of gamma ray measurement using bismuth germanate detector after thermal neutron bombardment", Applied Radiation and Isotopes 42 (8), 729-733 (1991).

[註 3-19]　J. H. Chao（趙君行）and C. Chung（鍾堅），"In situ lake pollutant survey using prompt-gamma probe", Applied Radiation and Isotopes 42 (8), 735-740 (1991).

[註 3-20]　參考美國陸軍網頁 http://www.army.mil

[註 3-21]　鍾堅，「電磁脈衝攻擊」，翰林自然科學天地月刊，8 期版 5（翰林出版，台南市，民國 91 年 9 月）。

[註 3-22]　N. K.Aras, C. Chung（鍾堅），S. Faller, C. Stone, W. B. Walters, R. L. Gill, M. Shmid, and R. E.Chrien, "Decay of the 56 seconds [148]Ce to odd-odd [148]Pr", Canadian Journal of Chemistry 61, 780-785 (1983).

[註 3-23]　C. Chung（鍾堅），C. J. Lee（李城忠），and S. F. Shiee（薛秀芬），"Optimum geometry of radioactive aqueous sample container for measurement with a germanium detector", Applied Radiation and Isotopes 42 (6), 541-545 (1991).

[註 3-24] C. Chung（鍾堅）, C. Y. Chen（陳健懿）, C. S. Lin（林昶伸）, W. W. Yeh（葉偉文）and C. J. Lee（李城忠）, "Rapid monitoring of gaseous fission products released from nuclear power stations ", Journal of Radioanalytical & Nuclear Chemistry, Articles, Vol.233 1/2, 281-284 (1998).

[註 3-25] C. Chung（鍾堅）and C. H. Tsai（蔡親賢）, "Rapid monitoring of gaseous radionuclides using a portable spectrometer", Radiation Protection Dosimetry 61 (1-3), 137-140 (1995).

[註 3-26] C. Chung（鍾堅）and L. J. Yuan（袁立基）, "Reactor-based prompt gamma neutron activation setup using a low-power research reactor", Nuclear Technology 109 (2), 226-235 (1995).

[註 3-27] C. Chung（鍾堅）, "Activation analysis with small mobile reactors", in CRC Handbook: Activation Analysis, Vol.II, Chapter 6, 299-321 (CRC Press, Florida, January 1990). ISBN 0-8493-4584-7

[註 3-28] C. Y. Chen（陳健懿）and C. Chung（鍾堅）, "Low intensity cosmic neutron measurements using a portable BF_3 Counting system", Nuclear Instruments &Methods in Physics Research A395, 195-201 (1997).

Chapter4	荷電高能核粒度量

[註 4-01] 鍾堅編，《國立清華大學原子科學技術發展中心 1992 年報》，48 頁（國立清華大學，新竹市，民國 81 年 4 月）。

[註 4-02] 劉建君譯，《工程電磁學的場與波》，752 頁（五南圖書出版，台北市，民國 91 年 11 月）。ISBN 957-11-3044-3

[註 4-03] J. E. Turner, Atoms, Radiation, and Radiation Protection, 630pp (Wiley-VCH, NYC, July 2006). ISBN 3-52740-606-9

[註 4-04] American National Standard for Calibration and Usage of Alpha and Beta Proportional Counters, 48pp (Institute of Electrical and Electronic Engineer, Washington, D. C. November 1997). ISBN 1-55937-903-0

[註 4-05] G. Friedlander, J. W. Kennedy, E. S. Macias, and J. M. Miller, Nuclear and Radiochemistry, 704pp (John Wiley and Sons, NYC, July 1981). ISBN 0-47186-255-X

[註 4-06] H. E. Palmer, A Gas Scintillation Proportional Counter for Measuring Plutonium, 18pp (National Technical Information Service, Washington, D. C., 1979). ASIN B-0006X-UZ8-I

[註 4-07] R. F. Pierret, Semiconductor Device Fundamentals, 800pp (Prentice Hall, NYC, November 1995). ISBN 0-20154-383-1

[註 4-08] P. Spanne, TLD in the Gy Range, 118pp (Acta Radiologica, Praha, Czech, 1979). ASIN B-0007A-Q4F-I

[註 4-09] G. Lalos, Film Badge Dosimetry in Atmospheric Nuclear Tests, 244pp (National Academies Press, Washington D. C., December 1989). ISBN 0-30904-079-5

[註 4-10] C. Chung（鍾堅）, C. Y. Chen（陳健懿）, Y. Y. Wei（衛元耀）, and C. N. Hsu（許俊男）, "Monitoring of environmental radiation on the Spratly Islets in the South China Sea", Journal of Radioanalytical and Nuclear Chemistry, Articles 194 (2), 291-296 (1995).

[註 4-11] 行政院原子能委員會，《原子能法規彙編》，212 頁（行政院原子能委員會，台北市，民國 79 年 4 月）。

[註 4-12] 鍾堅，「輻射落塵的特性及其影響」，國防醫學 13 卷 2 期，頁 148-154（國防醫學院，台北市，民國 80 年 2 月刊）。

[註 4-13] D. S. Brenner, M. K. Martel, A. Aprehamian, R. E. Chrien, R. L. Gill, H. I. Liou, F. K. Wohn, D. S. Reyfield, H. Dejbakhsh, and C. Chung（鍾堅）, "Precision Q-value determinations for neutron-rich Ba, La, and Rb isotopes at TRISTAN", Physical Review C26, 2166-2177 (1982).

[註 4-14] U. Fano, Atomic Collisions and Spectra, 409pp (Academic Press, NYC, March 1986). ISBN 0-12248-460-6

[註 4-15] 吳柏林，《現代統計學》，370 頁（五南圖書出版，台北市，民國 88 年 5 月）。ISBN 957-97276-8-6

Chapter5 電磁輻射度量

[註 5-01] C. Chung（鍾堅）, L. J. Yuan（袁立基）, and K. B. Chen（陳坤焙）, "Performance of a HPGe-NaI (Tl) Compton suppression spectrometer in high-level radioenvironmental studies", Nuclear Instruments and Methods in Physics Research A243, 102-110 (1986).

[註 5-02]　P. A. Rodnyi, Physical Process in Inorganic Scintillators, 240pp (CRC Press, Boca Raton, Fl., May 1997). ISBN 0-84933-788-7

[註 5-03]　R. Hull and J. C. Bean, Germanium Silicon：Physics & Materials, Vol.56, 444pp (Academic Press, NYC, November 1998). ISBN 0-12752-164-X

[註 5-04]　American Gas Association, Gas Engineers Handbook, 1550pp (Industrial Press, Los Anglas, 1968). ISBN 0-83113-011-3

[註 5-05]　M. Fukuqita and T. Yanagida, Physics of Neutrino 593pp (Springer, London, April 2003). ISBN 3-54043-800-9

[註 5-06]　參考行政院原子能委員會網頁〈環境輻射偵測規範〉：http://www. aec.gov.tw/www/service/index03.php

[註 5-07]　P. J. Haines, Principles of Thermal Analysis and Calorimetry, 320pp (Royal Society of Chemistry, London, May 2002). ISBN 0-85404-610-0

[註 5-08]　C. D. Jonah and B. S. M. Rao, Radiation Chemistry：Present Status and Future Trends, 776pp (Elsevier Science, Chicago, September 2001). ISBN 0-44482-902-4

[註 5-09]　G. B. Wiersma, Environmental Monitoring, 768pp (CRC Press, Boca Raton, Fl. April 2004). ISBN 1-56670-641-6

[註 5-10]　G. Shani, Radiation Dosimetry, 456pp (CRC Press, Boca Raton, Fl. December 2000). ISBN 0-84931-505-0

[註 5-11]　M. J. Fox, Quality Assurance Management, 408pp (Wadsworth Publishing, Chicago, July 1995). ISBN 0-41263-660-3

[註 5-12]　參考行政院原子能委員會網頁〈環境輻射偵測品質保證規範〉：http://www.aec.gov.tw/www/service/index03.php

[註 5-13]　C. Chung（鍾堅）, "Gamma-Ray Activation Analysis", in Encyclopedia of Environmental Analysis and Remediation, edited by R. A. Meyers, Vol. 3, 1879-1889 (John Wiley & Sons, Inc., NY, March 1998). ISBN 0-471-11708-0

[註 5-14]　C. Chung（鍾堅）and T. C. Tseng（曾子政）, "In situ prompt gamma-ray activation analysis of water pollutants using a shallow ^{252}CfHPGe probe", Nuclear Instruments & Methods in Physics Research A267, 223-230 (1988).

[註 5-15]　C. Chung（鍾堅）and C. J. Lee（李城忠）, "Environmental monitoring using a HPGe-NaI (Tl) Compton suppression spectrometer", Nuclear Instruments and Methods in Physics Research A273, 436-440 (1988).

[註 5-16]　C. W. Wu（吳秋文）, Y. Y. Wei（衛元耀）, C. W. Chi（戚謹文）, W. Y. Lui（盧英友）, F. K. Peng（彭芳谷）, and C. Chung（鍾堅）, "Tissue K, Se, and Fe levels associated with gastric cancer progression", Digestive Diseases Science 41 (1), 119-125 (1996).

[註 5-17]　C. Chung（鍾堅）and C. C. Chan（詹成昌）, "Application of BGO detector to monitor in situ N-16 concentration in a reactor pool", Journal of Radioanalytical and Nuclear Chemistry, Articles 180 (1), 131-137 (1994).

[註 5-18]　詹成昌，鍾堅，「核反應器飼水 N-16 及 O-19 之快速監測」，核子科學 30 卷 2 期，頁 111-121（行政院原能會，台北市，民國 82 年 4 月刊）。

[註 5-19]　M. Nelson, Detection of Special Nuclear Material with HPGe and HgI$_2$ Gamma Detectors, 350pp (Storming Media, Colorado Spring, CO., 2003). ISBN 1-42350-410-0

[註 5-20]　P. E. Valk, D. L. Bailey, D. W. Townsend, and M. N. Maisev, Positron Emission Tomography：Basic Science and Clinical Practice, 904pp (Springer, NYC, May 2003). ISBN 1-85233-485-1

[註 5-21]　C. Chung（鍾堅）and Feng-yih Lin（林豐義）, "Prompt gamma activation analysis using mobile reactor neutron beam", Analytical Sciences 175, i633-636 (2001).

[註 5-22]　C. Chung（鍾堅）, S. M. Liu（劉昇明）, J. H. Chao（趙君行）, and C. C. Chan（詹成昌）, "Feasibility study of explosive detection for airport security using a neutron source", Applied Radiation and Isotopes 44 (12), 1425-1431 (1993).

Chapter6　中性核粒度量

[註 6-01]　陳彥如，《以高純度鍺偵檢器監測極低中子通率之等效劑量》，86 頁（國立清華大學原子科學系碩士論文，新竹市，民國 79 年 6 月）。

[註 6-02] 鍾堅，翁寶山，「宇宙射線與其中子輻射：我國航線空域量測與劑量評估的迫切性」，核子科學 30 卷 4 期,頁 285-298（行政院原能會，台北市，民國 82 年 8 月刊）。

[註 6-03] 陳健懿，《環境背景輻射之機動快速偵測》，175 頁（國立清華大學原子科學系博士論文，新竹市，民國 86 年 7 月）。

[註 6-04] S. Glasstone and A. Sesonske, Nuclear Reactor Engineering, 486pp (Springer, NYC, January 1994). ISBN 0-41298-521-7

[註 6-05] C. Chung（鍾堅）, L. J. Yuan（袁立基）, K. B. Chen（陳坤焙）, P. S. Chang（張寶樹）, P. S. Weng（翁寶山）, and Y. H. Ho（何耀輝）, "A feasibility study of the in vivo prompt gamma activation analysis using Mobile Nuclear Reactor", International Journal of Applied Radiation and Isotopes 36, 357-367 (1985).

[註 6-06] C. Chung（鍾堅）and Y. R. Chen（陳彥如）, "Application of a germanium detector as a low flux neutron monitor", Nuclear Instruments and Methods in Physics Research A301, 328-336 (1991).

[註 6-07] J. H. Chao（趙君行）, C. Chung（鍾堅）, "Low-level neutron monitoring by use of germanium detectors", Nuclear Instruments & Methods in Physics Research A321, 535-538 (1992).

[註 6-08] S. S. Sadhal, P. S. Ayyaswamy, and J. N. Chung, Transport Phenomena with Drops and Bubbles, 540pp (Springer, NYC, October 1996). ISBN 0-38794-678-0

[註 6-09] H. Ing, R. A. Noulty, and T. D. McLean, "Bubble detector-a maturing technology", Radiation Measurements, 27 (1), 1-11 (1997).

[註 6-10] 可參閱網站 http://www.bubbletech.ca

[註 6-11] 方琪元，《核能電廠中子能譜及中子劑量快速定性定量分析》，74 頁（國立清華大學原子科學系碩士論文，新竹市，民國 89 年 6 月）。

[註 6-12] C. Chung（鍾堅）and M. Y. Woo（吳明勇）, "Fission product yields in the fast-neutron fission of ^{238}U", Journal of Radioanalytical and Nuclear Chemistry, Articles 109, 117-131 (1987).

[註 6-13]　唐文軒，《以大片金屬偵測低微中子通率》，71 頁（國立清華大學原子科學系碩士論文，新竹市，民國 84 年 6 月）。

[註 6-14]　C. Chung（鍾堅）and L. J. Yuan（袁立基），"Capture gamma ray spectroscopy and its applications using reactor neutron beam", Proceedings of the 1st Asian Symposium on Research Reactor, 310-317 (Rikkyo Univ., Japan, 1986).

[註 6-15]　C. J. Lee（李城忠），J. H. Chao（趙君行）, and C. Chung（鍾堅），"High-energy gamma ray spectrometer using bismuth germanate detector", Applied Radiation and Isotopes 42 (6), 547-553 (1991).

[註 6-16]　S. A. Gregory and M. Zelik, Introductory Astronomy and Astrophysics, 672pp (Brooks Cole, Chicago, August 1997). ISBN 0-030-06228-4

[註 6-17]　李宗佑報導，〈颱風來襲，宇宙中子輻射激增〉，中國時報社會脈動版 9（台北市，民國 87 年 9 月 10 日）。

[註 6-18]　鍾堅，陳維廉，「國軍飛勤人員曝露於宇宙輻射之危險度評估」，國防醫學，17 卷 6 期，頁 556-561（國防醫學院，台北市，民國 82 年 12 月）。

[註 6-19]　陳健懿，鍾堅，龔俊宏，「台灣近海至南中國海海平面及地表至高山宇宙中子強度的量測」，台電核能月刊 157 期，頁 70-77（台電公司，台北市，民國 85 年 1 月刊）。

[註 6-20]　C. Chung（鍾堅），C. Y. Chen（陳健懿）and C. H. Kung（龔俊宏），"Cosmic neutron intensity at sea level near the zero geomagnetic latitude", Applied Radiation and Isotopes 49 (4), 415-421 (1998).

Chapter7	輻射度量數據處理

[註 7-01]　C. Chung（鍾堅），"Reevaluation of independent fission yields in thermal-neutron fission of ^{235}U", Radiochimica Acta 39, 113-126 (1986).

[註 7-02]　J. C. Obermiller, Significant figures made easy, 58pp (Walch Publishing, Chicago, June 1988). ISBN 9-99980-889-1

[註 7-03]　可參閱中華民國統計資訊網站：http://www.stat.gov.tw

[註 7-04]　S. Kokoska and D. Zwillinger, Standard Probability and Statistic Table and Formulae, 225pp (CRC Press, Boca Raton, FL., March 2000). ISBN 0-849-30026-6

[註 7-05] S. P. Changlai（張賴昇平），W. K. Chen（陳文貴），C. Chung（鍾堅），and S. M. Chiou（邱世英），"Objective evidence of decreased salivary function in patients with autoimmune thyroidities" Nuclear Medicine Communications, 23, 1029-1033 (2002).

[註 7-06] P. S. Pande, R. P. Neuman, and R. R. Cavanagh, The Six Sigma Way Team Fieldbook：An Implementation Guide for Process Improvement teams, 300pp (McGraw-Hill, NYC, December 2001). ISBN 0-07137-314-4

[註 7-07] J. H. Chao（趙君行）and C. Chung（鍾堅），"In situ prompt gamma ray measurement of river water salinity in northern Taiwan using HPGe-Cf-252 probe", Applied Radiation and Isotopes 42 (8), 723-28 (1991).

[註 7-08] C. Chung（鍾堅），"Measurement and evaluation of some low-energy fission yields", Journal of Radioanalytical and Nuclear Chemistry, Articles 142, 253-264 (1990).

[註 7-09] D. P. Bertsekas and J. N. Tsitsiklis, Introduction to Probability, 430pp (Athena Scientific, LA, June 2002). ISBN 1-88652-940-X

[註 7-10] C. Chung（鍾堅）and C. C. Chan（詹成昌），"Distribution of N-16 and O-19 in the reactor pool water of the THOR facility", Nuclear Technology 110 (2), 106-114 (1995).

[註 7-11] F. I. Chou（周鳳英），K. C. Fang（方國璋），C. Chung（鍾堅），Y. Y. Lui（雷永耀），C. W. Chi（戚謹文），R. S. Liu（劉仁賢），and W. K. Chan（張文光），"Lipiodol uptake and retention by human hepatoma cells", Nuclear Medicine and Biology 22 (3), 379-386 (1995).

[註 7-12] C. Chung（鍾堅）and Y. Y. Chen（陳雅瑜），"Determination of nitrogen in pork meat using in vivo prompt gamma-ray activation technique", Journal of Radianalytical and Nuclear Chemistry, Articles 169 (2), 333-338 (1993).

[註 7-13] G. E. Box, J. S. Hunter, and W. G. Hunter, Statistics for Experimenters, 663pp (Wiley Interscience, June 2005). ISBN 0-47171-813-0

[註 7-14] 郭蘭馨，《環境水樣輻射監測核種分析之低限值》，100 頁（國立清華大學原子科學系碩士論文，新竹市，民國 81 年 5 月）。

Chapter8	輻射度量應用

[註 8-01] C. Chung（鍾堅）and J. G. Lo（羅俊光）, "Radioactive Iodine-131 over Taiwan after the Chernobyl accident", Journal of Radioanalytical and Nuclear Chemistry, Letters 105, 325-334 (1986).

[註 8-02] 鍾堅，「核武器特性及其效應」，國防醫學，13 卷 2 期，頁 112-120（國防醫學院，台北市，民國 80 年 12 月刊）。

[註 8-03] 鍾堅，《爆心零時：兩岸邁向核武歷程》，240 頁（麥田軍事叢書第 140 冊，麥田出版，台北市，民國 93 年 2 月）。ISBN 986-7537-41-6

[註 8-04] Z. Bernat, A. Wolf, J. C. Hill, F. K. Wohn, R. L. Gill, H. Mach, M. Rafailovich, H. Kdruse, B. H. Woldenthal, G. Peaslee, A. Aprahamian, J. Goulden, and C. Chung（鍾堅）, "G factor of 4_1^+ states in the N=82 isotones ^{136}Xe and ^{138}Ba", Physical Review C31, 570-574 (1985).

[註 8-05] C. Chung（鍾堅）and L. K. Pan（潘榕光）, "Cumulative fission product yields of fast-neutron fission of ^{232}Th", Radiochimica Acta 38, 173-179 (1985).

[註 8-06] A.H. W. Nias, An Introduction to Radiobiology, 400pp (John Wiley & Sons, NYC, June 1998). ISBN 0-47197-590-7

[註 8-07] P. Ell and S. Gambhir, Nuclear Medicine in Clinical Diagnosis and Treatment, 1950pp (Churchill Livingston, London, May 2004). ISBN 0-44307-312-0

[註 8-08] G. Molnar, Handbook of Prompt Gamma Activation Analysis：with Neutron Beams, 423pp (Plenum, NYC, December 2004). ISBN 1-40201-304-3

[註 8-09] R. Alberts, D. Gabel, and R. Moss, Boron Neutron Capture Therapy, 290pp (Plenum, NYC, January 1993). ISBN 0-30644-350-3

[註 8-10] C. Chung（鍾堅）, C. P. Chen（陳志平）, and P. S. Chang（張寶樹）, "Radiation doses from medical in-vivo prompt gamma-ray activation using a mobile nuclear reactor", Health Physics 55, 671-683 (1988).

[註 8-11] C. Chung（鍾堅）and C. H. Tsai（蔡親賢）, "Rapid measurement of the gaseous Ar-41 released from a nuclear reactor using a portable spectrometer", Nuclear Technology 113 (3), 346-353 (1996).

[註 8-12] International Atomic Energy Agency, Industrial Application of Radioisotopes and Radiation Technology, 595pp (IAEA, Vienna, February 1983). ISBN 9-20060-082-4

[註 8-13] 參閱行政院原子能委員會網站「民國 93 年全國輻射工作人員劑量資料統計年報」http://www.aec.gov.tw/control/index02.php

[註 8-14] 民國 93 年全國勞動人口為 11,449,514 人，參閱行政院主計處統計局網站 http://www.dgbas.gov.tw

[註 8-15] C. Chung（鍾堅），"Nuclear Science Education in Taiwan, 1956-1992", Journal of Radioanalytical and Nuclear Chemistry, Articles 171 (1), 23-32 (1993).

[註 8-16] H. Yamamoto, F. K. Wohn, K. Sistemich, A. Wolf, C. Chung（鍾堅）, W. B. Walters, R. L. Gill, M. Shmid, R. E. Chrien, and D. S. Brenner, "Decay of mass separated ^{141}Cs to the N=85 isotone ^{141}Ba", Physical Review C26, 1215-1236 (1982).

[註 8-17] National Research Council, Existing and Potential Standoff Explosive Detection Techniques, 137pp (NRC, Washington, D. C., March 2004). ISBN 0-30909-130-6

[註 8-18] C. Chung（鍾堅）, "Explosive detection using on-line capture gamma-ray spectrometer", Proceeding of the 8th International Symposium on Capture Gamma-ray Spectroscopy, J. Kern, ed., 974-976 (World Scientific, Singapore, October 1994). ISBN 981-02-1636-X

[註 8-19] P. Firebrace, Acupuncture：How it works, How it cures, 160pp (McGraw-Hill, NYC, January 1999). ISBN 0-87983-639-3

[註 8-20] C. C. Wu（吳重慶），S. B. Jong（鍾相彬），C. C. Lin（林俊清），M. F. Chen（陳明芬），J. R. Chen（陳忠仁），and C. Chung（鍾堅），"Subcutaneous injection of Tc-99m pertechnetate at acupuncture points K-3 and B-60", Radioisotopes 39 (6), 261-263 (1990).

[註 8-21] C. S. Tsai（蔡長書），C. Chung（鍾堅），K. B. Chen（陳坤焙），C. C. Chen（陳俊清），and C. H. Kao（高志浩），"Neutron dose rate measurements in the control area of Tzu Chi medical cyclotron", submitted to the Radiation Protection Dosimetry (2005).

[註 8-22]	C. Chung（鍾堅）, S. M. Liu（劉昇明）, and C. C. Chan（詹成昌）, "Environmental monitoring of Cs-134 in beach sand using a coincident spectrometer", Journal of Radioanalytical and Nuclear Chemistry, Articles 161 (2), 495-502 (1992).
[註 8-23]	C. Chung（鍾堅）and C. C. Chang（陳章泉）, "Rapid air-borne survey of radiation doses in a nuclear emergency", Proceedings of Rapid Radioactivity Measurement in Emergency and Routine Situations, 155-157 (The National Physical Laboratory, UK, October 15-17, 1997).
[註 8-24]	Nuclear Energy Agency, OECD, The Radiological Impact of the Chernobyl Accident, 184pp (Organization for Economic Co-operation and Development, Paris, January 1988). ISBN 92-64-13043-8
[註 8-25]	C. Chung（鍾堅）, "Environmental radioactivity and dose evaluation in Taiwan after the Chernobyl accident", Health Physics 56,465-471 (1989).
[註 8-26]	C. Chung（鍾堅）, "Proliferation of weapons of mass destruction in the second nuclear age in Asia", Taiwan Defense Affairs, 5 (3), 6-29 (Spring, 2005).
[註 8-27]	鍾堅，「核技術現場偵測不明爆裂物」，行政院國家科學委員會研究報告 NSC91-2212-E007-069.
Chpater9　輻射度量學的未來趨勢	
[註 9-01]	Alan E. Thompson, Understanding Futurology：An Introduction to Futures Study, 96pp (David & Charles, NYC, 1979). ISBN 0-71537-761-2
[註 9-02]	鍾堅，「科技衝擊：前瞻二十年後的台灣」，理論與政策季刊，17 卷 2 期，頁 1-18（理論與政策社，台北市，民國 92 年 7 月）。

資料來源：作者製表（2006-01-01）。

附表 6.2　原文教科書延伸閱讀

- William J. Price, Nuclear Radiation Detection, 430pp (McGraw Hill, NYC, January 1964). ISBN 0-070-50860-7

- Geoffrey G. Eichholz, Principles of Nuclear Radiation Detection, 379pp (Ann Arbor Science Publishers, Ann Arbor, MI, January 1979). ISBN 0-25040-263-7

- W. B. Mann, A. Rytz, A Spernol, and W. L. McLaughlin, Radioactivity Measurements: Principles and Practice, 202pp (Butterworth-Heinemann, Woburn, MA, January 1991). ISBN 0-08037-037-3

- Nicholas Tsoulfanidis, Measurement and Detection of Radiation, 530pp (Taylor & Francis Group, Washington, D.C., March 1995). ISBN 1-56032-317-5

- Z.B. Affassi and C. Chung（鍾堅）, edited, Prompt Gamma Neutron Activation Analysis, 244pp (CRC Press, London, UK, April 1995). ISBN 0-8493-5149-9

- Glenn F. Knoll, Radiation Detection and Measurement, 816pp (John Wiley and Sons, NYC, December 1999). ISBN 0-471-07338-5

- Claude Leroy and Pier-Giorgio Rancoita, Principles of Radiation Interaction in Matter and Detection, 716pp (World Scientific Publishing, NYC, November 2004). ISBN 9-81238-909-1

資料來源：作者製表（2006-01-01）。

附表 6.3　中文著作延伸閱讀

・王永祥、彭賜楨譯，《核儀及輻射度量》，305 頁（徐氏基金會，台北市，民國 67 年）。

・鄭伯昆，《近代物理實驗手冊》，327 頁（亞東圖書出版，台北新店，民國 78 年）。ISBN 201-0002-427-7-7

・翁寶山，《環境輻射數據處理法》，208 頁（國興出版，新竹市，民國 79 年 5 月）。

・翁寶山，《輻射度量辭典》，176 頁（合記圖書出版，台北市，民國 80 年 1 月）。ISBN 957-9097-52-6

・翁寶山，Personnel Radiation Dosimetry for Occupational Exposure，341 頁（正中書局，台北市，民國 82 年 12 月）。ISBN 957-09-0858-0

・蘇青森，《輻射應用》，170 頁（東華書局，台北市，民國 84 年 7 月）。ISBN 957-636-772-7

・翁寶山，《原子科學導論》，306 頁（茂昌圖書出版，台北市，民國 84 年 9 月）。ISBN 957-8981-23-6

・朱鐵吉譯，《原子、輻射、與輻射防護》，782 頁（民全書局，台北市，民國 86 年 9 月）。ISBN 957-9122-11-3

・翁寶山，《台灣的輻射源與應用》，719 頁（五南圖書出版，台北市，民國 88 年 10 月）。ISBN 957-11-1907-5

・張寶樹，《醫用保健物理學》，1053 頁（俊傑書局，台北市，民國 90 年 6 月）。ISBN 957-30316-0-4

・蘇青森，《儀器學》，436 頁（五南圖書出版，台北市，民國 91 年 12 月）。ISBN 957-11-3109-1

・翁寶山，《游離輻射防護彙萃》，第四版，760 頁（財團法人中華民國輻射防護協會出版，新竹市，民國 92 年 2 月）。ISBN 957-98631-5-6

・翁寶山，《輻射歷史懷往》，109 頁（國立清華大學出版，新竹市，民國 92 年 12 月）。ISBN 957-28966-2-0

・張寶樹，《放射治療物理學》，660 頁（合記圖書出版，台北市，民國 93 年 3 月）。ISBN 986-126-078-1

‧姚學華，《輻射安全》，544頁（五南圖書出版，台北市，民國94年5月）。
ISBN 957-11-3860-6

資料來源：作者製表（2006-01-01）。

附　錄　7

輻射專有名詞外文
與中文對照及索引

附圖 1.7　國內現代化控溫、控濕、控壓的輻射度量實驗室（註 4-01）。

A

D

E

F

H

I

S

T

U

V

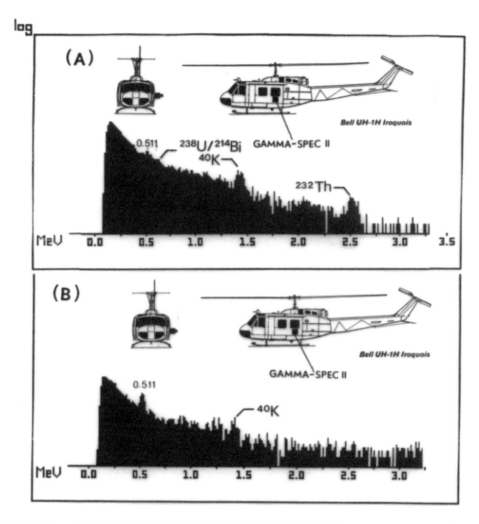

附圖 1.8　由陸軍航空部隊 UH-1H 型突擊直升機外掛 GAMMA-SPEC II 加馬能譜儀，於恆春半島核三廠外以 90 節航速在(A)距地 10 米高地貌飛行與(B)距地 500 米高飛行，所量測 500 秒之加馬能譜。超低空飛行(A)所見之地表放射性鈾、釷、鉀核種，在高空飛行(B)時已不復現；唯高空飛行能譜中殘留的加馬譜峰，係來自六名飛勤組員體內的鉀-40（作者量測繪圖）。

國家圖書館出版品預行編目資料

輻射度量學概論＝Introduction to Radiation Measurement
／鍾堅著. -- 初版. -- 臺北市 ： 五南，
2006[民25]
　面； 公分.
參考書目：面
ISBN 978-957-11-4236-4（平裝）

1. 輻射偵測

449.62　　　　　　　　　　　　95001925

5BA6

輻射度量學概論
Introduction to Radiation Measurement

作　　者 ― 鍾　堅（402.1）

發 行 人 ― 楊榮川

總 經 理 ― 楊士清

主　　編 ― 高至廷

責任編輯 ― 許子萱

文字校對 ― 許宸瑞

封面設計 ― 杜柏宏

出 版 者 ― 五南圖書出版股份有限公司

地　　址：106台北市大安區和平東路二段339號4樓

電　　話：(02)2705-5066　　傳　　真：(02)2706-6100

網　　址：http://www.wunan.com.tw

電子郵件：wunan@wunan.com.tw

劃撥帳號：01068953

戶　　名：五南圖書出版股份有限公司

法律顧問　林勝安律師事務所　林勝安律師

出版日期　2006年 3 月初版一刷
　　　　　2018年12月初版二刷

定　　價　新臺幣520元